質的データの判別分析
数量化2類

菅 民郎・藤越 康祝　共著

現代数学社

はじめに

数量化法は、アンケート調査などの質的データの分析に欠くことのできない解析手法です。1940年代後半から50年代にかけて林 知己夫氏により開発されてきた考え方は,現在でも実践的な数多くの場面で用いられています。

数量化法には１類、２類、３類、４類等複数の方法があります。ダミー変数の導入による質的データの数値化（1,0）により、回帰分析を行うのが数量化１類、判別分析を行うのが数量化２類と理解できます。したがって１類と２類では、回帰分析や判別分析と同様に、説明変数間の関係を考慮にいれながら、目的変数の予測、その予測に重要な影響を及ぼす説明変数の選択方法、選択された説明変数の中から最適なモデル式を選ぶためのモデル選択方法、を学ぶことが中心的なものとなります。

この本では、数量化２類にスポットをあてて解説します。統計学の初心者から上級者までが学べるように、構成を下記の５つ（第１部～第４部と付録）に分けました。自己のレベルに合わせてお読みください。

第１部　実務者のために、具体例に基づき数量化２類の結果の見方と活用方法を解説します。

第２部　初級学習者のために、数量化２類で用いられる基本解析手法の計算方法について解説します。

第３部　中級学習者のために、カテゴリースコアの計算方法、２類と回帰分析・判別分析との関係について解説します。

第４部　上級学習者のために、数量化２類のモデル式および検定に関する理論について解説します。

付　録　Excel利用者のために、Excel関数での行列計算や２類解法について解説します。

なお、第１部、第２部、第３部、付録は菅　民郎が、第４部は藤越康祝が執筆いたしました。

2010年7月31日

菅　民郎

目　　　次

第1部　実務者のための「結果の見方と活用方法」

第２部　初級学習者のための「数量化２類に用いられる基本解析手法」「追加情報の検定」についての計算方法

第３部 中級学習者のための「カテゴリースコア導出の考え方と計算方法」

第４部　上級学習者のための「数量化２類モデル式係数ベクトル」「追加情報検定とモデル選択基準」についての理論

付 録 初級学習者のための「ベクトル・行列入門」「Excelでの行列計算」「Excelでの2類解法」

第1部

実務者のための「結果の見方と活用方法」

第1章　数量化2類とは

数量化理論（*quantification methods*）は，アンケート調査などの質的データの分析に欠くことのできない解析手法である．1940年代後半から50年代にかけて林知己夫氏により開発されてきた考え方は，現在でも実践的な数多くの場面で用いられている．

数量化理論には1類，2類，3類，4類等複数の方法がある．ダミー変数の導入による質的データの数値化 {1,0} により，回帰分析を行うのが数量化1類，判別分析を行うのが数量化2類と理解できる．したがって1類と2類では，回帰分析や判別分析と同様に，説明変数間の関係を考慮にいれながら，目的変数の予測，その予測に重要な影響を及ぼす説明変数の選択方法，選択された説明変数のなかから最適なモデル式を選ぶためのモデル選択方法，が中心的なものとなる．また，モデル式を用いて，群間の差異を明らかにするためにも用いられる．

数量化2類（*quantification type 2*）は，群データで与えられる目的変数と質的データで与えられる説明変数（要因アイテム）との関係をモデル式で表し，そのモデル式において各個体が各々の説明変数のどの選択肢（カテゴリー）に反応したかを知ったとき，その情報に基づいてどの群に属するかを予測する方法である．

目的変数の群数が2群と3群以上（多群と呼ぶことにする）で，出力結果の形態が異なる部分があるので，以下では2群数量化2類と多群数量化2類に分けて解説する．

数量化2類の説明変数は質的データであるが，質的データと量的データが混在する場合の判別分析として拡張型数量化2類を示し，この手法について解説する．

第2章　具体例に基づく2群数量化2類の解説

2.1　具体例のデータ

あるコンビニ会社は傘下の店舗について，売上や利益等から優良店・不良店の2群に分類している．店舗の立地特性・施設特性等から優良店・不良店を予測するモデル式ができれば，売上や利益が未知の新規参入を検討している店舗について，その店舗の特性から優良・不良の予測が行える．

ここでは，12店舗の3つの特性について調べた具体例を示す．

この具体例に2群数量化2類を適用するとき，目的変数は優良，不良の店舗評価，説明変数の項目は「立地特性」，「100 m以内競合店」，「昼食時店舗前通行量」である．各説明変数の特性（カテゴリーと呼ぶ）は表2.1(1)に示す．

表2.1(1)　変数名・カテゴリー

変数名			カテゴリーNo.／カテゴリー名			カテゴリー数
			1	2	3	
目的変数	y	店舗評価	優良店	不良店		2
説明変数	x_1	立地特性	駅周辺	ビル街	商店街	3
	x_2	100m以内競合店	無い	有る		2
	x_3	昼食時店舗前通行量	150人以上	149人以下		2

表2.1(2)　データ

			店舗評価	立地特性	100m以内競合店	昼食時店舗前通行量
店舗名	群	群別No.	y	x_1	x_2	x_3
A	1	1	1	1	2	1
B	1	2	1	2	1	1
C	1	3	1	1	1	1
D	1	4	1	3	1	2
E	1	5	1	2	1	2
F	2	1	2	3	2	1
G	2	2	2	2	2	2
H	2	3	2	3	2	1
I	2	4	2	2	2	2
J	2	5	2	1	2	2
K	2	6	2	3	1	2
L	2	7	2	3	2	2

※表の見方　店舗名Ａのデータは「1，1，2，1」より，店舗評価は"優良店"，立地特性は"駅周辺"，競合店は"有る"，通行量は"150 人以上"とみる．

表2.1(3)は表2.1(2)のデータをダミー変換したものである．

表2.1(3)　ダミー変数データ

変　数　名			店舗評価		立地特性			競合店		通行量150人	
カテゴリー名			優良店	不良店	駅周辺	ビル街	商店街	無い	有る	以上	未満
店舗名	群	群別No.									
A	1	1	1	0	1	0	0	0	1	1	0
B	1	2	1	0	0	1	0	1	0	1	0
C	1	3	1	0	1	0	0	1	0	1	0
D	1	4	1	0	0	0	1	1	0	0	1
E	1	5	1	0	0	1	0	1	0	0	1
F	2	1	0	1	0	0	1	0	1	1	0
G	2	2	0	1	0	1	0	0	1	0	1
H	2	3	0	1	0	0	1	0	1	1	0
I	2	4	0	1	0	1	0	0	1	0	1
J	2	5	0	1	1	0	0	0	1	0	1
K	2	6	0	1	0	0	1	1	0	0	1
L	2	7	0	1	0	0	1	0	1	0	1

【ダミー変数個数，ダミー変数総数】

各説明変数においてカテゴリー数から1を引いた値をダミー変数個数と呼び，全説明変数のダミー変数の合計をダミー変数総数と呼ぶことにする．

説明変数の個数を Q，j 番目説明変数のカテゴリー数を c_j とするとダミー変数総数 p は

$$\text{ダミー変数総数}\quad p=\sum_{j=1}^{Q}(c_j-1)=\sum_{j=1}^{Q}c_j-\sum_{j=1}^{Q}1=\sum_{j=1}^{Q}c_j-Q \tag{1}$$

である．数量化2類を論じるとき随所にダミー変数個数やダミー変数総数の語句が表れるので覚えておいて頂きたい．

この例のダミー変数総数は(3+2+2)－3=4である．

2.2　基本集計

表2.1(2)のデータの全個体数は12,群1の個体数は5,群2の個体数は7である．

表2.2(1)　全体及び群別個体数

	個　体　数
全　　　体	12
群1　優良店	5
群2　不良店	7

表2.1 (2)のデータの各説明変数について群別クロス集計を行なった．立地特性における優良店（群1)の割合は「駅周辺」が67%で，「ビル街」の50%，「商店街」の20%を上回った．100m以内競合店の優良店割合は「無い」が80%で，「有る」の14%を大きく上回った．昼食時店舗前通行量の優良店割合は「150人以上」が60%で，「150人未満」の29%を上回った．

表2.2(2)　説明変数群別クロス集計

説明変数名	カテゴリー名	群　1	群　2	全　体
立地特性	駅　周　辺	2 66.7%	1 33.3%	3 100.0%
	ビ　ル　街	2 50.0%	2 50.0%	4 100.0%
	商　店　街	1 20.0%	4 80.0%	5 100.0%
100m以内 競合店	無　　い	4 80.0%	1 20.0%	5 100.0%
	有　　る	1 14.3%	6 85.7%	7 100.0%
昼食時 店舗前 通行量	150人以上	3 60.0%	2 40.0%	5 100.0%
	149人以下	2 28.6%	5 71.4%	7 100.0%

2.3　モデル式

説明変数の個数を Q，j 番目説明変数のカテゴリー数を c_j，目的変数を y，説明変数 j の k 番目カテゴリーに反応したかどうかによって1,0の値をとるダミー変数を x_{jk} とする．

各個体が各々の説明変数のどのカテゴリーに反応したかを知ったとき，その情報にもとづいて目的変数を予測したい．そのため，次に示す数量化2類におけるモデル式を考える．

$$y = \sum_{j=1}^{Q} \sum_{k=1}^{c_j} a_{jk} x_{jk} + \varepsilon \qquad (2)$$

ただし a_{jk} はモデル式における係数，ε は誤差で，その推定値は残差と呼ばれるが，ここでは ε 自身も残差と呼ぶ．また，ε を除いた式もモデル式と呼ぶ．

2.4　カテゴリースコア

モデル式の係数のことをカテゴリースコアという．表2.1(3)のデータにおいて，店舗評価を目的変数，立地特性，競合店，通行量を説明変数として2類を適用したときのカテゴリースコア及びカテゴリー別店舗数を示す．

表2.4　カテゴリースコア

説明変数名	カテゴリー名	店舗数n	カテゴリースコア	
立地特性	駅　周　辺	3	a_{11}	0.5802
	ビ　ル　街	4	a_{12}	0.1849
	商　店　街	5	a_{13}	−0.4960
100m以内競合店	無　　い	5	a_{21}	0.9673
	有　　る	7	a_{22}	−0.6909
昼食時店舗前通行量	150人以上	5	a_{31}	0.4100
	149人以下	7	a_{32}	−0.2928

各カテゴリーに反応する店舗数を調べ，店舗数が0であるカテゴリーがあると，カテゴリースコアは算出できない．数量化2類を行う前に各カテゴリーの店舗数を調べ，n=0のカテゴリーは除外して数量化2類を実行する．

また，各カテゴリーにおける個体数（この例では店舗数）が小さい場合，そのカテゴリーは除外するか，他カテゴリーに統合して数量化2類を実行する．個体数がいくつ以下という統計学的基準はなく，分析者の判断によって決める．

2.5　カテゴリースコアの解釈

カテゴリースコアの棒グラフを描き各棒のプラス方向，マイナス方向から，各説明変数のカテゴリーが目的変数とどのような関係があるかを解釈する．

図2.5で，棒グラフがプラス方向に大きな値を示しているのは，立地特性は"駅周辺"，100m以内競合店は"無い"，昼食時通行量は"150人以上"である．表2.2(2)のクロス集計の結果をみると，これらカテゴリーにおける優良店の割合は他カテゴリーに比べ高い．このことから，棒グラフでプラス方向にあるカテゴリーは優良店の特性と推察できる．

一方，棒グラフがマイナス方向に絶対値で大きな値を示しているのは，立地特性は"商店街"，100m以内競合店は"有る"，昼食時通行量は"149人以下"である．

これらカテゴリーにおける不良店の割合は他カテゴリーに比べ高く，棒グラフでマイナス方向にあるカテゴリーは不良店の特性と推察する．

図 2.5　カテゴリースコアグラフ

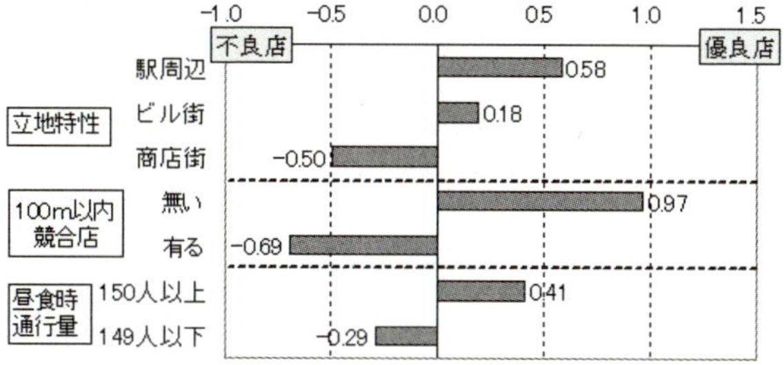

-1.0
-0.5
0.0
0.5
1.0
1.5
不良店
優良店
立地特性
駅周辺
0.58
ビル街
0.18
商店街
-0.50
100m以内競合店
無い
0.97
有る
-0.69
昼食時通行量
150人以上
0.41
149人以下
-0.29

2.6　レンジ

レンジは説明変数内においてカテゴリースコアの最大値と最小値の差で与えられる．レンジの値が大きい説明変数ほど，目的変数に寄与度が高いといえる．

レンジから，目的変数への寄与度の高い説明変数は「100m 以内競合店有無」，次が「立地特性」である．

各説明変数が目的変数に有意に寄与しているかの検定はレンジからは把握できない．各説明変数の検定は「追加情報の検定」で行なえ，この解説は 2.16 節で示す．

図 2.6　レンジグラフ

0
1
2
3
100m以内競合店
1.658
立地特性
1.076
昼食時店舗前通行量
0.703

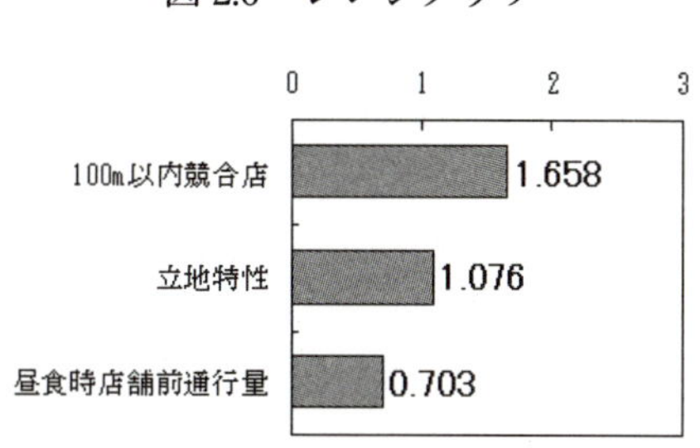

2.7　サンプルスコア

次式によって与えられる各個体の得点をサンプルスコアという．

$$\hat{y}=\sum_{j=1}^{Q}\sum_{k=1}^{c_j}a_{jk}x_{jk} \tag{3}$$

この例題におけるモデル式を示す．

$$\hat{y}=(a_{11}x_{11}+a_{12}x_{12}+a_{13}x_{13})+(a_{21}x_{21}+a_{22}x_{22})+(a_{31}x_{31}+a_{32}x_{32}) \tag{4}$$

$$\hat{y}=(0.58x_{11}+0.18x_{12}-0.50x_{13})+(0.97x_{21}-0.69x_{22})+(0.41x_{31}-0.29x_{32})$$

駅周辺　ビル街　商店街　　無い　　有る　　150人以上　149人以下

【立地特性】　　　　【競合店】　　　　【通行量】

この例題の店舗Aのサンプルスコアは，モデル式に表2.1(3)のダミー変数のデータを代入することによって与えられる．

$$\hat{y}=(0.58\times1+0.18\times0-0.50\times0)+(0.97\times0-0.69\times1)+(0.41\times1-0.29\times0)$$

$$\hat{y}=(0.58+0-0)+(0-0.69)+(0.41-0)=0.30$$

全ての店舗についてサンプルスコアを算出し，その結果を表2.7に示す．

サンプルスコアの値は，群1の店舗は大きく，群2の店舗は小さくなるように与えられる．図2.7は，群別のサンプルスコアの点グラフである．群1の5店舗は全て0より大，群2の7店舗は6店舗が0未満の値を示した．予め定めた基準の値を0とすると，サンプルスコアが0以上の店舗を優良店，0未満を不良店と推定できる．

表2.7　サンプルスコア

説明変数名			立地特性			競 合 店		通行量150人		合計
カテゴリー名			駅周辺	ビル街	商店街	無い	有る	以上	未満	合計
	群	群別No.								
各個体の得点計算	1	1	0.58	0.00	0.00	0.00	−0.69	0.41	0.00	0.30
	1	2	0.00	0.18	0.00	097	0.00	0.41	0.00	1.56
	1	3	0.58	0.00	0.00	0.97	0.00	0.41	0.00	1.96
	1	4	0.00	0.00	−0.50	0.97	0.00	0.00	−0.29	0.18
	1	5	0.00	0.18	0.00	0.97	0.00	0.00	−0.29	0.86
	2	1	0.00	0.00	−0.50	0.00	−0.69	0.41	0.00	−0.78
	2	2	0.00	0.18	0.00	0.00	−0.69	0.00	−0.29	−0.80
	2	3	0.00	0.00	−0.50	0.00	−0.69	0.41	0.00	−0.78
	2	4	0.00	0.18	0.00	0.00	−0.69	0.00	−0.29	−0.80
	2	5	0.58	0.00	0.00	0.00	−0.69	0.00	−0.29	−0.40
	2	6	0.00	0.00	−0.50	0.97	0.00	0.00	−0.29	0.18
	2	7	0.00	0.00	−0.50	0.00	−0.69	0.00	−0.29	−1.48

図2.7　群別サンプルスコア

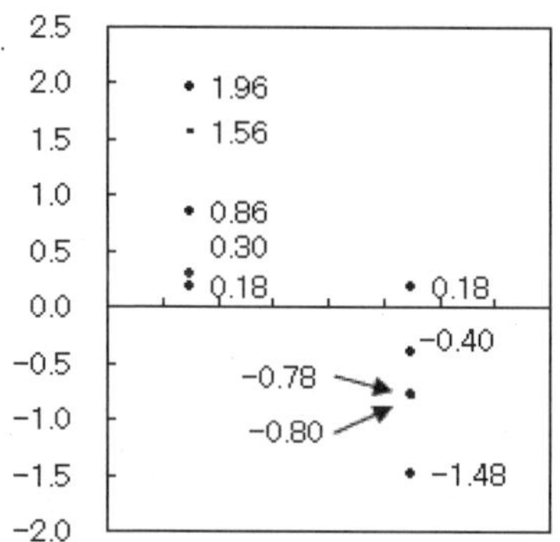

2.8　判別グラフ

群ごとにサンプルスコアの度数分布表を作成し，相対度数を求める．

表 2.8　群別サンプルスコア度数分布表

階級		度数			相対度数	
階級幅	階級値	全体	群 1	群 2	群 1	群 2
−1.75〜−1.25	−1.5	1	0	1	0.0%	14.3%
−1.25〜−0.75	−1.0	4	0	4	0.0%	57.1%
−0.75〜−0.25	−0.5	1	0	1	0.0%	14.3%
−0.25〜 0.25	0.0	2	1	1	20.0%	14.3%
0.25〜 0.75	0.5	1	1	0	20.0%	0.0%
0.75〜 1.25	1.0	1	1	0	20.0%	0.0%
1.25〜 1.75	1.5	1	1	0	20.0%	0.0%
1.75〜 2.25	2.0	1	1	0	20.0%	0.0%
	合計	12	5	7	100.0%	100.0%

相対度数のグラフ（ヒストグラムという）を作成する．二つのヒストグラムを重ね描きしたものを判別グラフという．

二つのヒストグラムが右方向と左方向に分かれる判別グラフほど，モデル式は 2 群の判別に適しているといえる．

図 2.8　判別グラフ

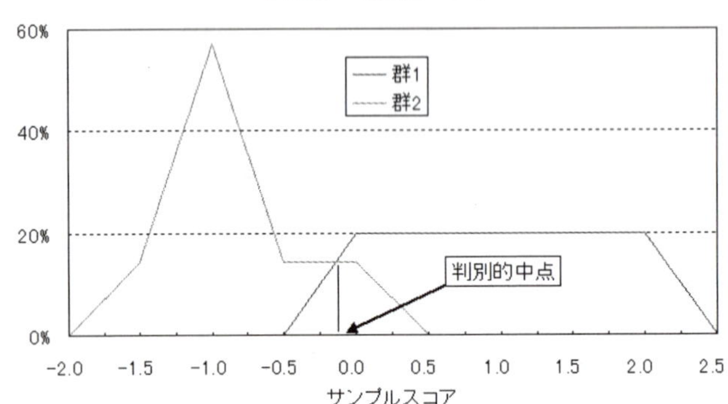

2.9　判別的中点

先に，サンプルスコアの値が基準とした値より大きいか小さいかで，各個体

(店舗) がどちらの群に属するか推定できることを示した．基準とした値を判別的中点という．先の説明では判別的中点を 0 としたが，林知己夫氏は次に示す方法で求めた判別的中点の方がよいとしている．

判別グラフにおいて，二つのヒストグラムの交点の横軸の値が判別的中点である．度数が小さい，あるいは，階級の幅が大きいとき，正しい判別的中点が求められないことがあるので，判別的中点は累積判別グラフを適用して求める方法がよい．その方法は次の通りである．

群別サンプルスコア累積相対度数分布表を作成する．ただし，群 1 はサンプルスコアの大きい方から，群 2 はサンプルスコアの小さい方から累積する．

表 2.9　群別サンプルスコア累積相対度数分布表

グラフ横軸目盛	群 1		群 2	
	範　囲	群1累積%	範　囲	群2累積%
−2.25	2.25 ← −2.25	100.0%		
−1.75	2.25 ← −1.75	100.0%	−2.25← −1.75	0.0%
−1.25	2.25 ← −1.25	100.0%	−2.25← −1.25	14.3%
−0.75	2.25 ← −0.75	100.0%	−2.25← −0.75	71.4%
−0.25	2.25 ← −0.25	100.0%	−2.25← −0.25	85.7%
0.25	2.25 ← 0.25	80.0%	−2.25← 0.25	100.0%
0.75	2.25 ← 0.75	60.0%	−2.25← 0.75	100.0%
1.25	2.25 ← 1.25	40.0%	−2.25← 1.25	100.0%
1.75	2.25 ← 1.75	20.0%	−2.25← 1.75	100.0%

群ごとにサンプルスコアの累積相対度数のヒストグラムを作成する．このグラフを累積判別グラフといい，図 2.9 に示す．

二つのグラフの交点の横軸の値 − 0.042 が判別的中点である．

※参照　判別的中点の計算方法は「第 2 部 1.1 節」で示す．

図 2.9　累積判別グラフ

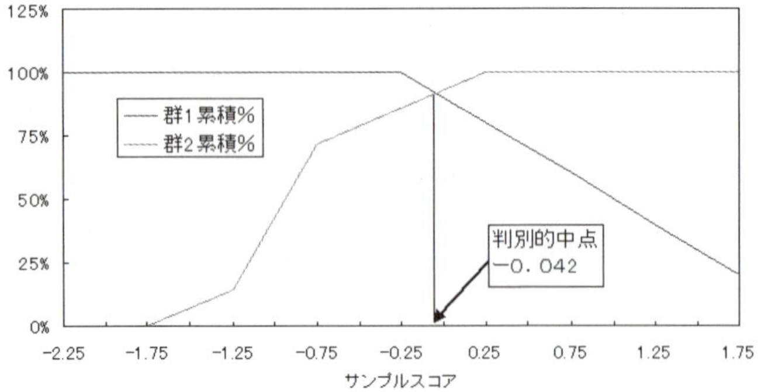

2.10　判別的中率

各個体についてサンプルスコアが判別的中点（− 0.042）より大きいか小さいかでどちらの群に属するかを調べた．この結果を推定群，測定された群を実績群と呼ぶことにする．表2.10(1)に各個体の推定群と実績群を示す．

表2.10(1)　実績群と推定群

群別No.	実績群	推定群
1	1	1
2	1	1
3	1	1
4	1	1
5	1	1

群別No.	実績群	推定群
1	2	2
2	2	2
3	2	2
4	2	2
5	2	2
6	2	1
7	2	2

実績群と推定群との判別クロス集計表を作成し，実績群と推定群が一致している度数，すなわち，「実績群 1 かつ推定群 1」の度数と「実績群 2 かつ推定群 2」の度数の和を調べる．判別的中率はこの和の度数の全度数に占める割合で求められる．

表2.10(2)　判別クロス集計表

		推定群		
		群 1	群 2	横計
実績群	群 1	〈5〉	0	5
	群 2	1	〈6〉	7
	縦計	6	6	12

判別的中率は，$\dfrac{100\times(5+6)}{12}=92\%$となる．

ここで判別的中率が最大，最小となるのは，判別クロス集計表がどのようなときかを考えてみる．

2.10(3)表に示すように，判別的中率の最大は実績群と推定群が一致しないセルの度数が全て 0 のとき，最小は各セルの度数が全て同じときと考える．判別的中率を計算すると，最大値は 100%，最小値は 50%となる．

表2.10(3)　判別的中率が最大，最小となる判別クロス集計表

		推定群		
		群 1	群 2	横計
実績群	群 1	〈6〉	0	6
	群 2	0	〈6〉	6
	縦計	6	6	12

		推定群		
		群 1	群 2	横計
実績群	群 1	〈3〉	3	6
	群 2	3	〈3〉	6
	縦計	6	6	12

$$\text{判別的中率の最大値}=\frac{100\times(6+6)}{12}=100\%$$

$$\text{判別的中率の最小値}=\frac{100\times(3+3)}{12}=50\%$$

したがって判別的中率は 50%～ 100%の値となる．判別的中率の値が大きいほどモデル式の精度が高くなるといえる．しかしながらいくつ以上あればよいという統計学的基準はないので，著者は 75%以上あれば与えられたモデル式は予測に適用できると判断している．

著者が提案する判別的中率の基準は，

最小値+(最大値 − 最小値) ÷ 2

で与えられ，50+(100 − 50) ÷ 2=75%である．

2.11　予測

この例題において，新規参入を検討している店舗の特性が，立地特性は"ビル街"，競合店は"有る"，通行量は"150人以上"であるとしたとき，この店舗のサンプルスコアは

$$\hat{y} = (0.58x_{11} + 0.18x_{12} - 0.50x_{13}) + (0.97x_{21} - 0.69x_{22}) + (0.41x_{31} - 0.29x_{32})$$

$$\hat{y} = (0.58\times0 + 0.18\times1 - 0.50\times0) + (0.97\times0 - 0.69\times1) + (0.41\times1 - 0.29\times0) = -0.10$$

となる．

サンプルスコアが判別的中点（－0.042）より大きければ優良店，小さければ不良店と予測する．新規参入候補店のサンプルスコアは－0.10なので不良店と予測し新規参入を見直すことにする．

2.12　相関比

質的データと量的データの関連性を調べる解析手法として相関比がある．相関比は0～1の値をとり，判別的中率同様にいくつ以上あればよいという基準はないが，著者は0.5を基準の値としている．

数量化2類において群（質的データ）とサンプルスコア（量的データ）の相関比は，モデル式の精度を表している．この例題の相関比は0.674となるので，モデル式（4）は予測に適用できると判断する．

※参照　相関比の計算方法は「第2部1.10節」で示す．

2.13　変数選択

よいモデル式を導くためには，数量化2類を行う前にどのような説明変数を用いるかを検討することが重要であるので，この節では変数選択の仕方について示す．

表2.1(2)のデータに「店長のゴルフプレイ有無」の説明変数を追加して数量化2類を行ったとする．モデル式のよさを示す相関比は追加する前に比べ高まるとは思えない．

優良店・不良店の判別に「100 m以内競合店有無」は重要と考えられるので，

「200 m以内競合店有無」を追加すればさらに相関比は高まるであろうが，その増加はわずかで，類似した説明変数を適用するのはよいと思えない．

一般に数量化2類を行う前の説明変数の選択は，次のようにして行なう．

① 目的変数と相関の高い説明変数を選択する．

*数量化2類における目的変数，説明変数はどちらも質的データなので，両者の関連性はクロス集計とクラメール連関係数を用いて明らかにできる．

※参照　クラメール連関係数の計算方法は「第2部 1.2 節」で示す．

*クラメール連関係数は0〜1の値をとるが，クロス集計表をみて関連性がありそうでもその関連性に見合った値が得られない傾向があり，著者はクラメール連関係数が0.1以上の説明変数を選択することにしている．

② 説明変数相互に高い相関がある場合，一方の変数を除外する．除外は目的変数との相関が低い方とする．

*説明変数は質的データなので適用する相関係数はクラメール連関係数である．

*説明変数相互のクラメール連関係数が0.5以上の場合，これら変数は同じものと考え一方を除外することにしている．

表2.1(2)のデータに,「店長のゴルフプレイ有無」と「200 m以内競合店有無」を追加したデータを表2.13(1)に示す．

目的変数と説明変数の相関をクラメール連関係数で調べた．結果は表2.13(2)に示す．

目的変数と店長のゴルフプレイ有無のクラメール連関係数は0で，優良店・不良店を判別するのに全く無意味な説明変数であることが分かったが，あえてこの説明変数を加えて数量化2類を行ってみた．

相関比は0.678で,この説明変数を加えないときの相関比0.674（2.12節より）とほぼ同じ値となり，目的変数に寄与しない説明変数を追加して数量化2類を行なうことは無意味であることが分かろう．

※注．どのような説明変数でも追加すれば相関比は高まる．

表2.13(1)　データの追加

店舗評価	立地特性	100m以内 競合店	昼食時店舗 前通行量	ゴルフ プレイ	200m以内 競合店
1	1	2	1	1	2
1	2	1	1	2	1
1	1	1	1	1	1
1	3	1	2	2	1
1	2	1	2	1	1
2	3	2	1	2	2
2	2	2	2	1	2
2	3	2	1	2	2
2	2	2	2	1	2
2	1	2	2	2	1
2	3	1	2	1	1
2	3	2	2	2	2

表2.13(2)　目的変数と説明変数の相関

	クラメール連関係数
立地特性	0.3928
100m以内競合店	0.4857
昼食時店舗前通行量	0.1429
ゴルフプレイ	0.0000
200m以内競合店	0.3381

目的変数と「200 m以内競合店」のクラメール連関係数は0.3381である．基準としている0.1を上回ったので，この説明変数を加えて数量化2類を行った．相関比は0.722とこの説明変数を加えないときの相関比0.674を上回った．一見分析が上手くいったと思われるが，図2.13のカテゴリースコアのグラフをみると，表2.13(1)でほぼ同じデータである「100m以内競合店」と「200 m以内競合店」とが，全く逆の傾向となっている．両者のクラメール連関係数を表2.13(3)で調べると0.6761で，先に示した基準の値0.5を上回っている．説明変数相互に高い相関がある場合，カテゴリースコアグラフに見られるような矛盾が生ずることがある．

図 2.13　カテゴリースコアグラフ

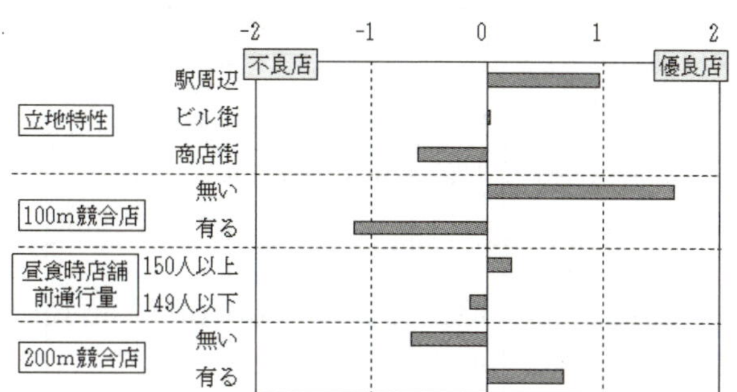

表2.13(3)　説明変数相互の相関／クラメール連関係数

	立地特性	100m以内競合店	昼食時店舗前通行量	ゴルフプレイ	200m以内競合店
立地特性	–	0.1309	0.3207	0.5110	0.2108
100m以内競合店	0.1309	–	0.1429	0.0000	〈0.6761〉
昼食時店舗前通行量	0.3207	0.1429	–	0.0000	0.0000
ゴルフプレイ	0.5110	0.0000	0.0000	–	0.1667
200m以内競合店	0.2108	〈0.6761〉	0.0000	0.1667	–

先に，目的変数との相関が 0.1 以上の説明変数を選ぶ，説明変数相互の相関が 0.5 以上であればどちらかの説明変数を除外すると述べた．これは絶対的なものでなくあくまで変数を選択するための目安である．この基準によって選ばれた変数について数量化 2 類を行い，さらに，次節で示す「総あたり法」「モデル選択基準」「逐次選択法」で最良の説明変数を見出す．

2.14　総あたり法

Q 個の説明変数を用いて作られるモデル式の個数は(2^Q-1)個である．これらのモデル式をすべて導く方法を総あたり法という．求められた相関比や判別的中率を比較し，良いモデルをみつけるために用いられる．

表2.1(2)のデータについて，総あたり法を行なう．説明変数の個数が 3 なのでモデル式は$(2^3-1=7)$個与えられる．

すべての説明変数を適用したモデル No.7 の相関比及び判別的中率が最大である．

表 2.14 総あたり法

モデル	適用する説明変数	相関比 η^2	判別的中率(%)	カテゴリースコア						
				立地特性			競 合 店		通行量150人	
				駅周辺	ビル街	商店街	無い	有る	以上	未満
1	1	0.1543	66.0	1.291	0.43	−1.119				
2	2	0.4318	83.3				1.183	−0.845		
3	3	0.0988	66.7						1.183	−0.845
4	1,2	0.6013	83.3	0.801	0.071	−0.537	1.029	−0.735		
5	1,3	0.2313	66.7	0.745	0.557	−0.893			0.721	−0.515
6	2,3	0.5429	83.3				1.071	−0.765	0.535	−0.382
7	1,2,3	0.6739	91.7	0.58	0.185	−0.496	0.967	−0.691	0.41	−0.293

2.15 モデル選択基準（予測誤差基準）

2.12節で示した相関比について補足する．表2.14で適用した説明変数が「1, 2」の相関比は0.6013，このモデルに説明変数「3」を追加した「1，2，3」の相関比は0.6739である．説明変数「3」のように目的変数に寄与しない説明変数でも追加されたモデルの相関比は必ず増加する．説明変数の個数を多くするほど相関比は高くなり，説明変数を多く用いることによる問題点が考慮されていないという点から，相関比を適用してのモデル選択は好ましくない．

次に示す，モデル選択基準と呼ばれる *AIC*，*CAIC*，C_p，MC_p，P_e を適用するのがよい．モデル選択基準は予測の観点から，よいモデルを求める基準である．

AIC とその修正である *CAIC* は予測密度，その他は予測誤差に基づく基準量であるが，単に予測誤差基準と呼ぶ．モデル選択基準はどの方法も，値が小さい方が良いモデルである．

表2.1(2)のデータに総あたり法を行なう．$2^{\ell}-1=2^3-1=7$ 個のモデルについてモデル選択基準を適用する．モデル選択基準に小さい方から順位を付けたとき，順位が1位のモデルが最良モデルである．*AIC* の1位はモデル No.7，C_p と P_e の1位はモデル No.6，*CAIC* と MC_p の1位はモデル No.2 で，モデル選択基準によって1位となるモデル式が異なる．どのモデル選択基準を適用するのがよいという統計学的判断はないが，C_p や MC_p は残差の正規性の仮定にあまり影響されないので筆者は C_p あるいは MC_p を適用することが多い．

※参照　残差の正規性は「第2部 1.9節」で示す．

※参照　モデル選択基準の計算方法は「第2部 1.12節」で示す．

表 2.15　モデル選択基準

モデル		モデル選択基準(予測誤差基準)				
No.	組合せ	*AIC*	*CAIC*	C_p	MC_p	P_e
1	1	40.0	51.2	24.2	21.0	13.5
2	2	33.3	41.7	16.2	14.7	9.1
3	3	38.8	47.2	23.3	19.8	13.1
4	1,2	33.0	47.0	16.6	16.1	9.3
5	1,3	40.9	54.9	24.5	21.8	13.7
6	2,3	32.7	43.9	15.8	15.0	8.8
7	1,2,3	32.6	49.4	17.0	17.0	9.5

モデル		順　　位				
No.	組合せ	*AIC*	*CAIC*	C_p	MC_p	P_e
1	1	6	6	6	6	6
2	2	4	〈1〉	2	〈1〉	2
3	3	5	4	5	5	5
4	1,2	3	3	3	3	3
5	1,3	7	7	7	7	7
6	2,3	2	2	〈1〉	2	〈1〉
7	1,2,3	〈1〉	5	4	4	4

2.16　追加情報の検定

表2.1(2)のデータはコンビニ会社の傘下にある3,000店舗（母集団）から，12店舗抽出したものである．12店舗の数量化2類から求められる検定統計量から，母集団における各説明変数が目的変数に寄与しているかを調べる方法を追加情報の検定という．実際には追加情報がないという帰無仮説の検定であって，冗長性（じょうちょうせい）仮説の検定とも呼ばれる．

3つの説明変数の中から検討する説明変数として例えば「100m以内競合店」を選び，この説明変数が目的変数に寄与しているかを調べることにする．このために，説明変数を変えた二つのモデルを考え，それぞれについて数量化2類を行なう．

一つ目のモデルは「立地特性」,「100m以内競合店」,「昼食時店舗前通行量」の全てを適用，二つ目のモデルは検討する説明変数を除いた「立地特性」,「昼食時店舗前通行量」を適用する．

それぞれの相関比を求める．検討する説明変数である「100m 以内競合店」が目的変数に寄与していない（帰無仮説）とすると，「100m 以内競合店」を含めたモデルの相関比と含めないモデルの相関比の値は変わらないはずである．

そこで，二つの相関比を比較する検定統計量を考える．この検定統計量の値から，母集団において検討する説明変数「100 m以内競合店」が目的変数に寄与しているかを調べる方法が追加情報の検定（冗長性仮説の検定）である．検討する説明変数を " 追加 " して行うことから追加情報の検定と呼ばれる．

表2.1(2)のデータについて追加情報の検定を行う．検定統計量は大きいほど，p 値は小さいほど，検討する説明変数は目的変数に寄与しているといえる．

一般的に p 値が 0.05 以下の場合，母集団における検討する説明変数は目的変数に寄与していると判断し，判定欄に「*」マークを表記する．統計解析ソフトによっては，p 値≦ 0.01 は「**」，0.01 ＜ p 値≦ 0.05 は「*」としているものもある．

具体例では，「100m 以内競合店有無」が p 値 =0.0178 で 0.05 を下回り，目的変数に寄与しているといえる．「*」マークが付かなかった「立地特性」，「昼食時店舗前通行量」は目的変数に寄与していないとするより，これだけ少ない店舗数からは目的変数に寄与しているかいないか分からないと解釈するのがよい．

※参照　追加情報の検定は「第 2 部 2.1 節」で示す．

表 2.16　追加情報の検定

検討する説明変数	相関比1	相関比2	検定統計量	p値	判定
立地特性	0.6739	0.5429	1.4065	0.3066	
100m以内競合店	0.6739	0.2313	9.5010	0.0178	*
昼食時店舗前通行量	0.6739	0.6013	1.5579	0.2521	

2.17　逐次選択法

説明変数の中から最良な説明変数を見出す方法として逐次選択法（ちくじせんたくほう）がある．

表2.1(2)のデータにおける逐次選択法の手順を示す．

＜ステップ 1＞

3つの説明変数一つずつを説明変数として，3ケースの数量化2類を実行する．

相関比が最大の説明変数No.2を選択する．

No.	検討する説明変数	相関比
1	立地特性	0.1543
2	100m以内競合店	0.4318
3	昼食時店舗前通行量	0.0988

<ステップ2>

既に取り込んだ説明変数No.2に残りの説明変数を一つずつ順番に加えて，$Q-1=3-1=2$ ケースの数量化2類を実行する．

モデル名	説明変数No.	相関比
ステップ1の2類	2	0.4318
ケース1の2類	2,1	0.6013
ケース2の2類	2,3	0.5429

説明変数No.「2, 1」の数量化2類で，説明変数No.「1」が目的変数に寄与しているかを，追加情報の検定で調べる．

下記表で p 値 =0.1161>0.05となり，説明変数No.「1」は目的変数に寄与していない．

同様に，説明変数No.「2, 3」の数量化2類で，説明変数No.「3」が目的変数に寄与しているかを，追加情報の検定で調べる。

p 値 =0.2335>0.05となり，説明変数No.「3」は目的変数に寄与していない．

検討する説明変数	説明変数No.	相関比1	説明変数No.	相関比2	検定統計量	p値
1	2,1	0.6013	2	0.4318	2.9760	0.1161
3	2,3	0.5429	2	0.4318	1.7000	0.2335

取り込む説明変数はなく終了する．3つの説明変数のうち，No.「2」の「100m以内競合店」が選択された．

第3章　具体例に基づく多群数量化2類の解説

3.1　具体例のデータ

ある会社のA製品には機能や特色が異なる3つのタイプがある．タイプ名は「信長」,「秀吉」,「家康」である．この会社では，タイプの選ばれ方は人々の価値観や意識によって決まると考えている．30人の人を対象に，タイプの好み，生きがいを感じるとき，ものの買い方，IT 知識程度，健康気配り程度を調べるアンケート調査を行なった．このアンケートデータに2類を適用し，どのような価値観や意識の人がどのようなタイプを選ぶかを予測するモデル式を算定した．

今後はホームページに同じ質問文をおき，回答してくれた人がどのタイプを好むかをモデル式を用いて予測し，そのタイプの試供品を回答者へ提供し，そのタイプの購入を促進する．

表3.1 (1)　アンケート調査質問文

Q1. 画面上の製品写真，機能説明をご覧ください．
あなたはどのタイプの製品が好きすか．一つだけお選びください．

1. 製品名：信長
2. 製品名：秀吉
3. 製品名：家康

Q2. あなたが生きがいを感じるのはどのようなときですか．
一つだけお知らせください．

1. 趣味やスポーツに熱中しているとき
2. 仕事に打ち込んでいるとき
3. 子供、孫などとの家族団らん
4. 社会奉仕や地域活動

Q3. あなたのものの買い方はどれに近いかを
一つだけお知らせください．

1. 新しいものや人があまり使っていないものを選ぶ
2. 身の回り品は値段が高くても一流品を揃える
3. 欲しいものがあっても，お金がたまるまでガマンする

Q4. あなたのインターネットやパソコンの知識はどの程度ですか．

1. 他の人に比べて知識はある方だと思う
2. 他の人に比べて知識はない方だと思う

Q5. あなたの健康への気配りの程度をお知らせください．

1. 他の人に比べて気配りしている方だと思う
2. 他の人に比べて気配りしていない方だと思う

アンケート質問文における選択肢の省略カテゴリー名を示す．以下，図表等で選択肢名を用いるところでは省略カテゴリー名で表記する．

表 3.1 (2)　省略カテゴリー名

記　号	省略名	カテゴリー名
c_{11}	趣味	趣味やスポーツに熱中しているとき
c_{12}	仕事	仕事に打ち込んでいるとき
c_{13}	家族	子供、孫などとの家族団らん
c_{14}	奉仕	社会奉仕や地域活動
c_{21}	希少品	新しいものや人があまり使っていないものを選ぶ
c_{22}	一流品	身の回り品は値段が高くても一流品を揃える
c_{23}	がまん	欲しいものがあっても，お金がたまるまでガマンする
c_{31}	IT ○	他の人に比べて知識はある方だと思う
c_{32}	IT ×	他の人に比べて知識はない方だと思う
c_{41}	健康管理	他の人に比べて気配りしている方だと思う
c_{42}	不摂生	他の人に比べて気配りしていない方だと思う

30 名の回答データを示す.

表3.1(3)　データ

No.	群	群別No.	商品名	生きがい	ものの買い方	IT知識	健康気配り
1	1	1	1	2	2	1	1
2	1	2	1	1	1	1	1
3	1	3	1	1	1	2	1
4	1	4	1	1	1	2	2
5	1	5	1	2	2	2	1
6	1	6	1	1	2	1	1
7	1	7	1	1	3	1	2
8	1	8	1	2	1	1	1
9	1	9	1	2	1	2	1
10	2	1	2	4	2	2	2
11	2	2	2	1	3	2	1
12	2	3	2	3	1	2	2
13	2	4	2	1	2	1	2
14	2	5	2	3	2	2	2
15	2	6	2	1	2	2	1
16	2	7	2	3	2	1	2
17	2	8	2	3	2	2	1
18	2	9	2	2	3	2	2
19	2	10	2	4	2	2	1
20	2	11	2	2	2	1	2
21	3	1	3	4	1	2	2
22	3	2	3	3	2	1	1
23	3	3	3	4	3	2	2
24	3	4	3	2	3	2	1
25	3	5	3	4	3	1	1
26	3	6	3	4	1	2	1
27	3	7	3	3	1	2	1
28	3	8	3	4	2	1	2
29	3	9	3	4	3	2	1
30	3	10	3	3	3	1	1

表3.1(4)は表3.1(3)のデータをダミー変換したものである．
表内の $c_{11}, \ldots, c_{42}$ は表3.1(2)のカテゴリー名の参照記号である．

表3.1(4)　ダミー変数データ

No.	群	生きがい				ものの買い方			IT知識		健康気配り	
		c_{11}	c_{12}	c_{13}	c_{14}	c_{21}	c_{22}	c_{23}	c_{31}	c_{32}	c_{41}	c_{42}
1	1	0	1	0	0	0	1	0	1	0	1	0
2	1	1	0	0	0	1	0	0	1	0	1	0
3	1	1	0	0	0	1	0	0	0	1	1	0
4	1	1	0	0	0	1	0	0	0	1	0	1
5	1	0	1	0	0	0	1	0	0	1	1	0
6	1	1	0	0	0	0	1	0	1	0	1	0
7	1	1	0	0	0	0	0	1	1	0	0	1
8	1	0	1	0	0	1	0	0	1	0	1	0
9	1	0	1	0	0	1	0	0	0	1	1	0
10	2	0	0	0	1	0	1	0	0	1	0	1
11	2	1	0	0	0	0	0	1	0	1	1	0
12	2	0	0	1	0	1	0	0	0	1	0	1
13	2	1	0	0	0	0	1	0	1	0	0	1
14	2	0	0	1	0	0	1	0	0	1	0	1
15	2	1	0	0	0	0	1	0	0	1	1	0
16	2	0	0	1	0	0	1	0	1	0	0	1
17	2	0	0	1	0	0	1	0	0	1	1	0
18	2	0	1	0	0	0	0	1	0	1	0	1
19	2	0	0	0	1	0	1	0	0	1	1	0
20	2	0	1	0	0	0	1	0	1	0	0	1
21	3	0	0	0	1	0	0	0	0	1	0	1
22	3	0	0	1	0	0	1	0	1	0	1	0
23	3	0	0	0	1	0	0	1	0	1	0	1
24	3	0	1	0	0	0	0	1	0	1	1	0
25	3	0	0	0	1	0	0	1	1	0	1	0
26	3	0	0	0	1	0	0	0	0	1	1	0
27	3	0	0	1	0	0	0	0	0	1	1	0
28	3	0	0	0	1	0	1	0	1	0	0	1
29	3	0	0	0	1	0	0	1	0	1	1	0
30	3	0	0	1	0	0	0	1	1	0	1	0

式(1)よりダミー変数総数 p は7である．

$$\text{ダミー変数総数}\ p = \sum_{j=1}^{Q} c_j - Q = (4+3+2+2) - 4 = 7$$

3.2　基本集計

表3.1(3)のデータの全個体数は 30，群 1 の個体数は 9，群 2 の個体数は 11，群 3 の個体数は 10 である．

表3.2(1)　全体及び群別個体数

	個体数
全　　体	30
群 1　信　長	9
群 2　秀　吉	11
群 3　家　康	10

表3.1(3)のデータの群別クロス集計を行い，各説明変数のカテゴリーを選択した人について各群の割合を調べ，50%を超えるカテゴリーに着目した．

信長（群 1）は「趣味」「仕事」「希少品」，秀吉（群 2）は「家族」「一流品」「不摂生」，家康（群 3）は「奉仕」「がまん」である．

表3.2(2)　説明変数別クロス集計

説明変数名	カテゴリー名	全　体	群 1 信　長	群 2 秀　吉	群 3 家　康
全　体		30 100.0%	9 30.0%	11 36.7%	10 33.3%
生きがい	趣　味	8 100.0%	5 62.5%	3 37.5%	0 0.0%
	仕　事	7 100.0%	4 57.1%	2 28.6%	1 14.3%
	家　族	7 100.0%	0 0.0%	4 57.1%	3 42.9%
	奉　仕	8 100.0%	0 0.0%	2 25.0%	6 75.0%

説明変数名	カテゴリー名	全　体	群1 信　長	群2 秀　吉	群3 家　康
ものの買い方	希 少 品	9 100.0%	5 55.6%	1 11.1%	3 33.3%
	一 流 品	13 100.0%	3 23.1%	8 61.5%	2 15.4%
	が ま ん	8 100.0%	1 12.5%	2 25.0%	5 62.5%
IT知識	IT ○	12 100.0%	5 41.7%	3 25.0%	4 33.3%
	IT ×	18 100.0%	4 22.2%	8 44.4%	6 33.3%
健康気配り	健康管理	18 100.0%	7 38.9%	4 22.2%	7 38.9%
	不 摂 生	12 100.0%	2 16.7%	7 58.3%	3 25.0%

3.3 モデル式

群 G としたとき，多群数量化2類のモデル式は式（5）で示せる．ただし，説明変数の個数を Q，j 番目説明変数のカテゴリー数を C_j，目的変数を y，j 番目説明変数の，k 番目カテゴリーのダミー変数を x_{jk} とする．

$$y=\sum_{j=1}^{Q}\sum_{k=1}^{c_j}a_{jk}x_{jk}+\varepsilon \qquad (5)$$

ただし a_{jk} はモデル式における係数，ε は誤差（残差ともいう）である．

式(5)は m 個存在する．この個数を軸数と呼ぶことにする．ここに m は，ダミー変数総数を p，群数を G としたとき，

$p \geqq G-1$ であれば $m=G-1$，$p<G$ であれば $m=p$ 個

である．

表3.1(3)のデータは，$p=7$，$G-1=2$ より $m=G-1=2$ となり，軸数は2である．

3.4 カテゴリースコア

モデル式の係数をカテゴリースコアという．各カテゴリーに対しカテゴリースコアは m 軸存在する．

具体例における軸の個数は $m=G-1=2$ で，各々を軸 1 と軸 2 と呼ぶ．軸 1，軸 2 のカテゴリースコアは次の通りである．表 3.4 における n は，各選択肢に対する回答数である．

表 3.4　モデル式の係数／カテゴリースコア

説明変数名	省略名	n	カテゴリースコア	
			軸　1	軸　2
生きがい	趣　味	8	1.0171	−0.1943
	仕　事	7	0.7465	0.1583
	家　族	7	−0.7161	−0.5131
	奉　仕	8	−1.0436	0.5047
ものの買い方	希少品	9	0.2633	0.9502
	一流品	13	0.2466	−0.7639
	がまん	8	−0.6970	0.1723
IT　知　識	IT　○	12	−0.0176	0.6854
	IT　×	18	0.0118	−0.4570
健康気配り	健康管理	18	−0.0513	0.3840
	不摂生	12	0.0769	−0.5760

3.5 カテゴリースコアの解釈

カテゴリースコアを解釈するためにカテゴリースコアの棒グラフを描き，図 3.5（1）に示す．

軸 1 で棒グラフの値が 0.5 以上は「趣味」「仕事」，−0.5 以下は「家族」「奉仕」「がまん」であることから，目的変数の商品タイプを考慮して，カテゴリースコアがプラス方向は " 信長嗜好 "，マイナス方向は " 家康嗜好 " と解釈する．

軸 2 の値が 0.5 以上は「奉仕」「希少品」「IT ○」，−0.5 以下は「家族」「一流品」「不摂生」であることから，プラス方向は " 信長嗜好 "，マイナス方向は " 秀吉嗜好 " と解釈する．

図3.5(1)　カテゴリースコア棒グラフ

カテゴリースコアグラフ(軸1)

カテゴリースコアグラフ(軸2)

軸1を縦軸，軸2を横軸としてカテゴリースコアの散布図を描く．散布図からも棒グラフと同じことがわかるが，散布図を描くことによって図の領域において右上が「信長タイプ」,左側が「秀吉タイプ」,下側が「家康タイプ」といったことがわかる．

図3.5(2)　カテゴリースコア散布図

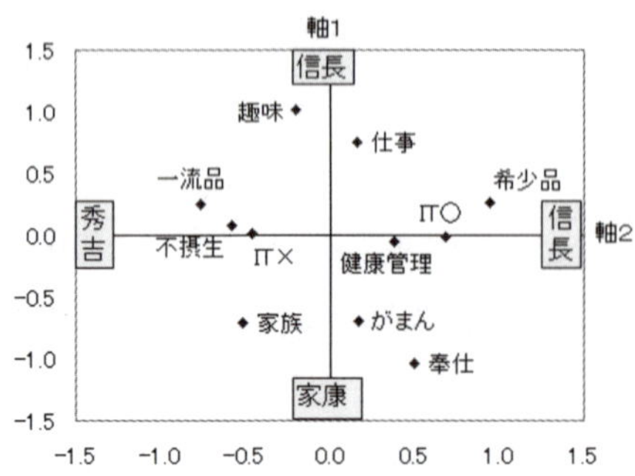

3.6　サンプルスコア

式(6)によって与えられる各個体の得点をサンプルスコアという．式(6)はm個存在する．

$$y = \sum_{j=1}^{Q} \sum_{k=1}^{c_j} a_{jk} x_{jk} \tag{6}$$

この例題におけるサンプルスコアは各個体について二つ（軸１と軸２）与えられる．

表3.1(4)のダミー変数データをモデル式に代入し，軸１，軸２のサンプルスコアを算出する．

表3.6(1)は，No.1の回答者についてサンプルスコアの計算手順を示したものである．①×②列の縦計が軸１，①×③列の縦計が軸２のサンプルスコアである．

表3.6(1)　No.1のサンプルスコア

			①	②	①×②	③	①×③
		回答データ	ダミー変数	軸1カテゴリースコア		軸2カテゴリースコア	
生きがい	趣　味	2	0	1.0171	0.0000	−0.1943	0.0000
	仕　事		1	0.7465	0.7465	0.1583	0.1583
	家　族		0	−0.7161	0.0000	−0.5131	0.0000
	奉　仕		0	−1.0436	0.0000	0.5047	0.0000
ものの買い方	希少品	2	0	0.2633	0.0000	0.9502	0.0000
	一流品		1	0.2466	0.2466	−0.7639	−0.7639
	がまん		0	−0.6970	0.0000	0.1723	0.0000
IT 知識	IT ○	1	1	−0.0176	−0.0176	0.6854	0.6854
	IT ×		0	0.0118	0.0000	−0.4570	0.0000
健康気配り	気配り○	1	1	−0.0513	−0.0513	0.3840	0.3840
	気配り×		0	0.0769	0.0000	−0.5760	0.0000
				合計	0.9242	合計	0.4639

全ての回答者のサンプルスコアを示す．

表3.6(2)　サンプルスコア

No.	群	軸 1	軸 2
1	1	0.9242	0.4639
2	1	1.2115	1.8254
3	1	1.2409	0.6830
4	1	1.3691	−0.2770
5	1	0.9536	−0.6785
6	1	1.1948	0.1112
7	1	0.3794	0.0875
8	1	0.9409	2.1780
9	1	0.9703	1.0356
10	2	−0.7084	−1.2922
11	2	0.2806	−0.0949
12	2	−0.3641	−0.5958
13	2	1.3230	−0.8487
14	2	−0.3808	−2.3099
15	2	1.2242	−1.0312
16	2	−0.4102	−1.1675
17	2	−0.5090	−1.3500
18	2	0.1382	−0.7023
19	2	−0.8365	−0.3322
20	2	1.0523	−0.4961
21	3	−0.6917	0.4220
22	3	−0.5384	−0.2076
23	3	−1.6520	−0.3559
24	3	0.0100	0.2577
25	3	−1.8095	1.7464
26	3	−0.8199	1.3819
27	3	−0.4923	0.3642
28	3	−0.7378	−0.1498
29	3	−1.7801	0.6040
30	3	−1.4820	0.7287

サンプルスコアの散布図を描く．図の見方を説明する．マークサイズが小さい点は各個体のサンプルスコア，大きい点はサンプルスコアの群別平均である．

点の種別は各個体が選択したタイプを示す．例えば，サンプル No.8 のサンプルスコアは軸 1 が 0.9409，軸 2 が 2.1780 で右上に位置し，カテゴリースコアの散布図で解釈された「信長タイプ」の領域に属する．このサンプルの点の種別は「マル印」なので回答した選択タイプは「信長」で，モデル式から推定されたタイプと回答のタイプが一致していることを示している．ほとんどのサンプルにおいて回答と推定が一致しているが，No.5 のように外れもある．

なお，散布図におけるサンプルスコアの群別平均の点を群別重心という．

図 3.6　サンプルスコア散布図

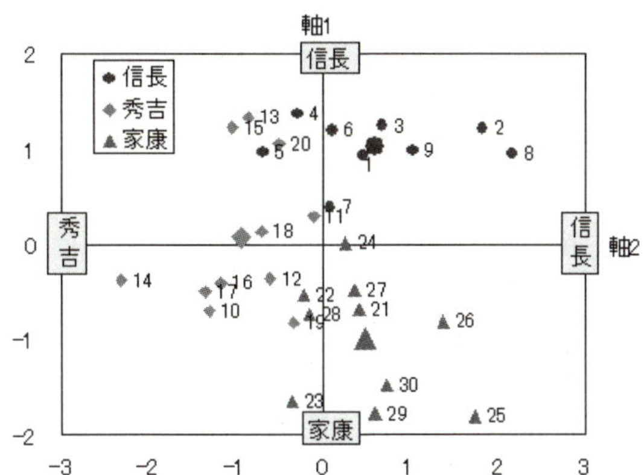

3.7　各個体がどの群に属するかの推定

各個体がどの群に属するかの推定は，モデル式から算出されたサンプルスコアの平面上の位置と群別重心との距離を測ることで調べられる．距離の最も短い群をその個体の推定群とする．

距離を測る方法に，ユークリッド距離とマハラノビス距離がある．

※参照　距離の求め方は，「第 2 部 1.11 節」で示す．

図 3.6 について，各個体の距離を調べ，どの群に属するかを調べた．

表 3.7　距離及び推定群

No.	ユークリッド距離				マハラノビス距離			
	群1重心	群2重心	群3重心	推定群	群1重心	群2重心	群3重心	推定群
1	0.1694	1.6322	1.9236	1	0.3560	2.3528	3.2240	1
2	1.2370	2.9803	2.5885	1	1.4189	4.5462	4.8618	1
3	0.2344	1.9904	2.2495	1	0.7621	2.7858	3.8853	1
4	0.9467	1.4504	2.4862	1	1.5737	1.7743	3.7443	1
5	1.2835	0.9150	2.2703	2	1.3670	1.1182	3.1623	2
6	0.5220	1.5296	2.2248	1	0.8235	1.9960	3.5315	1
7	0.8228	1.0617	1.4333	1	2.2511	1.6735	2.1845	2
8	1.5768	3.2259	2.5789	1	1.7137	5.1165	4.8674	1
9	0.4353	2.1597	2.0467	1	0.5017	3.2528	3.7004	1
10	2.5655	0.8621	1.7951	2	6.1893	1.0516	2.6556	2
11	1.0173	0.8595	1.4028	2	2.6198	1.3752	2.0284	2
12	1.8316	0.5502	1.2486	2	4.8788	0.8947	1.6612	2
13	1.4831	1.2520	2.6752	2	1.9199	1.5952	3.7442	2
14	3.2327	1.4536	2.8568	2	5.5831	2.2726	4.1431	2
15	1.6470	1.1552	2.6880	2	1.9165	1.5461	3.6789	2
16	2.2765	0.5393	1.7489	2	5.1827	0.6592	2.4335	2
17	2.4808	0.7187	1.8937	2	5.5601	0.9050	2.7051	2
18	1.5757	0.2359	1.6400	2	3.2717	0.3736	2.1621	2
19	2.0793	1.0884	0.8276	3	6.4402	1.7345	1.2088	3
20	1.0998	1.0703	2.2717	2	1.1806	1.3041	3.2596	1
21	1.7217	1.5528	0.3130	3	5.9169	2.7128	0.4936	3
22	1.7572	0.9462	0.8271	3	5.4088	1.6146	1.0922	3
23	2.8394	1.8182	1.0598	3	9.2402	2.6524	1.9763	3
24	1.0679	1.1886	1.0334	3	3.4931	2.0360	1.6108	3
25	3.0522	3.2718	1.5041	3	9.9480	5.6591	1.9913	3
26	1.9983	2.4778	0.9204	3	6.4762	4.3535	1.5473	3
27	1.5316	1.4117	0.5199	3	5.2259	2.4792	0.8083	3
28	1.9127	1.1250	0.6812	3	6.0867	1.8817	0.9342	3
29	2.8006	2.4056	0.7907	3	9.6936	3.9531	1.2585	3
30	2.5057	2.2737	0.5433	3	8.6713	3.8438	0.7709	3

3.8　判別的中率

実績群と推定群との判別クロス集計の結果を表3.8(1)に示す．ユークリッド距離において実績群と推定群が一致しているのは，8+10+10=28 人である．30 人中 28 人が一致しているので，判別的中率は，28÷30=93.3%である．マハラノビス距離の判別的中率は，(7+9+10)÷30=86.7%である．どちらも下記に示す基準の 67%を上回っているので，与えられたモデル式は予測に適用できると判断する．

表3.8(1)　判別クロス集計表

ユークリッド距離					
			推　定　群		
		全体	群1	群2	群3
	全体	30	8	11	11
実績群	群1	9	8	1	0
	群2	11	0	10	1
	群3	10	0	0	10

マハラノビス距離					
			推　定　群		
		全体	群1	群2	群3
	全体	30	8	11	11
実績群	群1	9	7	2	0
	群2	11	1	9	1
	群3	10	0	0	10

判別的中率が最も低くなるのは，下記表に示すように各セルの度数が全て同じときと考える．この表における判別的中率は 33.3%となり，判別的中率の最小値は 33.3%であることがわかる．

表3.8(2)　判別的中率が最小となる判別クロス集計表

		推　定　群			
		群　1	群　2	群　3	横　計
実績群	群　1	〈3〉	3	3	9
	群　2	3	〈3〉	3	9
	群　3	3	3	〈3〉	9
	縦　計	9	9	9	27

$$判別的中率の最小値 = \frac{100\times(3+3+3)}{27} = 33.3\%$$

したがって判別的中率は 33.3%～100%の値となる．判別的中率は値が大きいほどモデル式の精度が高くなるといえる．しかしながらいくつ以上あればよいという統計学的基準はないので，著者は 67%以上あれば与えられたモデル式は予測に適用できると判断している．

著者が提案する3群の場合の判別的中率の基準は，

最小値+｛(最大値－最小値)÷2｝

で与えられ，33.3+｛(100－33.3)÷2｝=67%である．

3.9　相　関　比

質的データと量的データの関連性を調べる解析手法として相関比がある．目的変数は質的データ，サンプルスコアは量的データなので，目的変数とサンプルスコアの関連性は相関比で調べられる．両者の関連度が高ければモデル式は予測に適用できると判断する．

群の数を G としたとき相関比は，$G-1$ 個(軸)与えられる．相関比は，0～1の値となる．相関比は判別的中率同様に，いくつ以上あればよいという基準はないが，著者は0.5を基準の値としている．

※参照　相関比の計算方法は，「第2部1.10節」で示す．

表3.6(2)の群データとサンプルスコアについて相関比を求める．

表3.9　相関比

	軸　1	軸　2
相　関　比	0.6473	0.5023

相関比は，軸1，軸2どちらもこの基準0.5を上回っているので，2つの軸を用いて予測できると判断する．

3.10　総あたり法

先に示した2群の総あたり法と同様に，多群の数量化2類についても総あたり法が行なえる．

表3.1(3)のデータについて，総あたり法を行なった結果を表3.10(1)に示した．説明変数の個数が4なのでモデル式は$(2^4-1=15)$個与えられる．組合せ「3」及び「4」のダミー変数総数 $p=1$ は(群数$G-1$)=2より小さいので，軸数 m は一つである．その他の組合せのダミー変数総数は2以上で，軸数 m は二つである．

すべての説明変数を適用したモデルの相関比及び判別的中率が最大である．

表3.10(1)　3群の場合の総あたり法

適用する説明変数	説明変数の個数	ダミー変数総数 p	相関比 1 η^2	相関比 2 η^2	判別的中率 (%)
1	1	3	0.5374	0.0641	63.3
2	1	2	0.2168	0.1290	60.0
3	1	1	0.0550	–	–
4	1	1	0.1387	–	–
1,2	2	5	0.6458	0.2606	70.0
1,3	2	4	0.5376	0.1151	66.7
1,4	2	4	0.5384	0.2015	76.7
2,3	2	3	0.3353	0.1438	60.0
2,4	2	3	0.3159	0.1340	60.0
3,4	2	2	0.1924	0.0060	50.0
1,2,3	3	6	0.6459	0.3944	80.0
1,2,4	3	6	0.6473	0.3633	80.0
1,3,4	3	5	0.5384	0.2618	70.0
2,3,4	3	4	0.4386	0.1438	66.7
1,2,3,4	4	7	0.6473	0.5023	86.7

3.11　モデル選択基準

多群の場合のモデル選択基準を示す．

表 3.1(3)のデータに総あたり法を行なう．($2^{Q}-1=2^{4}-1=15$)個のモデルについてモデル選択基準を適用する．

モデル選択基準を小さい方から順位を付けたとき，順位が 1 位のモデルが最良モデルである．ほとんどの選択基準において，全ての説明変数を選んだフルモデルが 1 位となった．

どのモデル選択基準を適用するのがよいという統計学的判断はないが，C_p や MC_p は残差の正規性の仮定にあまり影響されないので筆者は C_p あるいは MC_p を適用することが多い．

なお，最適なモデルの基準値と同程度なものがいくつかある場合もある．そのような場合は，解釈しやすいかどうかも考え最適なモデルを選ぶとよい．

※参照　残差の正規性は「第 2 部 1.9 節」で示す．

※参照　モデル選択基準の計算方法は「第 2 部 1.12 節」で示す．

表3.11(1) 多群モデル選択基準

適用する説明変数	説明変数の個数	モデル選択基準				
		AIC	*CAIC*	C_p	MC_p	P_e
1	1	269.19	322.14	80.12	78.72	438.26
2	1	278.83	323.06	116.92	111.26	649.04
3	1	284.61	321.14	158.73	148.58	873.08
4	1	281.83	318.36	145.37	136.65	797.70
1,2	2	262.12	336.13	59.81	61.33	314.72
1,3	2	271.50	334.32	78.27	77.28	431.45
1,4	2	268.36	331.18	72.49	72.19	394.90
2,3	2	277.40	330.35	100.30	96.57	560.84
2,4	2	277.40	330.35	100.30	96.57	560.84
3,4	2	283.72	327.95	135.47	127.75	757.61
1,2,3	3	260.12	346.84	56.09	58.43	289.15
1,2,4	3	261.50	348.23	57.43	59.59	298.29
1,3,4	3	270.01	344.02	70.58	70.76	385.65
2,3,4	3	276.33	339.15	88.46	86.24	495.81
1,2,3,4	4	258.11	359.31	54.00	57.00	272.89

表3.11(2)　多群モデル選択基準の順位

適用する説明変数	順位					注
	AIC	*CAIC*	C_p	MC_p	P_e	p
1	6	5	8	8	8	3
2	12	9	12	12	12	2
3	15	14	15	15	15	1
4	13	10	14	14	14	1
1,2	4	1	4	4	4	5
1,3	8	7	7	7	7	4
1,4	5	6	6	6	6	4
2,3	10	11	10	10	10	3
2,4	11	12	11	11	11	3
3,4	14	15	13	13	13	2
1,2,3	2	2	2	2	2	6
1,2,4	3	4	3	3	3	6
1,3,4	7	8	5	5	5	5
2,3,4	9	13	9	9	9	4
1,2,3,4	1	3	1	1	1	7

※注．表の最右列の p はダミー変数総数である．

3.12　追加情報の検定

表 3.1(3)のデータは東京都に居住しインターネットができる環境を有する成人（母集団）から，30 人を抽出したものである．各説明変数における追加情報の検定とは，30 人の数量化 2 類から求められる検定統計量から，母集団における各説明変数が目的変数に寄与しているかを調べる方法である．

※注．母集団のことを調べるのに 30 人は少なすぎるが，例題として計算が簡単にできるように敢えて 30 人とした．

※参照　多群の場合の追加情報検定の計算方法は，「第 2 部 2.3 節」で示す．

表 3.1(3)のデータについて，各説明変数が目的変数に寄与しているかを追加情報の検定で調べた．その結果を表 3.12 に示す．

検定統計量は大きいほど，p 値は小さいほど，検討する説明変数は目的変数に寄与しているといえる．一般的に p 値が 0.05 以下の場合，母集団における検討する説明変数は目的変数に寄与していると判断し，判定欄に「*」マークを表記する．

統計解析ソフトによっては，p 値≦0.01 は「**」，0.01＜p 値≦0.05 は「*」としているものもある．具体例では,「生きがい」「ものの買い方」の p 値が 0.05 を下回り，目的変数に寄与しているといえる．「*」マークが付かなかった「IT 知識」「健康気配り」は目的変数に寄与していないとするより，これだけ少ない個体数からは目的変数に寄与しているかいないか分からないと解釈するのがよい．

表 3.12　多群の追加情報の検定

検討する説明変数	検定統計量	p値	判定
生きがい	4.8016	0.0008	＊
ものの買い方	4.3251	0.0049	＊
IT 知識	3.0728	0.0665	
健康気配り	2.3256	0.1224	

3.13　逐次選択法

説明変数の中から逐次最良な説明変数を見出す方法として逐次選択法（ちくじせんたくほう）がある．

表 3.1(3)のデータにおける逐次選択法の結果を示す．

<ステップ 1>

4 つの変数の一つずつを説明変数として，4 ケースの数量化 2 類を実行する．

No.3 を説明変数とする 2 類のダミー変数総数は p=1 で（群数 G−1)=2 より小さいので，軸数 m は一つである．算出できない軸 2 の相関比は 0 とする．No.4 についても同様である．

各軸について 1 から相関比を引いた値を求め，これらを掛けた値を W とする．W が最小の説明変数 No.1 を選択する．

検討する説明変数		ダミー変数	相　関　比		1 － 相関比		W
No.	説明変数名	総数 p	軸　1	軸　2	軸　1	軸　2	軸1×軸2
1	生きがい	3	0.5374	0.0641	0.4626	0.9359	0.4329
2	ものの買い方	2	0.2168	0.1290	0.7832	0.8710	0.6821
3	IT 知識	1	0.0550	0.0000	0.9450	1.0000	0.9450
4	健康気配り	1	0.1387	0.0000	0.8613	1.0000	0.8613

< ステップ 2>

既に取り込んだ説明変数 No.1 に残りの説明変数を一つずつ順番に加えて，$Q-1=4-1=3$ケースの数量化 2 類を実行する．

	モデル名	説明変数 No.	相関比		1 － 相関比		W
			軸 1	軸 2	軸 1	軸 2	軸1×軸2
ステップ2	モデル1	1,2	0.6458	0.2606	0.3542	0.7394	0.2619
	モデル2	1,3	0.5376	0.1151	0.4624	0.8849	0.4092
	モデル3	1,4	0.5384	0.2015	0.4616	0.7985	0.3686
	ステップ1	1	0.5374	0.0641	0.4626	0.9359	0.4329

ステップ 1 で選択した説明変数 No.1 を用いた 2 類とステップ 2 で実行した 2 類の結果を適用し，追加情報の検定を行なう．

p 値 <0.05 かつ p 値が最小の説明変数 No.2 を取り込む．

検討する説明変数		検定統計量	p値
No.	説明変数名		
2	ものの買い方	3.4293	0.0152
3	IT 知識	0.6971	0.5078
4	健康気配り	2.0961	0.1449

< ステップ 3>

既に取り込んだ説明変数 No.1，No.2 に残りの説明変数を一つずつ順番に加えて，$Q-2=4-2=2$ケースの数量化 2 類を実行する．

モデル名	説明変数 No.	相関比		1 － 相関比		W
		軸 1	軸 2	軸 1	軸 2	軸1×軸2
モデル1	1,2,3	0.6459	0.3944	0.3541	0.6056	0.2144
モデル2	1,2,4	0.6473	0.3633	0.3527	0.6367	0.2246
ステップ2	1,2	0.6458	0.2606	0.3542	0.7394	0.2619

ステップ 2 ので取り込んだ No.1，No.2 を説明変数とする 2 類とステップ 3 で実行した 2 類の結果を適用し，追加情報の検定を行なう．

p 値 <0.05 となる説明変数がないので取り込み作業は終了する．

検討する説明変数		検定統計量	p値
No.	説明変数名		
3	IT 知識	2.4361	0.1107
4	健康気配り	1.8284	0.1843

< 最終ステップ >

2つの説明変数が取り込まれたが，このモデルにおいて，各説明変数が目的変数に寄与しているかを検討する．

まず始めに説明変数 No.1 について検討する．

取り込まれた説明変数2つの2類と説明変数 No.2 の2類の結果を示す．

モデル名	説明変数 No.	相　関　比		1 − 相関比		W
		軸 1	軸 2	軸 1	軸 2	軸1×軸2
ステップ2	1,2	0.6458	0.2606	0.3542	0.7394	0.2619
ステップ1	2	0.2168	0.1290	0.7832	0.8710	0.6821

上記表の結果を適用し，追加情報の検定を行なう．

p 値 < 0.05 より説明変数 No.1 は目的変数に寄与している．

検討する説明変数	検定統計量	p値
1	4.9107	0.0005

二つ目の説明変数 No.2 について検討する．

取り込まれた説明変数2つの2類と説明変数 No.1 の2類の結果を示す．

モデル名	説明変数 No.	相　関　比		1　−　相関比		W
		軸 1	軸 2	軸 1	軸 2	軸1×軸2
ステップ2	1,2	0.6458	0.2606	0.3542	0.7394	0.2619
ステップ1	1	0.5374	0.0641	0.4626	0.9359	0.4329

上記表の結果を適用し，追加情報の検定を行なう．

p 値 <0.05 より説明変数 No.2 は目的変数に寄与している．

検討する説明変数	検定統計量	p値
2	3.4293	0.0152

目的変数に寄与する説明変数は「生きがい」と「ものの買い方」である．この結果は表 3.12 の結果と一致する．

第4章　具体例に基づく拡張型数量化2類の解説

今まで示してきた数量化2類の説明変数は質的データであった．この章では説明変数が質的データと量的データが混在する数量化2類を考える．このような2類を拡張型数量化2類と呼ぶことにする．

4.1　具体例のデータ

乗用車の選び方は車の使い方や選定理由などによって決まると考えられる．このことを確かめるために，30人のユーザーに，嗜好する車種タイプ，現使用車の使用用途，車選定理由，環境対策車購入予定，月間走行距離を質問するアンケート調査を実施した．アンケートデータのクロス集計を行なった結果，車種タイプと車使用用途や車選定理由との関連性が見出せた．そこで，アンケートデータに2類を適用し，どのような車の使い方や選定理由をしているユーザーがどの車種タイプを選ぶかを予測するモデル式を作成することにした．

通常の2類では量的データがあると，（この例では月間走行距離が量的データ）次に示すようなカテゴリー化をして実施することになる．

300km未満，300～499km，500～699km，700～899km，900km以上

拡張型数量化2類は，量的データ（この例では月間走行距離）をカテゴリー化することなくそのまま適用できる．

具体例における調査票を示す．

表4.1(1)　調査票

Q1.　あなたが好む乗用車はどのタイプですか.
(○は一つだけ).

1. Aタイプ
2. Bタイプ
3. Cタイプ

Q2.　あなたが現在乗用している車の主な使用用途お知らせください.
(○は一つだけ

1. 通勤・仕事
2. レジャー
3. 買物・用足し

Q3.　あなたが現在乗用している車をお選びになった理由をお知らせください. (○は一つだけ)

1. スタイル・外観の良さ
2. 室内スペース
3. 性能のよさ
4. 燃費のよさ

Q4.　あなたは車を買い替えるとしたら，環境対策車(エコカー)を購入する予定がありますか. (○は一つだけ)

1. 購入する予定がある
2. 購入する予定はない

Q5.　あなたが現在乗用している車の月間走行距離をお知らせください.

km

アンケート質問文における質問項目のデータ形式と選択肢のカテゴリー名を示す．以下，図表等で選択肢を用いるところでは省略名で表記する．

表4.1(2)　省略カテゴリー名

質問項目データ形式	記号	省　略　名	カテゴリー名
Q2　質的データ	c_{11}	通勤仕事	1. 通勤・仕事
	c_{12}	レジャー	2. レジャー
	c_{13}	買物用足し	3. 買物・用足し
Q3　質的データ	c_{21}	スタイル外観	1. スタイル・外観のよさ
	c_{22}	室内スペース	2. 室内スペース
	c_{23}	性能のよさ	3. 性能のよさ
	c_{24}	燃費のよさ	4. 燃費のよさ
Q4　質的データ	c_{31}	予定あり	1. 購入する予定がある
	c_{32}	予定なし	2. 購入する予定がない
Q5　量的データ	c_{41}	−	−

30 人の回答データを示す.

表4.1(3)　具体例のデータ

個体 No.	目的変数	説明変数			
	y	x_1	x_2	x_3	x_4
	嗜好車種タイプ	車使用用途	車選定理由	環境対策車購入予定	月間走行距離
1	1	2	2	1	1,112
2	1	1	1	1	877
3	1	1	1	2	1,023
4	1	1	1	2	1,052
5	1	2	2	2	966
6	1	2	1	1	1,094
7	1	3	1	1	697
8	1	1	2	1	1,006
9	1	1	2	2	938
10	2	2	4	2	595
11	2	3	1	2	745
12	2	1	3	2	653
13	2	2	1	1	634
14	2	2	3	2	463
15	2	2	1	2	806
16	2	2	3	1	791
17	2	2	3	2	497
18	2	3	2	2	340
19	2	2	4	2	541
20	2	2	2	1	721
21	3	1	4	2	319
22	3	2	3	1	235
23	3	3	4	2	305
24	3	3	2	2	362
25	3	3	4	1	392
26	3	1	4	2	567
27	3	1	3	2	253
28	3	2	4	1	415
29	3	3	4	2	279
30	3	3	3	1	222

表 4.1(4) は表4.1(3) の質的データをダミー変換し，量的データはデータから平均値を引いたものである．

表内の c_{11},. . . , c_{41}は表 4.1(2) のカテゴリー名の参照記号である．

表4.1(4)　ダミー変数データ

No.	車種タイプ	車使用用途			車選定理由				エコカー購入予定		月間走行距離
	群	c_{11}	c_{12}	c_{13}	c_{21}	c_{22}	c_{23}	c_{24}	c_{31}	c_{32}	c_{41}
1	1	0	1	0	0	1	0	0	1	0	482
2	1	1	0	0	1	0	0	0	1	0	247
3	1	1	0	0	1	0	0	0	0	1	393
4	1	1	0	0	1	0	0	0	0	1	422
5	1	0	1	0	0	1	0	0	0	1	336
6	1	0	1	0	1	0	0	0	1	0	464
7	1	0	0	1	1	0	0	0	1	0	67
8	1	1	0	0	0	1	0	0	1	0	376
9	1	1	0	0	0	1	0	0	0	1	308
10	2	0	1	0	0	0	0	1	0	1	−35
11	2	0	0	1	1	0	0	0	0	1	115
12	2	1	0	0	0	0	1	0	0	1	23
13	2	0	1	0	1	0	0	0	1	0	4
14	2	0	1	0	0	0	1	0	0	1	−167
15	2	0	1	0	1	0	0	0	0	1	176
16	2	0	1	0	0	0	1	0	1	0	161
17	2	0	1	0	0	0	1	0	0	1	−133
18	2	0	0	1	0	1	0	0	0	1	−290
19	2	0	1	0	0	0	0	1	0	1	−89
20	2	0	1	0	0	1	0	0	1	0	91
21	3	1	0	0	0	0	0	1	0	1	−311
22	3	0	1	0	0	0	1	0	1	0	−395
23	3	0	0	1	0	0	0	1	0	1	−325
24	3	0	0	1	0	1	0	0	0	1	−268
25	3	0	0	1	0	0	0	1	1	0	−238
26	3	1	0	0	0	0	0	1	0	1	−63
27	3	1	0	0	0	0	1	0	0	1	−377
28	3	0	1	0	0	0	0	1	1	0	−215
29	3	0	0	1	0	0	0	1	0	1	−351
30	3	0	0	1	0	0	1	0	1	0	−408

量的データがある場合のダミー変数総数は次表で与えられる.

表4.1 (5)　量的データがある場合のダミー変数総数

	ダミー変数総数	表4.1(3)の場合
質的データのアイテム数をQ_1	カテゴリー総数$-Q_1$	$(3+4+2)-3=6$
量的データのアイテム数をQ_2	Q_2	1
ダミー変数総数	(カテゴリー総数$-Q_1$)$+Q_2$	7

4.2　基本集計

目的変数である車種タイプと質的データの3質問とのクロス集計を行なった. 集計表の列の最大値に＜＞印を付け, 値が50%以上のセルに着目した.

Aタイプの嗜好ユーザーは, 使用用途は"通勤・仕事", 車選定理由は"スタイル・外観のよさ", 環境対策車購入は"予定あり"が他タイプに比べ高い回答率を示した.

Bタイプは, 使用用途は "レジャー", 環境対策車購入は "予定なし", Cタイプは, 使用用途は "買物・用足し", 車選定理由は "燃費のよさ" が他タイプを上回った.

車種タイプと車使用用途, 車選定理由, 環境対策車購入予定との関連性が見出せた.

表4.2(1)　クロス集計

車使用用途

	全　体	通勤・仕事	レジャー	買物・用足し
全体	100%	30%	43%	27%
A	100%	〈56%〉	33%	11%
B	100%	9%	〈73%〉	18%
C	100%	30%	20%	〈50%〉

車選定理由

	全　体	スタイル・外観	室内スペース	性能のよさ	燃費のよさ
全体	100%	27%	23%	23%	27%
A	100%	〈56%〉	〈44%〉	0%	0%
B	100%	27%	18%	〈36%〉	18%
C	100%	0%	10%	30%	〈60%〉

環境対策車購入予定

	全　体	予定あり	予定ない
全体	100%	40%	60%
A	100%	〈56%〉	44%
B	100%	27%	〈73%〉
C	100%	40%	60%

車種タイプは質的データ，月間走行距離は量的データなので，車種タイプ別の月間走行距離の平均値で両者の関係を調べた．車種タイプ別の平均値に違いがみられ，車種タイプと月間走行距離に関連性があると推察できる．

表 4.2(2)　車種タイプ別月間走行距離平均値

	平　均　値
全　　体	630.0
A タイプ	973.9
B タイプ	616.9
C タイプ	334.9

月間走行距離を 5 つの階級に分けカテゴリーデータを作成した．このデータと車種タイプとのクロス集計を行なった．A タイプは "900km 以上 "，B タイプは "700 ～ 899km"，"500 ～ 699km"，C タイプは "300 ～ 499km"，"300km 未満 " が他タイプを上回る値を示し，両者に関連性が見出せた．

表 4.2(3)　車種タイプと月間走行距離とのクロス集計

		月　間　走　行　距　離				
	全体	900km以上	700~899km未満	500~699km未満	300~499km未満	300km未満
全体	100%	23%	17%	20%	27%	13%
A	100%	〈78%〉	11%	11%	0%	0%
B	100%	0%	〈36%〉	〈36%〉	27%	0%
C	100%	0%	0%	10%	〈50%〉	〈40%〉

4.3　モデル式

群の数を G としたとき，拡張型数量化 2 類のモデル式は式(7)で示せる．ただし，説明変数の個数を Q，j 番目説明変数のカテゴリー数を c_j，目的変数を y，j 番目説明変数の，k 番目カテゴリーのダミー変数を x_{jk} とする．なお，量的データはカテゴリーの概念がないので便宜的にカテゴリー数は1とする．

$$y=\sum_{j=1}^{Q}\sum_{k=1}^{c_j}a_{jk}x_{jk}+\varepsilon \tag{7}$$

ただし a_{jk} はモデル式における係数，ε は誤差（残差ともいう）である．

式(7)は m 個存在する．この個数を軸数と呼ぶことにする．ここに m は，ダミー変数総数を p，群数を G としたとき，

$p \geqq G-1$ であれば $m=G-1$，$p < G$ であれば $m=p$ 個

である．

表4.1(4)のデータは，$p=6$，$G-1=2$ より $m=G-1=2$ となり，軸数は2である．

4.4　相関比，カテゴリースコア，アイテムスコア

表4.1(3)のデータに拡張型数量化2類を行なった．

相関比，カテゴリースコアは $m=2$ 個与えられる．

具体例における相関比の値は，軸1が0.8446，軸2が0.3948である．

「月間走行距離」は量的データなので，「月間走行距離」に対するスコアは，カテゴリーに対するものでなく項目に与えられるものなので，このスコアをアイテムスコアと呼ぶことにする．

表 4.4　カテゴリースコアとアイテムスコア

			n	カテゴリースコア	
				軸　1	軸　2
車使用用途	通勤・仕事	c_{11}	9	−0.0110	−1.0851
	レジャー	c_{12}	13	−0.0447	0.9627
	買物・用足し	c_{13}	8	0.0850	−0.3436
車選定理由	スタイル・外観の良さ	c_{21}	8	0.1608	0.3492
	室内スペース	c_{22}	7	0.1750	−0.1933
	性能のよさ	c_{23}	7	0.0371	0.4754
	燃費のよさ	c_{24}	8	−0.3464	−0.5960
環境対策車	予定あり	c_{31}	12	−0.0358	−0.7543
	予定なし	c_{32}	18	0.0239	0.5028
				アイテムスコア	
				軸　1	軸　2
月間走行距離		c_4		0.003157	−0.0001534

4.5　量的カテゴリースコア

月間走行距離をカテゴリー化し各カテゴリーの目的変数への影響度を明らかにしたいことがある．月間走行距離は量的データなのでカテゴリースコアでは示せないが，月間走行距離とサンプルスコアとは次の線形関係があることを利用して，カテゴリースコアに類似した値（量的カテゴリースコアと呼ぶ）を求めることができる．

量的カテゴリースコア = アイテムスコア×（x − 平均）．

ただし，x は月間走行距離の任意に定めたカテゴリーの階級値．

月間走行距離の平均値は 630km，最大値 1112km，最小値 222km であることから，各カテゴリーの階級値を次のように定めた．

表 4.5　量的カテゴリースコア

カテゴリー	①	②	③	
	階　級　値	x =①－平均	アイテムスコア×②	
			軸　1	軸　2
300km未満	230	－400	－1.2626	0.0613
300～499km	430	－200	－0.6313	0.0307
500～699km	630	0	0.0000	0.0000
700～899km	830	200	0.6313	－0.0307
900km以上	1030	400	1.2626	－0.0613

4.6　カテゴリースコアの解釈

表 4.4 のカテゴリースコア，表 4.5 の量的カテゴリースコアの散布図を描く．これより，軸 1 は月間走行距離を，軸 2 は車使用用途及び車選定理由を判別する軸であることが分かった．

図 4.6　カテゴリースコア散布図

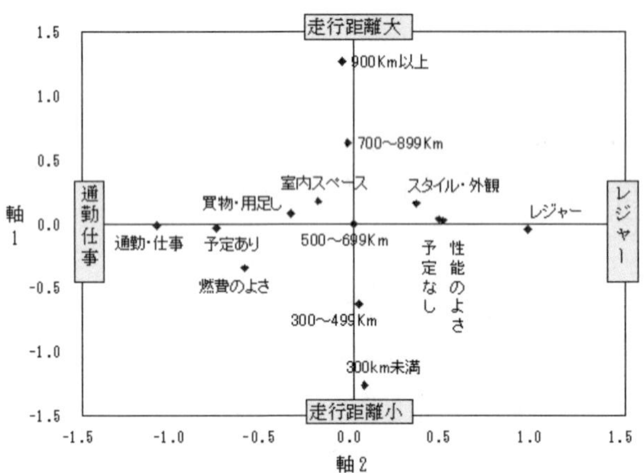

4.7　通常 2 類との比較

月間走行距離を次に示すカテゴリー区分で通常の 2 類を実施した．
300km 未満，300 ～ 499km，500 ～ 699km，700 ～ 899km，900km 以上

相関比は軸 1 が 0.849，軸 2 が 0.755 である．カテゴリースコアは次の通りである．

表 4.7　通常 2 類の結果

説明変数名	カテゴリー名	n	カテゴリースコア	
			軸 1	軸 2
車使用用途	通勤・仕事	9	0.0871	0.6119
	レジャー	13	−0.0971	−0.4757
	買物・用足し	8	0.0598	0.0846
車選定理由	スタイル外観	8	0.4108	0.0258
	室内スペース	7	0.0606	−0.1434
	性能のよさ	7	−0.0220	−0.6552
	燃費のよさ	8	−0.4446	0.6730
環境対策車	予定あり	12	0.1551	0.4828
	予定なし	18	−0.1034	−0.3219
月間走行距離	300km未満	4	−0.9822	1.3467
	300～499km	8	−0.5422	0.2308
	500～699km	6	−0.0238	−0.8639
	700～899km	5	−0.2332	−0.9484
	900km以上	7	1.3679	0.3846

量的カテゴリースコアを導入した拡張型 2 類と通常 2 類のカテゴリースコアの比較グラフを図 4.7 に示す．

図で軸 1 のカテゴリースコアを比べると，ほぼ同じ傾向である．量的データである月間走行距離のカテゴリースコアに着目すると，拡張型 2 類は走行距離が大きいほどカテゴリースコアが大きくなるが，通常 2 類は「500 ～ 699km」と「700 ～ 899km」の大小関係が逆転している．走行距離とサンプルスコアとが線形関係を仮定するならば拡張型 2 類の方が好ましいといえる．

軸 2 のカテゴリースコアは，拡張型 2 類では差が無く，通常 2 類では走行距離とサンプルスコアとは非線形な関係が見られる．

図 4.7　カテゴリースコア棒グラフ比較

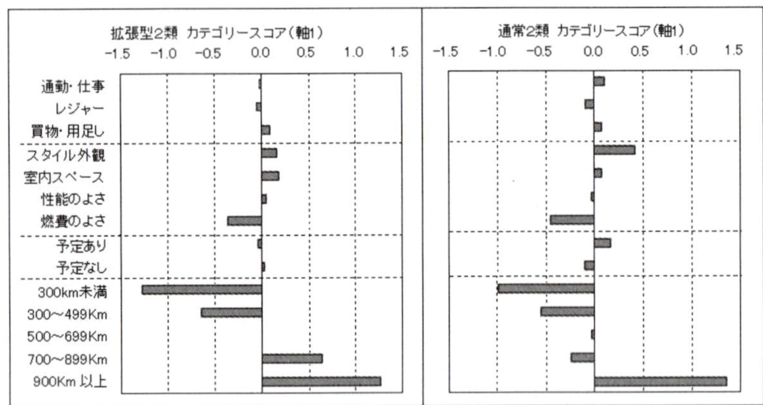

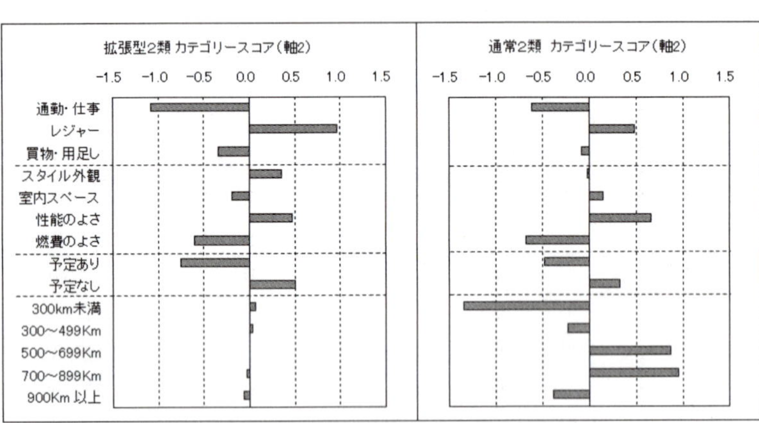

4.8　サンプルスコア

サンプルスコアの求め方を回答者 No.1 のユーザーを例にとり示す．

1. 質的データをダミー変換する（①）．量的データは平均値を引いた偏差データを作成する．
2. ①のダミー変換したデータと②の軸 1 カテゴリースコア（量的データはアイテムスコア）を掛ける．
   ①×②列の合計が回答者 No.1 の軸 1 のサンプルスコアである．
3. 2. と同様に回答者 No.1 の軸 2 のサンプルスコアを求める．

		回答データ	① ダミー変数	② 軸1カテゴリースコア	①×②	③ 軸2カテゴリースコア	①×③
Q2	通勤・仕事	2	0	−0.0110	0.0000	−1.0851	0.0000
	レジャー		1	−0.0447	−0.0447	0.9627	0.9627
	買物・用足し		0	0.0850	0.0000	−0.3436	0.0000
Q3	スタイル外観	2	0	0.1608	0.0000	0.3492	0.0000
	室内スペース		1	0.1750	0.1750	−0.1933	−0.1933
	性能のよさ		0	0.0371	0.0000	0.4754	0.0000
	燃費のよさ		0	−0.3464	0.0000	−0.5960	0.0000
Q4	予定あり	1	1	−0.0358	−0.0358	−0.7543	−0.7543
	予定なし		0	0.0239	0.0000	0.5028	0.0000
Q5	月間走行距離	1112	482	0.0032	1.5215	−0.0002	−0.0736
				合　計	1.6159	合　計	−0.0588

↑
1112－平均
1112－630

全てのユーザーのサンプルスコアを示す．

表 4.8　サンプルスコア

No.	軸　1	軸　2	No.	軸　1	軸　2	No.	軸　1	軸　2
1	1.616	−0.059	10	−0.478	0.875	21	−1.315	−1.131
2	0.894	−1.528	11	0.633	0.491	22	−1.290	0.744
3	1.414	−0.293	12	0.1263	−0.110	23	−1.263	−0.387
4	1.506	−0.298	13	0.093	0.557	24	−0.562	0.007
5	1.215	1.221	14	−0.511	1.967	25	−1.049	−1.657
6	1.545	0.486	15	0.696	1.788	26	−0.532	−1.169
7	0.421	−0.759	16	0.465	0.659	27	−1.140	−0.049
8	1.315	−2.090	17	−0.404	1.961	28	−1.106	−0.355
9	1.160	−0.823	18	−0.632	0.010	29	−1.345	−0.383
			19	−0.648	0.883	30	−1.202	−0.560
			20	0.382	0.001			

サンプルスコアの散布図を描く．車種タイプAを嗜好するユーザーは散布図の上側，車種タイプBは右側，車種タイプCは下側に位置し，4つの質問項目で判別されることがわかる．

図 4.8　サンプルスコア散布図

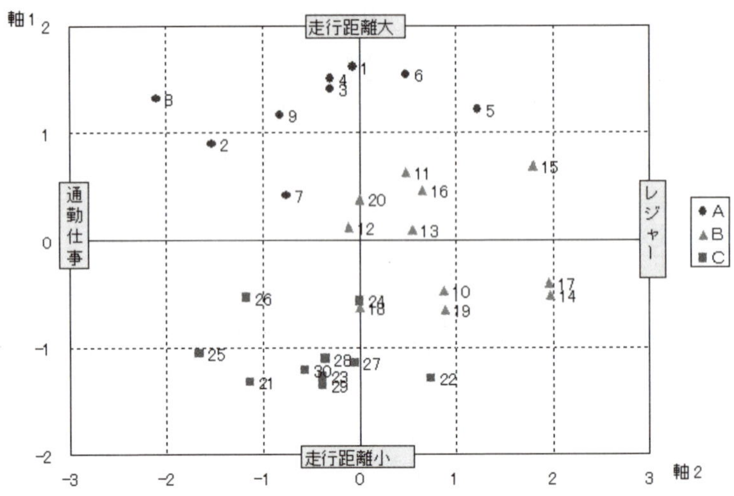

4.9　各個体がどの群に属するかの推定

各個体がどの群に属するかの推定は，モデル式から算出されたサンプルスコアの平面上の位置と群別重心との距離を測ることで調べられる．距離の最も短い群をその個体の推定群とする．

距離を測る方法に，ユークリッド距離とマハラノビス距離がある．

※参照　距離の求め方は，「第2部 1.11 節」で示す．

図 4.7 について，各個体の距離を調べ，どの群に属するかを調べた．結果を表 4.9 に示す．

表 4.9　ユークリッド距離，マハラノビス距離

No.	ユークリッド距離				マハラノビス距離			
	重心 1	重心 2	重心 3	推定群	重心 1	重心 2	重心 3	推定群
1	0.56	1.86	2.73	1	1.04	10.27	87.93	1
2	1.12	2.53	2.23	1	1.48	10.93	44.40	1
3	0.25	1.82	2.50	1	0.23	8.61	74.08	1
4	0.32	1.90	2.59	1	0.53	9.56	79.56	1
5	1.68	1.30	2.86	2	3.25	6.46	75.47	1
6	1.00	1.61	2.80	1	1.20	9.03	87.73	1
7	0.86	1.65	1.53	1	4.81	4.49	25.92	2
8	1.63	3.21	2.88	1	3.32	18.16	66.02	1
9	0.37	2.03	2.26	1	0.14	8.34	57.85	1
10	2.17	0.45	1.50	2	29.55	0.75	9.87	2
11	1.12	0.74	1.98	2	4.97	1.64	36.66	2
12	1.16	0.95	1.26	2	10.61	1.48	18.16	2
13	1.53	0.29	1.58	2	13.68	0.15	20.83	2
14	2.99	1.24	2.53	2	38.91	2.67	19.62	2
15	2.31	1.20	2.89	2	10.34	4.13	55.82	2
16	1.36	0.52	1.93	2	7.74	0.88	34.19	2
17	2.92	1.20	2.55	2	35.49	2.40	21.61	2
18	1.92	1.02	0.68	3	29.36	2.94	3.34	2
19	2.31	0.63	1.44	2	34.88	1.43	7.43	2
20	0.97	0.92	1.54	2	6.71	1.52	26.96	2
21	2.63	2.34	0.68	3	48.33	14.96	1.81	3
22	2.80	1.27	1.26	3	57.79	6.11	3.40	3
23	2.50	1.73	0.21	3	49.48	9.55	0.38	3
24	1.85	0.98	0.72	3	27.28	2.61	4.18	2
25	2.58	2.69	1.16	3	37.28	16.69	2.91	3
26	1.90	2.06	0.87	3	22.66	8.67	3.85	3
27	2.41	1.42	0.45	3	46.49	6.80	0.43	3
28	2.34	1.60	0.14	3	43.60	7.85	0.04	3
29	2.58	1.79	0.29	3	52.80	10.40	0.80	3
30	2.44	1.82	0.14	3	46.25	9.87	0.20	3

4.10 判別的中率

実績群と推定群との判別クロス集計の結果を表4.10に示す．ユークリッド距離において実績群と推定群が一致しているのは，8+10+10=28人である．30人中28人が一致しているので，判別的中率は，28÷30=93.3%である．マハラノビス距離の判別的中率は，(8+11+9)÷30=93.3%である．どちらも3.8節で示した基準の67%を上回っているので，与えられたモデル式は予測に適用できると判断する．

表4.10 判別クロス集計表

ユークリッド距離					
			推定群		
		全体	群1	群2	群3
	全体	30	8	11	11
実績群	群1	9	8	1	0
	群2	11	0	10	1
	群3	10	0	0	10

マハラノビス距離					
			推定群		
		全体	群1	群2	群3
	全体	30	8	13	9
実績群	群1	9	8	1	0
	群2	11	0	11	0
	群3	10	0	1	9

4.11 モデル選択基準

拡張型数量化2類におけるモデル選択基準についても，3.11節に示した方法で行なえる．

表4.1(3)のデータに総あたり法を行なう．$2^{\ell}-1=2^4-1=15$個のモデルについてモデル選択基準を適用する．

モデル選択基準を小さい方から順位を付けたとき，順位が1位のモデルが最良モデルである．ほとんどの選択基準において，全ての説明変数を選んだフルモデルが1位となった．

1位となったモデルNo.を調べた．AICはNo.13，$CAIC$はNo.4，C_pはNo.13，MC_pはNo.7，P_eはNo.15で，モデル選択基準によって1位となるモデル式が異なる．

どのモデル選択基準を適用するのがよいという統計学的判断はないが，C_pやMC_pは残差の正規性の仮定にあまり影響されないので筆者はC_pあるいはMC_pを適用することが多い．

※参照　残差の正規性は「第 2 部 1.9 節」で示す．

※参照　モデル選択基準の計算方法は「第 2 部 1.12 節」で示す．

表 4.11　モデル選択基準

組合せ		説明変数の個数	モデル選択基準				
No.	適用する説明変数		AIC	$CAIC$	C_p	MC_p	P_e
1	1	1	278.83	289.25	171.56	155.80	637.01
2	2	1	269.19	281.93	117.27	109.46	420.43
3	3	1	284.61	292.72	229.04	204.90	865.90
4	4	1	235.94	244.05	51.64	51.69	183.32
5	1,2	2	262.12	279.48	85.26	82.91	281.89
6	1,3	2	277.40	290.14	149.12	136.97	543.01
7	1,4	2	235.48	248.21	48.91	50.43	157.42
8	2,3	2	271.50	286.55	115.71	108.66	406.73
9	2,4	2	240.89	255.95	54.51	55.80	171.25
10	3,1	2	238.78	249.20	53.98	54.25	184.61
11	1,2,3	3	260.11	279.80	78.15	77.32	246.85
12	1,2,4	3	241.36	261.04	54.84	57.18	157.14
13	1,3,4	3	235.04	250.09	48.38	50.51	147.69
14	2,3,4	3	243.02	260.38	56.41	57.99	170.88
15	1,2,3,4	4	239.39	261.39	54.00	57.00	146.21

組合せ		説明変数の個数	順位				
No.	適用する説明変数		AIC	$CAIC$	C_p	MC_p	P_e
1	1	1	14	13	14	14	14
2	2	1	11	11	12	12	12
3	3	1	15	15	15	15	15
4	4	1	3	1	3	3	7
5	1,2	2	10	9	10	10	10
6	1,3	2	13	14	13	13	13
7	1,4	2	2	2	2	1	4
8	2,3	2	12	12	11	11	11
9	2,4	2	6	5	6	5	6
10	3,1	2	4	3	4	4	8
11	1,2,3	3	9	10	9	9	9
12	1,2,4	3	7	7	7	7	3
13	1,3,4	3	1	4	1	2	2
14	2,3,4	3	8	6	8	8	5
15	1,2,3,4	4	5	8	5	6	1

4.12　追加情報の検定

拡張型数量化2類における追加情報の検定についても，3.12節で示した方法で行なえる．

※参照　拡張型数量化2類の場合の追加情報の検定の計算方法は，「第2部2.4節」で示す．

表4.1(3)のデータについて，各説明変数が目的変数に寄与しているかを追加情報の検定で調べた．その結果を表4.12に示す．

検定統計量は大きいほど，p値は小さいほど，検討する説明変数は目的変数に寄与しているといえる．一般的にp値が0.05以下の場合，母集団における検討する説明変数は目的変数に寄与していると判断し，判定欄に「*」マークを表記する．

統計解析ソフトによっては，p値≦0.01は「**」，0.01＜p値≦0.05は「*」としているものもある．

具体例では，「月間走行距離」のp値が0.05を下回り，目的変数に寄与しているといえる．「*」マークが付かなかった他の 3 つの説明変数は目的変数に寄与していないとするより，これだけ少ない個体数からは目的変数に寄与しているかいないか分からないと解釈するのがよい．

表 4.12　追加情報の検定

No.	検討する説明変数	検定統計量	p　値	判　定
1	車使用用途	2.3515	0.0687	
2	車選定理由	0.9962	0.4398	
3	環境対策車	2.3103	0.1239	
4	月間走行距離	13.4375	0.0002	*

第2部

初級学習者のための
「数量化2類に用いられる基本解析手法」
「追加情報の検定」
についての計算方法

第1章　数量化2類に用いられる基本解析手法

1.1　2直線の交点／判別的中点

◆ 学習目的

「2直線の交点」は，点Aと点B，点Cと点Dを通る2本の直線が与えられているとき，2つの直線が交わる点を求める方法である．

2群数量化2類の判別的中点は，「2直線の交点の算出方法」を活用して求められる．

この節では，2直線の交点の求め方を理解し,判別的中点が求められるようになることを目的とする．

♣例題

第1部図2.9の累積判別グラフを再掲する．この図において2直線の交点の横軸座標が判別的中点である．判別的中点Mを求めよ．

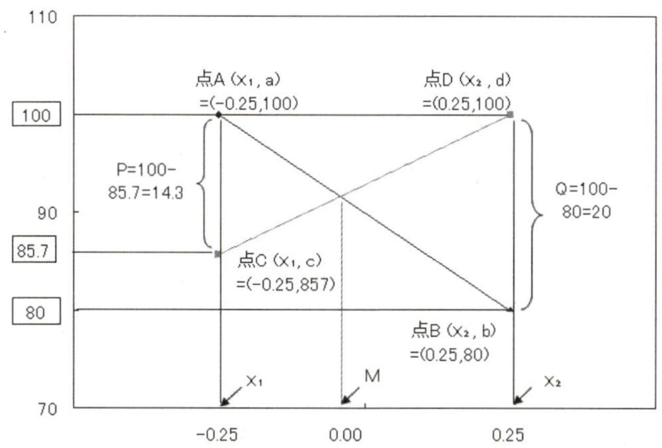

♠解説

二つの直線がある．

一つ目の直線は点 A(x_1, a) と点 B(x_2, b) を通る．

二つ目の直線は点 C(x_1, c) と点 D(x_2, d) を通る．

二つの直線の交点の横軸の値をMとすると，Mの値は次式によって求められる．

$$M=\frac{P\cdot x_2+Q\cdot x_1}{P+Q} \qquad ただし，P=a-c,\ Q=d-b \tag{1}$$

例題におけるMを求める．

$$P=a-c=100-85.7=14.3,\ Q=d-b=100-80=20$$

$$M=\frac{P\cdot x_2+Q\cdot x_1}{P+Q}=\frac{14.3\times 0.25+20\times(-0.25)}{14.3+20}=\frac{-1.425}{34.3}=-0.042$$

1.2　クラメール連関係数

◆ 学習目的

> クラメール連関係数は質的データと質的データの関連性を求める尺度であって，それらのクロス集計表の関連性の度合いを調べることによって求められる．
>
> 数量化2類では目的変数に寄与している変数を検討するときに適用される．
>
> この節では与えられたクロス集計表について，クラメール連関係数の算出方法を学ぶ．

♣例題

「第1部　2.2節」の店舗評価と立地特性のクロス集計表を再掲する．この表についてクラメール連関係数を算出し，店舗評価と立地特性の関連性を調べよ．

〈店　舗　数〉　〈横　%〉

		店舗評価			店舗評価		
		優良店	不良店	横　計	優良店	不良店	横　計
立地特性	駅周辺	2	1	3	〈67%〉	33%	100%
	ビル街	2	2	4	50%	50%	100%
	商店街	1	4	5	20%	〈80%〉	100%
	縦　計	5	7	12	42%	58%	100%

♠解説

実測度数，期待度数

クロス集計の横%表を見ると，優良店は駅周辺が67%，不良店は商店街が80%と他の立地特性に比べ高く，立地特性と店舗評価は関連性がみられる．

それでは，2項目間に関連がない場合は，クロス集計表の各セル（ますめ）はどのようなときかを考えてみる．

下記に示すように，クロス集計表の各行の横%が縦計の横%と同じであれば，立地特性と店舗評価は関連性がない．

表1.2(1)　各列の割合は縦計と同じ

		店舗評価		
		優良店	不良店	横　計
立地特性	駅周辺	42%	58%	100%
	ビル街	42%	58%	100%
	商店街	42%	58%	100%
	縦　計	42%	58%	100%

↑

店舗数	縦　計	5	7	12

クロス集計表の各列の縦%が横計の縦%と同じ場合も，立地特性と店舗評価は関連性がない．

表1.2(2)　各列の割合は横計と同じ

		店舗評価		
		優良店	不良店	横　計
立地特性	駅周辺	25%	25%	25%
	ビル街	33%	33%	33%
	商店街	42%	42%	42%
	縦　計	100%	100%	100%

←

店舗数
横　計
3
4
5
12

表1.2(1)と表1.2(2)の両方の割合を満たす店舗数は，縦計の店舗数と横計の店舗数を掛け，全店舗数で割ることによって求められる．このようにして求められた値を期待度数という．これに対し，例題の店舗数の各セルの値を実測度数という．

表1.2(3) 期待度数

		店舗評価		
		優良店	不良店	横計
立地特性	駅周辺	5 × 3 ÷ 12 = 1.25	7 × 3 ÷ 12 = 1.75	3
	ビル街	5 × 4 ÷ 12 = 1.67	7 × 4 ÷ 12 = 2.33	4
	商店街	5 × 5 ÷ 12 = 2.08	7 × 5 ÷ 12 = 2.92	5
	縦計	5	7	12

期待度数について，確認の意味で縦%，横%を計算してみると，表1.2(1)，表1.2(2)の割合に一致する．したがって期待度数で与えられるクロス集計表は，二つの項目の間に関連性がないことがわかる．

χ^2値

実測度数と期待度数を比較し，両者が近い値を示すならばクロス集計表の2項目間には関連性がないと判断する．そこで両者の一致度を調べるために，個々のセルに次に示す計算をする．

$$\frac{(\text{実測度数}-\text{期待度数})^2}{\text{期待度数}}$$

表1.2(4) 「(実測度数－期待度数)^2÷期待度数」の結果

	優良店	不良店
駅周辺	$(2-1.25)^2 \div 1.25$	$(1-1.75)^2 \div 1.75$
ビル街	$(2-1.67)^2 \div 1.67$	$(2-2.33)^2 \div 2.33$
商店街	$(1-2.08)^2 \div 2.08$	$(4-2.92)^2 \div 2.92$

	優良店	不良店
駅周辺	0.450	0.321
ビル街	0.067	0.048
商店街	0.563	0.402

全セルの合計をχ^2値（カイジジョウチと読む）という．

$$\chi^2\text{値} = 0.450 + 0.321 + 0.067 + 0.048 + 0.563 + 0.402 = 1.851$$

χ^2値が大きいほどクロス集計表の2項目間に関連性があると判断する．

χ^2値の最小，最大

ここで2項目間の関連性が最も強い場合のクロス集計表について調べる．

表1.2(5)のクロス集計表(実測度数) は，駅周辺の3店舗は全て不良店，ビル街の4店舗は全て不良店，商店街の5店舗は全て優良店で，両者の関連性が最も強いクロス集計表といえる． このクロス集計表におけるχ^2値を計算すると12となる．このように関連性が最も強い場合のχ^2値は，個体数をn，クロス集計表の2項目のカテゴリー数の小さい方の値をkとすると，$n\times(k-1)=12\times(2-1)=12$に一致することが知られている．

関連性が最も弱いクロス集計表は各セルの値が期待度数に一致する場合で，この表のχ^2値を計算すると0である．したがってχ^2値のとる範囲は，$0\leqq\chi^2$値$\leqq n\times(k-1)$である．

表1.2(5)　関連性が最も強い場合のクロス集計表

〈実測度数〉

	優良店	不良店	横計
駅周辺	0	3	3
ビル街	0	4	4
商店街	5	0	5
縦　計	5	7	12

〈期待度数〉

	優良店	不良店
駅周辺	1.25	1.75
ビル街	1.67	2.33
商店街	2.08	2.92

表1.2(6)　「(実測度数－期待度数)^2÷期待度数」の結果

	優　良　店	不　良　店
駅周辺	$(0-1.25)^2\div1.25$	$(3-1.75)^2\div1.75$
ビル街	$(0-1.67)^2\div1.67$	$(4-2.33)^2\div2.33$
商店街	$(5-2.08)^2\div2.08$	$(0-2.92)^2\div2.92$

	優良店	不良店
駅周辺	1.25	0.89
ビル街	1.67	1.19
商店街	4.08	2.92

$$\chi^2\text{値}=1.25+0.89+1.67+1.19+4.08+2.92=12$$

クラメール連関係数

クラメール連関係数はχ^2値を用いて与えられる．その式は

$$\text{クラメール連関係数}=\sqrt{\frac{\chi^2\text{値}}{n(k-1)}} \tag{2}$$

である．クラメール連関係数のとる範囲は，0≦クラメール連関係数≦ 1である．

例題のクラメール連関係数 r を求める．

$$r=\sqrt{\frac{\chi^2\text{値}}{n(k-1)}}=\sqrt{\frac{1.851}{12\times(2-1)}}=\sqrt{0.1543}=0.393$$

著者の経験では，アンケート調査から得られたクロス集計の結果において，関連性があると推察できても，クラメール連関係数はその推察に見合った値が得られない．そこで著者はクラメール連関係数の見方を次のように定めている．

表1.2(7)　クラメール連関係数の強弱基準

0.50 以上	非常に強い関連性がある
0.25 以上　0.50 未満	関連性がある
0.10 以上　0.25 未満	弱い関連性がある
0.10 未満	関連性がない

クラメール連関係数の検定

例題はコンビニ会社3,000店舗（母集団）から12店舗を抽出したものである．12店舗のデータから母集団において店舗評価と立地特性との関連性が無相関であるか否かを調べる方法がクラメール連関係数の検定（独立性の検定とも呼ばれる）である．

統計学でよく用いられる χ^2分布において，先に示した χ^2値の上側確率 p 値を求める．p 値が0.05以下なら，母集団において両者は無相関でないと判断する．無相関でないということは，弱い，強いに係わらず相関があるということである．

例題の χ^2値=1.851に対する p 値は0.396で基準の0.05より大きい．ここから得られる判断は "両者に相関がない" ではなく，これだけの店舗数からは "両者の関係は分からない" とするのがよい．

※参照　χ^2値に対する p 値の求め方は「付録2.6節」で示す．

下記は例題の各セルを4倍したクロス集計表である．この表について検定を行い p 値を求めると0.0247で0.05を下回った．下記表と例題の横%やクラメール連関係数は同じであるが，店舗数の違いで母集団に対する判断が異なる．

表1.2(8)　例題の店舗数を4倍

〈店　舗　数〉　　　　　　　　〈横　　%〉

		店舗評価			店舗評価		
		優良店	不良店	横　計	優良店	不良店	横　計
立地特性	駅周辺	8	4	12	67%	33%	100%
	ビル街	8	8	16	50%	50%	100%
	商店街	4	16	20	20%	80%	100%
	縦　計	20	28	48	42%	58%	100%

※注. クラメール連関係数はCramérによって考案された統計量でCramer's V, 独立係数とも呼ばれる.

1.3　偏差平方和，分散，標準偏差

◆ 学習目的

偏差平方和，分散，標準偏差はデータのバラツキ（変動）を調べる解析手法である.

数量化2類では個体に与えられるサンプルスコアの変動を調べるときに適用される.

この節ではこれら解析手法の求め方を学ぶ.

♣例題

次のデータについて，偏差平方和，分散，標準偏差を求めよ.

個体名	データ x
A	5
B	3
C	4
D	7
E	6

♠解説

各個体ついて，データxから平均値 $\bar{x}$ を引いた値を偏差，偏差を平方（2乗）した値を偏差平方という．全個体の偏差平方の合計を偏差平方和という.

表1.3　偏差平方和の計算

データの合計	25
個体数 n	5
平均値 $\bar{x}$	5

個体名	偏　差 $x-\bar{x}$	偏差平方 $(x-\bar{x})^2$
A	5 − 5 = 0	0
B	3 − 5 = −2	4
C	4 − 5 = −1	1
D	7 − 5 = 2	4
E	6 − 5 = 1	1
合計	0	〈10〉

偏差平方和を個体数で割った値を分散という．偏差平方和を個体数から１引いた値で割った値を分散という場合もあるが，ここでは個体数で割ったものを用いる．この例題の分散は，10÷５＝２である．

分散の平方根（ルート）を標準偏差という．この例題の標準偏差は，$\sqrt{2}$＝1.41である．

1.4　数量化2類サンプルスコアの全体変動

◆ 学習目的

> 数量化２類では，サンプルスコアの偏差平方和のことを，後に示す群間変動，群内変動に対比させて全体変動と呼ぶ．
>
> サンプルスコアの全体変動は，数量化２類における相関比，マハラノビス距離などの各種統計量の算出に適用される．
>
> これら統計量を理解する上で，サンプルスコアの全体変動は重要であり，この節ではサンプルスコアの全体変動の求め方，及び，数式での表し方について学ぶ．

♣例題

「第１部 表2.7で示したサンプルスコア，サンプルスコア平均値を再掲する．サンプルスコアの全体変動を求めよ．

群	群別No.	サンプルスコア
1	1	0.299
1	2	1.562
1	3	1.957
1	4	0.178
1	5	0.859
2	1	−0.777
2	2	−0.799
2	3	−0.777
2	4	−0.799
2	5	−0.404
2	6	0.178
2	7	−1.480
全体平均	$\bar{\hat{y}}$	0.000
群1平均	$\bar{\hat{y}}_1$	0.971
群2平均	$\bar{\hat{y}}_2$	−0.694

♠解説

群数をG, 各群の個体数を$n_1, n_2, \ldots, n_g, \ldots, n_G$, 群$g$の$i$番目個体のサンプルスコアを$\hat{y}_i^{(g)}$とする．サンプルスコアの全体平均を$\bar{\hat{y}}$，群別平均を$\bar{\hat{y}}^{(g)}$，サンプルスコアの全体変動を$s_{\hat{y}}^2$とする．サンプルスコアの全体変動$s_{\hat{y}}^2$は

$$s_{\hat{y}}^2 = \sum_{g=1}^{G}\sum_{i=1}^{n_g}(\hat{y}_i^{(g)} - \bar{\hat{y}})^2 \tag{3}$$

で示せる．

1.3節の偏差平方和の計算手順に従いサンプルスコアの全体変動を算出する．

サンプルスコアの全体変動は12である．数量化２類のサンプルスコアの全体変動は，２類に適用した個体数に一致する．

表1.4(1)　全体変動の計算

群	サンプルスコア全体変動	
1	$(\hat{y}_1^{(1)}-\bar{\hat{y}})^2$	0.090
1	$(\hat{y}_2^{(1)}-\bar{\hat{y}})^2$	2.440
1	$(\hat{y}_3^{(1)}-\bar{\hat{y}})^2$	3.832
1	$(\hat{y}_4^{(1)}-\bar{\hat{y}})^2$	0.032
1	$(\hat{y}_5^{(1)}-\bar{\hat{y}})^2$	0.738
2	$(\hat{y}_1^{(2)}-\bar{\hat{y}})^2$	0.604
2	$(\hat{y}_2^{(2)}-\bar{\hat{y}})^2$	0.638
2	$(\hat{y}_3^{(2)}-\bar{\hat{y}})^2$	0.604
2	$(\hat{y}_4^{(2)}-\bar{\hat{y}})^2$	0.638
2	$(\hat{y}_5^{(2)}-\bar{\hat{y}})^2$	0.163
2	$(\hat{y}_6^{(2)}-\bar{\hat{y}})^2$	0.032
2	$(\hat{y}_7^{(2)}-\bar{\hat{y}})^2$	2.190
全体変動 $s_{\hat{y}}^2$		12.000

ちなみに，第1部における表3.6(2)の多群の場合のサンプルスコアについて全体変動を求めると，軸1，軸2いずれも30で個体数30に一致する．

表1.4(2)　多群サンプルスコアの平均値と全体変動

	軸　1	軸　2
平 均 値	0.0	0.0
全体変動	30.0	30.0

1.5　群間変動、群内変動

◆ 学習目的

群データと量的データがあり，量的データの全体平均と群別平均を得たとする．前節で示したが，個々のデータが全体平均からどれほど変動しているかをみる統計量が全体変動である．

これに対し，群別平均が全体平均に対しどれほど変動しているかをみる統計量が群間変動，各群のデータが群別平均に対しどれほど変動しているかをみる統計量が群内変動である．

この節では群間変動，群内変動の求め方について学ぶ．

♣例題

次の具体例は好きな商品名と年齢を調査したアンケートデータである．商品名を群データ，年齢を量的データとして，群間変動，群内変動を求めよ．

個体名	群データ	量的データ
	商品名	年　齢
A	1	29
B	1	32
C	1	35
D	1	36
E	2	38
F	2	40
G	2	41
H	2	43
I	2	48
J	3	20
K	3	22
L	3	24
M	3	29
N	3	35
O	3	38
平均	全体	34
	群　1	33
	群　2	42
	群　3	28

♠解説

各群の個体数をn_1, n_2, n_3とすると，$n_1=4$，$n_2=5$，$n_3=6$である．

データの全体平均を$\bar{x}$，群別平均を$\bar{x}^{(1)}$，$\bar{x}^{(2)}$，$\bar{x}^{(3)}$とすると，

$\bar{x}=34$，$\bar{x}^{(1)}=33$，$\bar{x}^{(2)}=42$，$\bar{x}^{(3)}=28$である．

全体変動（偏差平方和）を1.3節で示した方法で計算すると894である．

群間変動

例題の各個体のデータを群別平均に置き換える．

表1.5(1)　データを群別平均に置き変えた置換データ

個体名	商品名	年齢		年齢
A	1	29		33
B	1	32	平均 33 →	33
C	1	35		33
D	1	36		33
E	2	38		42
F	2	40	平均 42 →	42
G	2	41		42
H	2	43		42
I	2	48		42
J	3	20		28
K	3	22		28
L	3	24	平均 28 →	28
M	3	29		28
N	3	35		28
O	3	38		28

置換データについて，1.3節で示した偏差平方和を計算する．
求められた値は540で，この値を群間変動という．

群内変動

例題の表を群ごとに区分する．区分されたデータそれぞれついて，表 1.5(2)の手順に従い偏差平方和求め，これらを合計する．

$$30+58+266=354$$

求められた値は354で，この値を群内変動という．

表1.5(2)　群内変動の計算

群　1	群　2	群　3
29	38	20
32	40	22
35	41	24
36	43	29
	48	35
		38

↓　↓　↓

	群　1	群　2	群　3
	$(29-33)^2=16$	$(38-42)^2=16$	$(20-28)^2=64$
	$(32-33)^2=1$	$(40-42)^2=4$	$(22-28)^2=36$
	$(35-33)^2=4$	$(41-42)^2=1$	$(24-28)^2=16$
	$(36-33)^2=9$	$(43-42)^2=1$	$(29-28)^2=1$
		$(48-42)^2=36$	$(35-28)^2=49$
			$(38-28)^2=100$
縦計	30	58	266

全体変動，群間変動，群内変動の関係

群間変動と群内変動の和は全体変動に一致することが知られている．

群間変動 + 群内変動=540+354=894 ← 全体変動

1.6　数量化2類のサンプルスコアの群間変動，群内変動

◆ 学習目的

サンプルスコアの群間変動と群内変動は，数量化２類における相関比の算出に適用される．

これら変動は相関比を理解する上で重要であり，この節ではサンプルスコアの群間変動と群内変動の求め方，及び，数式での表し方について学ぶ．

♣例題

1.4節で示した例題について，サンプルスコアの群間変動，群内変動を求めよ．

♠解説

群数をG, 各群の個体数を$n_1, n_2, \ldots, n_g, \ldots, n_G$, 群$g$の$i$番目個体のサンプルスコアを$\hat{y}_i^{(g)}$とする．サンプルスコアの全体平均と群別平均を$\bar{\hat{y}}$, $\bar{\hat{y}}^{(g)}$, サンプルスコア群間変動をs_b^2, サンプルスコア群内変動をs_w^2とするとそれぞれの変動は次式で示せる．

$$s_b^2 = \sum_{g=1}^{G}\sum_{i=1}^{n_g}(\bar{\hat{y}}^{(g)} - \bar{\hat{y}})^2 = \sum_{g=1}^{G} n_g(\bar{\hat{y}}^{(g)} - \bar{\hat{y}})^2 \qquad s_w^2 = \sum_{g=1}^{G}\sum_{i=1}^{n_g}(\hat{y}_i^{(g)} - \bar{\hat{y}}^{(g)})^2 \tag{4}$$

1.5節の計算方法に従い，群間変動と群内変動を求める．

表1.6 サンプルスコアの群間変動, 群内変動

$\bar{\hat{y}}^{(g)}$		$(\bar{\hat{y}}^{(g)} - \bar{\hat{y}})^2$		$\hat{y}_i^{(g)} - \bar{\hat{y}}^{(g)}$		$(\hat{y}_i^{(g)} - \bar{\hat{y}}^{(g)})^2$	
$\bar{\hat{y}}^{(1)}$	0.971	$(\bar{\hat{y}}^{(1)} - \bar{\hat{y}})^2$	0.943	$\hat{y}_1^{(1)} - \bar{\hat{y}}^{(1)}$	−0.672	$(\hat{y}_1^{(1)} - \bar{\hat{y}}^{(1)})^2$	0.452
$\bar{\hat{y}}^{(1)}$	0.971	$(\bar{\hat{y}}^{(1)} - \bar{\hat{y}})^2$	0.943	$\hat{y}_2^{(1)} - \bar{\hat{y}}^{(1)}$	0.591	$(\hat{y}_2^{(2)} - \bar{\hat{y}}^{(1)})^2$	0.349
$\bar{\hat{y}}^{(1)}$	0.971	$(\bar{\hat{y}}^{(1)} - \bar{\hat{y}})^2$	0.943	$\hat{y}_3^{(1)} - \bar{\hat{y}}^{(1)}$	0.986	$(\hat{y}_3^{(1)} - \bar{\hat{y}}^{(1)})^2$	0.972
$\bar{\hat{y}}^{(1)}$	0.971	$(\bar{\hat{y}}^{(1)} - \bar{\hat{y}})^2$	0.943	$\hat{y}_4^{(1)} - \bar{\hat{y}}^{(1)}$	−0.793	$(\hat{y}_4^{(1)} - \bar{\hat{y}}^{(1)})^2$	0.629
$\bar{\hat{y}}^{(1)}$	0.971	$(\bar{\hat{y}}^{(1)} - \bar{\hat{y}})^2$	0.943	$\hat{y}_5^{(1)} - \bar{\hat{y}}^{(1)}$	−0.112	$(\hat{y}_5^{(1)} - \bar{\hat{y}}^{(1)})^2$	0.013
$\bar{\hat{y}}^{(2)}$	−0.694	$(\bar{\hat{y}}^{(2)} - \bar{\hat{y}})^2$	0.481	$\hat{y}_1^{(2)} - \bar{\hat{y}}^{(2)}$	−0.083	$(\hat{y}_1^{(2)} - \bar{\hat{y}}^{(2)})^2$	0.007
$\bar{\hat{y}}^{(2)}$	−0.694	$(\bar{\hat{y}}^{(2)} - \bar{\hat{y}})^2$	0.481	$\hat{y}_2^{(2)} - \bar{\hat{y}}^{(2)}$	−0.105	$(\hat{y}_2^{(2)} - \bar{\hat{y}}^{(2)})^2$	0.011
$\bar{\hat{y}}^{(2)}$	−0.694	$(\bar{\hat{y}}^{(2)} - \bar{\hat{y}})^2$	0.481	$\hat{y}_3^{(2)} - \bar{\hat{y}}^{(2)}$	−0.083	$(\hat{y}_3^{(2)} - \bar{\hat{y}}^{(2)})^2$	0.007
$\bar{\hat{y}}^{(2)}$	−0.694	$(\bar{\hat{y}}^{(2)} - \bar{\hat{y}})^2$	0.481	$\hat{y}_4^{(2)} - \bar{\hat{y}}^{(2)}$	−0.105	$(\hat{y}_4^{(2)} - \bar{\hat{y}}^{(2)})^2$	0.011
$\bar{\hat{y}}^{(2)}$	−0.694	$(\bar{\hat{y}}^{(2)} - \bar{\hat{y}})^2$	0.481	$\hat{y}_5^{(2)} - \bar{\hat{y}}^{(2)}$	0.29	$(\hat{y}_5^{(2)} - \bar{\hat{y}}^{(2)})^2$	0.084
$\bar{\hat{y}}^{(2)}$	−0.694	$(\bar{\hat{y}}^{(2)} - \bar{\hat{y}})^2$	0.481	$\hat{y}_6^{(2)} - \bar{\hat{y}}^{(2)}$	0.872	$(\hat{y}_6^{(2)} - \bar{\hat{y}}^{(2)})^2$	0.761
$\bar{\hat{y}}^{(2)}$	−0.694	$(\bar{\hat{y}}^{(2)} - \bar{\hat{y}})^2$	0.481	$\hat{y}_7^{(2)} - \bar{\hat{y}}^{(2)}$	−0.786	$(\hat{y}_7^{(2)} - \bar{\hat{y}}^{(2)})^2$	0.618
		合計：群間変動 s_b^2	8.087			合計：群内変動 s_w^2	3.913

サンプルスコアの群間変動は8.087，群内変動は3.913である．

1.5節で，全体変動＝群間変動＋群内変動となることを示した．表1.4(1)でサンプルスコアの全体変動は12より，$s_{\hat{y}}^2 = s_b^2 + s_w^2$，12=8.087+3.913 の関係が確認できる．

1.7　全体変動行列，群間変動行列，群内変動行列

◆ 学習目的

> 複数の変数 p 個について，各変数の全体変動，変数相互の関係を示す積和が与えられているとき，これらの値を $p \times p$ の表形式で表したものを全体変動行列という．群間変動行列，群内変動行列についても同様である．
>
> この節では全体変動行列，群間変動行列，群内変動行列の算出方法を学ぶ．

♣例題

各個体について，群データと 3 つの変数について調べた量的データがある．全体変動行列，群間変動行列，群内変動行列を求めよ．

個体名	群	3つの変数		
		x_1	x_2	x_3
A	1	29	32	0
B	1	32	29	1
C	1	35	36	0
D	1	36	35	1
E	2	38	38	1
F	2	40	35	0
G	2	41	37	1
H	2	43	45	1
I	2	48	40	1
J	3	20	22	0
K	3	22	20	1
L	3	24	38	0
M	3	29	35	0
N	3	35	29	1
O	3	38	24	1
全体平均		$\bar{x}_1$ 34	$\bar{x}_2$ 33	$\bar{x}_3$ 0.6
平均	群1	$\bar{x}_1^{(1)}$ 33	$\bar{x}_2^{(1)}$ 33	$\bar{x}_3^{(1)}$ 0.5
	群2	$\bar{x}_1^{(2)}$ 42	$\bar{x}_2^{(2)}$ 39	$\bar{x}_3^{(2)}$ 0.8
	群3	$\bar{x}_1^{(3)}$ 28	$\bar{x}_2^{(3)}$ 28	$\bar{x}_3^{(3)}$ 0.5

♠解説

全体変動行列

3つの変数x_1, x_2, x_3 それぞれについて，各個体の偏差及び偏差平方を計算する．各個体の3つの偏差について，$(x_1-\bar{x}_1)\times(x_2-\bar{x}_2)$, $(x_1-\bar{x}_1)\times(x_3-\bar{x}_3)$, $(x_2-\bar{x}_2)\times(x_3-\bar{x}_3)$ の積を求める．

表1.7(1)　偏差, 偏差平方, 積

個体名	偏差 ①	偏差 ②	偏差 ③	偏差平方			積		
	$x_1-\bar{x}_1$	$x_2-\bar{x}_2$	$x_3-\bar{x}_3$	①^2	②^2	③^2	①・②	①・③	②・③
A	−5	−1	−0.6	25	1	0.36	5	3.0	0.6
B	−2	−4	0.4	4	16	0.16	8	−0.8	−1.6
C	1	3	−0.6	1	9	0.36	3	−0.6	−1.8
D	2	2	0.4	4	4	0.16	4	0.8	0.8
E	4	5	0.4	16	25	0.16	20	1.6	2.0
F	6	2	−0.6	36	4	0.36	12	−3.6	−1.2
G	7	4	0.4	49	16	0.16	28	2.8	1.6
H	9	12	0.4	81	144	0.16	108	3.6	4.8
I	14	7	0.4	196	49	0.16	98	5.6	2.8
J	−14	−11	−0.6	196	121	0.36	154	8.4	6.6
K	−12	−13	0.4	144	169	0.16	156	−4.8	−5.2
L	−10	5	−0.6	100	25	0.36	−50	6.0	−3.0
M	−5	2	−0.6	25	4	0.36	−10	3.0	−1.2
N	1	−4	0.4	1	16	0.16	−4	0.4	−1.6
O	4	−9	0.4	16	81	0.16	−36	1.6	−3.6
計	0	0	0	T_{11} 894	T_{22} 684	T_{33} 3.60	T_{12} 496	T_{13} 27.0	T_{23} 0.0

偏差平方の合計が全体変動でT_{12}, T_{22}, T_{33}で表す．積の合計が積和でT_{12}, T_{13}, T_{23}で表す．これらを次の行列で示したものを全体変動行列といい，Tで表す．

ただし，$T_{12}=T_{21}$, $T_{13}=T_{31}$, $T_{23}=T_{32}$である．

$$T=\begin{pmatrix} T_{11} & T_{12} & T_{13} \\ T_{21} & T_{22} & T_{23} \\ T_{31} & T_{32} & T_{33} \end{pmatrix}$$

$$=\begin{pmatrix} 894 & 496 & 27 \\ 496 & 684 & 0 \\ 27 & 0 & 3.6 \end{pmatrix} \quad (5)$$

群間変動行列

変数 x_1，x_2，x_3 の群別平均を求める．

表1.7(2)　群別平均

群 1	$\bar{x}_1^{(1)}$ 33	$\bar{x}_2^{(1)}$ 33	$\bar{x}_3^{(1)}$ 0.5
群 2	$\bar{x}_1^{(2)}$ 42	$\bar{x}_2^{(2)}$ 39	$\bar{x}_3^{(2)}$ 0.8
群 3	$\bar{x}_1^{(3)}$ 28	$\bar{x}_2^{(3)}$ 28	$\bar{x}_3^{(3)}$ 0.5

各個体のデータを個体が属する群の群別平均に置き換える．置換データから全体平均を引く，求められた値を①，②，③とする．

表1.7(3)　群別平均−全体平均

個体名	群	群別平均			群別平均−全体平均		
		$\bar{x}_1^{(g)}$	$\bar{x}_2^{(g)}$	$\bar{x}_3^{(g)}$	$\bar{x}_1^{(g)}-\bar{x}_1$	$\bar{x}_2^{(g)}-\bar{x}_2$	$\bar{x}_3^{(g)}-\bar{x}_3$
A	1	33	33	0.5	−1	0	−0.1
B	1	33	33	0.5	−1	0	−0.1
C	1	33	33	0.5	−1	0	−0.1
D	1	33	33	0.5	−1	0	−0.1
E	2	42	39	0.8	8	6	0.2
F	2	42	39	0.8	8	6	0.2
G	2	42	39	0.8	8	6	0.2
H	2	42	39	0.8	8	6	0.2
I	2	42	39	0.8	8	6	0.2
J	3	28	28	0.5	−6	−5	−0.1
K	3	28	28	0.5	−6	−5	−0.1
L	3	28	28	0.5	−6	−5	−0.1
M	3	28	28	0.5	−6	−5	−0.1
N	3	28	28	0.5	−6	−5	−0.1
O	3	28	28	0.5	−6	−5	−0.1
					①	②	③

表1.7(3)で求められた「群別平均−全体平均」①，②，③のデータについて，平方①^2，②^2，③^2，積①×②，①×③，②×③を計算する．

表1.7(4)　「群別平均−全体平均」の平方，積

個体名	平　方			積		
	①^2	②^2	③^2	①×②	①×③	②×③
A	1	0	0.01	0	0.1	0.0
B	1	0	0.01	0	0.1	0.0
C	1	0	0.01	0	0.1	0.0
D	1	0	0.01	0	0.1	0.0
E	64	36	0.04	48	1.6	1.2
F	64	36	0.04	48	1.6	1.2
G	64	36	0.04	48	1.6	1.2
H	64	36	0.04	48	1.6	1.2
I	64	36	0.04	48	1.6	1.2
J	36	25	0.01	30	0.6	0.5
K	36	25	0.01	30	0.6	0.5
L	36	25	0.01	30	0.6	0.5
M	36	25	0.01	30	0.6	0.5
N	36	25	0.01	30	0.6	0.5
O	36	25	0.01	30	0.6	0.5
縦　計	B_{11} 540	B_{22} 330	B_{33} 0.30	B_{12} 420	B_{13} 12.0	B_{23} 9.0

平方の合計が群間変動でB_{11}, B_{22}, B_{33}で表す．積の合計が積和でB_{12}, B_{13}, B_{23}で表す．これらを次の行列で示したものを群間変動行列といい，Bで表す．

$$B=\begin{pmatrix} B_{11} & B_{12} & B_{13} \\ B_{21} & B_{22} & B_{23} \\ B_{31} & B_{32} & B_{33} \end{pmatrix} \tag{6}$$

$$=\begin{pmatrix} 540 & 420 & 12 \\ 420 & 330 & 9 \\ 12 & 9 & 0.3 \end{pmatrix}$$

群内変動行列

群ごとに，各個体のデータからその群の平均値を引いた「個体データ－群別平均」を求める．求められた値を①，②，③とする．

①，②，③のデータについて，平方①^2，②^2，③^2，積①×②，①×③，②×③を計算する．

表1.7(5)　個体データ−群別平均

個体名	群	個体データ−群別平均 ①	②	③	平方			積		
		$x_1-\bar{x}_1^{(g)}$	$x_2-\bar{x}_2^{(g)}$	$x_3-\bar{x}_3^{(g)}$	①^2	②^2	③^2	①·②	①·③	②·③
A	1	−4	−1	−0.5	16	1	0.25	4	2.0	0.5
B	1	−1	−4	0.5	1	16	0.25	4	−0.5	−2.0
C	1	2	3	−0.5	4	9	0.25	6	−1.0	−1.5
D	1	3	2	0.5	9	4	0.25	6	1.5	1.0
E	2	−4	−1	0.2	16	1	0.04	4	−0.8	−0.2
F	2	−2	−4	−0.8	4	16	0.64	8	1.6	3.2
G	2	−1	−2	0.2	1	4	0.04	2	−0.2	−0.4
H	2	1	6	0.2	1	36	0.04	6	0.2	1.2
I	2	6	1	0.2	36	1	0.04	6	1.2	0.2
J	3	−8	−6	−0.5	64	36	0.25	48	4.0	3.0
K	3	−6	−8	0.5	36	64	0.25	48	−3.0	−4.0
L	3	−4	10	−0.5	16	100	0.25	−40	2.0	−5.0
M	3	1	7	−0.5	1	49	0.25	7	−0.5	−3.5
N	3	7	1	0.5	49	1	0.25	7	3.5	0.5
O	3	10	−4	0.5	100	16	0.25	−40	5.0	−2.0
					W_{11}	W_{22}	W_{33}	W_{12}	W_{13}	W_{23}
					354	354	3.3	76	15	−9

平方の合計が群内変動でW_{11}, W_{22}, W_{33}で表す．積の合計が積和でW_{12}, W_{13}, W_{23}で表す．これらを次の行列で示したものを群内変動行列といい，Wで表す．

$$W=\begin{pmatrix} W_{11} & W_{12} & W_{13} \\ W_{21} & W_{22} & W_{23} \\ W_{31} & W_{32} & W_{33} \end{pmatrix}=\begin{pmatrix} 354 & 76 & 15 \\ 76 & 354 & -9 \\ 15 & -9 & 3.3 \end{pmatrix} \tag{7}$$

全体変動行列，群間変動行列，群内変動行列との関係

全体変動行列は群間変動行列と群内変動行列の和となることが知られている．

$B+W=T$

$$B+W=\begin{pmatrix} 540 & 420 & 12 \\ 420 & 330 & 9 \\ 12 & 9 & 0.3 \end{pmatrix}+\begin{pmatrix} 354 & 76 & 15 \\ 76 & 354 & -9 \\ 15 & -9 & 3.3 \end{pmatrix}=\begin{pmatrix} 894 & 496 & 27 \\ 496 & 684 & 0 \\ 27 & 0 & 3.6 \end{pmatrix}\leftarrow T$$

1.8　サンプルスコアの全体変動行列，群間変動行列，群内変動行列

◆ 学習目的

> サンプルスコアの全体変動行列，群間変動行列，群内変動行列はカテゴリースコアの導出の考え方において重要な役割を果たす．また，群内変動行列から導かれる多変量群内変動量はモデル選択基準，追加情報検定において，重要な役割を果たす．
>
> この節ではこれらの三つの変動行列及び多変量群内変動量の求め方について学ぶ．

♣例題

第1部 表3.6(2)のサンプルスコアを再掲する．サンプルスコアの群間変動行列，群内変動行列を求めよ．

No.	群	軸 1	軸 2
1	1	0.9242	0.4639
2	1	1.2115	1.8254
3	1	1.2409	0.6830
4	1	1.3691	−0.2770
5	1	0.9536	−0.6785
6	1	1.1948	0.1112
7	1	0.3794	0.0875
8	1	0.9409	2.1780
9	1	0.9703	1.0356
10	2	−0.7084	−1.2922
11	2	0.2806	−0.0949
12	2	−0.3641	−0.5958
13	2	1.3230	−0.8487
14	2	−0.3808	−2.3099
15	2	1.2242	−1.0312
16	2	−0.4102	−1.1675
17	2	−0.5090	−1.3500
18	2	0.1382	−0.7023
19	2	−0.8365	−0.3322
20	2	1.0523	−0.4961
21	3	−0.6917	0.4220
22	3	−0.5384	−0.2076
23	3	−1.6520	−0.3559
24	3	0.0100	0.2577
25	3	−1.8095	1.7464
26	3	−0.8199	1.3819
27	3	−0.4923	0.3642
28	3	−0.7378	−0.1498
29	3	−1.7801	0.6040
30	3	−1.4820	0.7287
全体平均		0.0000	0.0000
群 1 平均		1.0205	0.6032
群 2 平均		0.0736	−0.9292
群 3 平均		0.9994	0.4792

♠解説

各種変動行列を，1.7節で示した計算方法で求める．

$$\text{サンプルスコア全体変動行列 } T = \begin{pmatrix} 30 & 0 \\ 0 & 30 \end{pmatrix}$$

$$\text{サンプルスコア群間変動行列 } B = \begin{pmatrix} 19.4197 & 0 \\ 0 & 15.0676 \end{pmatrix}$$

$$\text{サンプルスコア群内変動行列 } W = \begin{pmatrix} 10.5803 & 0 \\ 0 & 14.9324 \end{pmatrix}$$

サンプルスコアの全体変動行列は群間変動行列と群内変動行列の和となることが知られている．

$$B+W=\begin{pmatrix} 19.4197 & 0 \\ 0 & 15.0676 \end{pmatrix} + \begin{pmatrix} 10.5803 & 0 \\ 0 & 14.9324 \end{pmatrix} = \begin{pmatrix} 30 & 0 \\ 0 & 30 \end{pmatrix} \leftarrow T$$

多変量群内変動量

サンプルスコアの群内変動行列 W の行列式の値を多変量群内変動量といい，$|W|$ で表す．$|W|$ は後に示すモデル選択基準や追加情報の検定で用いられる．

軸数を m 個，j 番目軸のサンプルスコア群内変動を W_{jj} すると，多変量群内変動量 $|W|$ は W の対角要素以外は 0 なので，

$$|W| = W_{11} \times W_{22} \times \cdots \times W_{jj} \times \cdots \times W_{mm} \tag{8}$$

で示せる．具体例における $|W|$ は

$$|W| = W_{11} \times W_{22} = 10.5803 \times 14.9324 = 157.99$$

である．

※参照　行列式については「付録 1.2節」で示す．

1.9 モデル式の誤差（残差）の正規性

◆ 学習目的

群データからサンプルスコアを引いた値を誤差あるいは残差という．数量化 2 類のモデル式において，推測法を適用する場合，誤差が正規分布で近似できることを前提としている．

この節では誤差が正規分布で近似できるかを把握する方法について学ぶ．

♣例題

1.4節で示した例題について，群データからサンプルスコアの値を引いた度数分布を作成し，この分布が正規分布で近似できるかを調べよ．

♠解説

説明変数の個数をQ，j番目説明変数のカテゴリー数をc_j，目的変数をy，説明変数jのk番目カテゴリーのダミー変数をx_{jk}とすると，数量化２類におけるモデル式は

$$y=\sum_{j=1}^{Q}\sum_{k=1}^{c_j}a_{jk}x_{jk}+\varepsilon \tag{9}$$

で与えられ，左辺が群データ，右辺の第１項がサンプルスコア，第２項のεがモデル式の誤差（モデル式の残差）である．したがって誤差は，群データからサンプルスコアを引くことによって求められる．ただし群データは基準化した値を用いる．

例題における群データの基準値は，群１のデータを１，群２のデータを０としたダミー変数データの平均値と標準偏差を求め，各個体について，

基準値＝(ダミー変数データ－平均値)÷標準偏差

の計算より求められる．

基準値を算出し，結果を下記表①列に示す．①から②列のサンプルスコアを引き誤差を求める．結果を③列に示す．

表1.9(1)　誤　差

No.	群	① 群データ 基準値	② サンプル スコア	③ ①－② 誤　差
1	1	1.1832	0.2992	0.8840
2	1	1.1832	1.5621	－0.3789
3	1	1.1832	1.9575	－0.7743
4	1	1.1832	0.1785	1.0048
5	1	1.1832	0.8593	0.3239
6	0	－0.8452	－0.7769	－0.0682
7	0	－0.8452	－0.7989	－0.0462
8	0	－0.8452	－0.7769	－0.0682
9	0	－0.8452	－0.7989	－0.0462
10	0	－0.8452	－0.4036	－0.4416
11	0	－0.8452	0.1785	－1.0236
12	0	－0.8452	－1.4798	0.6346
平　均	0.4167	0.0000	0.0000	
標準偏差	0.4930	1.0000	1.0000	

誤差の度数分布を求める.

表1.9(2)　誤差の度数分布

下限値	上限値	階級値	度　数
－2.5	－1.5	－2	0
－1.5	－0.5	－1	2
－0.5	0.5	0	7
2.5	1.5	1	3
2.5	2.5	2	0

誤差の折れ線グラフを描き，このグラフが正規分布で近似できるかを調べる.個体数が少ないので正規分布で近似できるかの見極めはしにくいが，図から誤差は正規分布で近似できると判断する.

図1.9(1)　誤差の正規近似

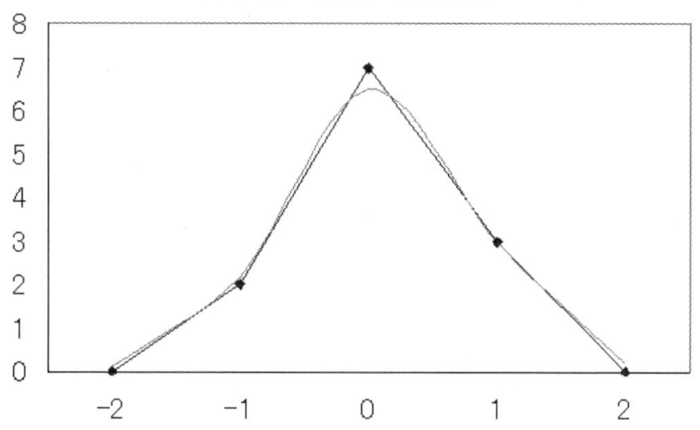

多群数量化２類の誤差の正規性

群データの得点化は，２群の場合は群のダミー変数データを基準化することによって求められたが，多群の場合は第３部3.2節で示す方法で行なう．得点化データの結果はこの節では省略する．

例題1.8の群を得点化し，得点化データからサンプルスコアを引き誤差を求める．誤差の度数分布を作成し正規性を調べた．

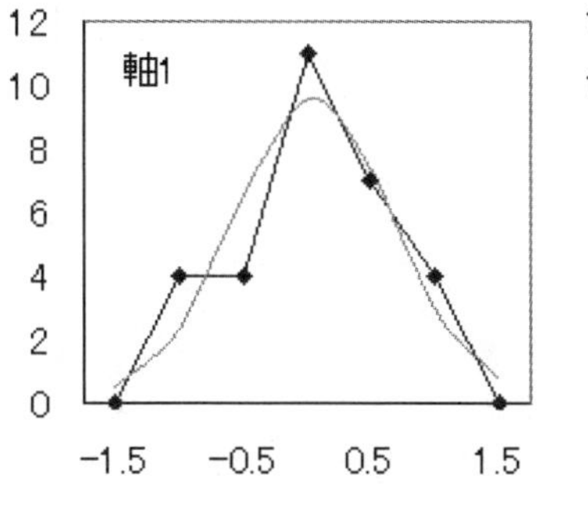

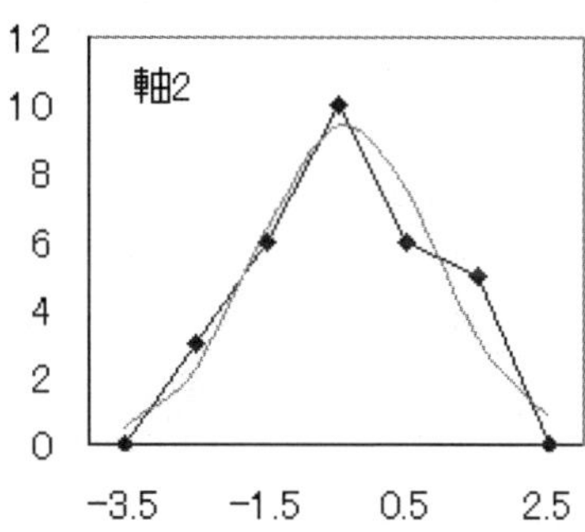

1.10 相 関 比

◆ 学習目的

> 相関比は質的データと量的的データの関連性を調べる方法である.
> 数量化2類では群データとサンプルスコアの関係を調べるときに適用される.
> この節では相関比の算出方法について学ぶ.

♣例題

下記表は，例題1.5の「好きな商品名」と「年齢」のデータを，表の形式を変えたものである．このデータについて，相関比を算出せよ．

	群1	群2	群3
	29	38	20
	32	40	22
	35	41	24
	36	43	29
		48	35
			38
平均値	33	42	28

♠解説

年齢によって好む商品が異なるとすれば両者に関連があると考え，商品別の平均年齢を調べてみる．平均年齢は，A商品が33才，B商品が42才，C商品が28才で，各商品の平均年齢に違いがみられ両者に関連性があるといえそうである．しかしながら平均値の違いだけでは関連性の度合いはわからない．

そこで関連性がわかる相関係数を算出する訳であるが，この具体例のように質的データと量的データの相関係数は相関比を適用する．相関比は群間変動を全体変動で割った値で与えられ，全体変動をT，群間変動をBとすると，相関比η^2は

$$\eta^2=\frac{B}{T} \tag{10}$$

で示せる．

この例の群間変動は1.5節より540，全体変動は894なので，
$\eta^2 = 540 \div 894 = 0.6040$である．

ここで相関比の最大値，最小値を考えてみる．表1.10(1)の①列は群内のデー

タは同じであるが，各群の平均値は異なる．②列は群内のデータは異なるが，各群の平均値は同じである．相関比は①列の場合が群内変動がゼロとなるので最大，②列の場合が群間変動がゼロとなるので最小となる．

相関比を計算すると①は1，②は0となる．相関比のとる範囲は，1≦相関比≦1である．

表1.10(1)　相関比の最小,最大

個体名	群	①	②
A	1	33	30
B	1	33	33
C	1	33	36
D	1	33	37
E	2	42	30
F	2	42	32
G	2	42	33
H	2	42	35
I	2	42	40
J	3	28	26
K	3	28	28
L	3	28	30
M	3	28	35
N	3	28	41
O	3	28	44
平均	全体	34	34
	群　1	33	34
	群　2	42	34
	群　3	28	34
全体変動		540	354
群間変動		540	0
相関比		1.0000	0.0000

数量化2類の相関比

例題1.4（2群），例題1.8（3群）のサンプルスコアと群との相関比を示す．

表1.10(2) 数量化2類の相関比

	2 群	3 群	
		軸 1	軸 2
全体変動	表1.4(1) 12	例題1.8 30	30
群間変動	表1.6 8.0871	例題1.8 19.4197	15.0676
相関比	0.6739	0.6473	0.5023

群内変動と相関比との関係

数量化2類の追加情報の検定の考え方を示すとき，群内変動と相関比との関係は重要な役割を果たすので，両者の関係を調べておく．

先に，1.5節及び1.7節で

$$全体変動T=群間変動B+群内変動W$$

を示し，1.10節で

$$相関比\ \eta^2=B/T$$

と定義した．これより

$$W=T-B=T(1-\eta^2)$$

が示せる．

表1.4(1)，表1.4(2)でサンプルスコアの全体変動は個体数に一致することを示した．したがって，$T=n$ である．ゆえに

$$W=n(1-\eta^2) \tag{11}$$

である．

多群の場合，軸数をm個，j番目軸の相関比をη_jとすると，W_{jj}は

$$W_{jj}=n(1-\eta_j^2)$$

で示せる．

1.8節で示した多変量群内変動量 $|W|$は

$$|W|=n(1-\eta_1^2)\times n(1-\eta_2^2)\times\cdots\times n(1-\eta_j^2)\times\cdots\times n(1-\eta_m^2) \tag{12}$$

で示せる．

1.11　ユークリッド距離，マハラノビス距離

◆ 学習目的

> ユークリッド距離，マハラノビス距離は2点間の距離を調べる方法である．
>
> 多群数量化2類においてサンプルスコアの散布図が与えられているとき，各個体の点と重心までの距離を測るときに適用される．
>
> この節ではユークリッド距離，マハラノビス距離の算出方法について学ぶ．

♣例題

データとその散布図を示す． この散布図において，点Eと重心Mまでの距離を求めよ．

	y	x
A	3	8
B	2	3
C	1	7
D	5	6
E	9	1
平均値	$\bar{y}$ 4	$\bar{x}$ 5
標準偏差	s_y 3.16	s_x 2.92

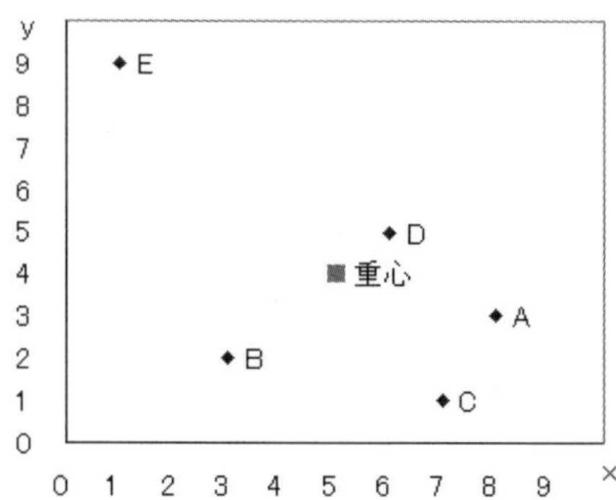

♠解説

直線上での距離

この例題は平面上での2点間の距離を調べる問題である．この問題を考える前に直線上での2点間の距離の測り方について示す．

変数 y について，個体 B のデータ2と平均値4を直線上にプロットし，2点間の距離を調べる．距離は偏差の絶対値で求められる．距離を D とすると，$D = |2 - 4| = 2$ である．

※注．|| は絶対値の記号で，引き算した結果がマイナスの場合はプラスの値になる．

距離は基準値の絶対値でも測定できる．基準値は（データ－平均値）÷標準偏差で求められるので，その距離を D_M とすると，

$$D_M = \frac{|2-\bar{y}|}{s_y} = \frac{|2-4|}{3.16} = 0.63$$

である．

ここで変数 x についても個体 B の距離を求めると，$D = 2$，$D_M = 0.63$ である．個体 B について変数 x と変数 y の距離を比較すると，D の値は同じであるが，D_M は異なる．D_M の値に違いがみられたのは，D_M が集団のバラツキ（標準偏差）を考慮して求められるためである．この場合，x のバラツキが小さいので，その分 D_M の値は大きくなっている．

ユークリッド距離

ユークリッド距離は直線上（1次元）における偏差の絶対値を平面（2次元），空間（3次元）に拡張したものである．

点 $E(e_1, e_2)$ と点 $M(m_1, m_2)$ のユークリッド距離 D_u は

$$D_u = \sqrt{(e_1 - m_1)^2 + (e_2 - m_2)^2} \tag{13}$$

で与えられる．

点E（1, 9）と重心M（5, 4）までの距離は $\sqrt{(1-5)^2 + (9-4)^2} = \sqrt{16+25} = \sqrt{41} = 6.403$ である．

平面（2次元）おける距離を，空間（3次元）や多次元での距離に拡張できる．k 次元における2点を $\mathrm{E}(e_1, e_2, \ldots, e_k)$，$\mathrm{M}(m_1, m_2, \ldots, m_k)$ としたとき，EとMとの距離 D_u は

$$D_u = \sqrt{(e_1 - m_1)^2 + (e_2 - m_2)^2 + \cdots + (e_k - m_k)^2} \tag{14}$$

で示せる．

マハラノビス距離

マハラノビス距離は直線上（1次元）における基準値の絶対値を平面（2次元），空間（3次元）に拡張したものである．

点E (e_1, e_2) と点M (m_1, m_2) のマハラノビス距離の算出方法について示す．

2変数 x，yの全体変動行列 T を（個体数－1）で割った行列を分散共分散行列（単に共分散行列ともいう）といい S で表す．（個体数－1）ではなく，個体数で割る場合もあるが，ここでは（個体数－1）で割る場合を考える．

※注．1次元データのバラツキが標準偏差，2次元以上のデータのバラツキが分散共分散行列 S である．

Sの逆行列S^{-1}を

$$S^{-1}=\begin{pmatrix} s^{11} & s^{12} \\ s^{21} & s^{22} \end{pmatrix}$$

で表す．

※参照　逆行列の求め方は「付録 1.2節」で示す．

マハラノビス距離D_Mは

$$D'_M=(e_1-m_1,\ e_2-m_2)\begin{pmatrix} s^{11} & s^{12} \\ s^{21} & s^{22} \end{pmatrix}\begin{pmatrix} e_1-m_1 \\ e_2-m_2 \end{pmatrix} \tag{15}$$

とすると，$D_M=\sqrt{D'_M}$ で与えられる．

※参照　行列の掛け算は「付録 1.2節」で示す．

例題の偏差平方和，積和を求める．

表1.11(1)　偏差平方和，積和

	$y-\bar{y}$	$x-\bar{x}$	$(y-\bar{y})^2$	$(x-\bar{x})^2$	$(y-\bar{y})(x-\bar{x})$
A	−1	3	1	9	−3
B	−2	−2	4	4	4
C	−3	2	9	4	−6
D	1	1	1	1	1
E	5	−4	25	16	−20
縦計	0	0	40	34	−24
			偏差平方和		積　和

全体変動行列Tは

$$T=\begin{pmatrix} 40 & -24 \\ -24 & 34 \end{pmatrix}$$

となる．分散共分散行列Sは

$$S=\frac{1}{n-1}\,T=\frac{1}{5-1}\begin{pmatrix} 40 & -24 \\ -24 & 34 \end{pmatrix}=\begin{pmatrix} 10 & -6 \\ -6 & 8.5 \end{pmatrix}$$

となる．Sの逆行列は

$$S^{-1}=\begin{pmatrix} 0.1735 & 0.1224 \\ 0.1224 & 0.2041 \end{pmatrix}$$

である．

点Eと重心Mのマハラノビス距離D_Mは

$$D_M'=(9-4,\ 1-5)\begin{pmatrix} 0.1735 & 0.1224 \\ 0.1224 & 0.2041 \end{pmatrix}\begin{pmatrix} 9-4 \\ 1-5 \end{pmatrix}=2.704$$

より，$D_M=\sqrt{2.704}=1.7137$ である．

全ての個体についてユークリッド距離とマハラノビス距離を求める．

表1.11(2)　距離

個体名	ユークリッド距離	マハラノビス距離
A	3.162	1.129
B	2.828	1.578
C	3.606	0.953
D	1.414	0.789
E	6.403	1.644

サンプルスコアの重心までの距離

第 1 部 3.7節ではユークリッド距離，マハラノビス距離を用いて各個体がどの群に属するかを調べた．第 1 部 図3.6，表3.7の個体No.8を例として，群 1 重心までの距離の求め方を示す．

No.8のサンプルスコアを点座標で示すと $(h_1, h_2)=(2.1780, 0.9409)$ である．群 1 重心は例題1.8で示した群 1 の軸別サンプルスコア平均値で与えられるので，点座標は $(m_1, m_2)=(0.6032, 1.0205)$ である．

No.8の群1重心までのユークリッド距離 D_u を求める．

$$D_u=\sqrt{(h_1-m_1)^2+(h_2-m_2)^2}$$

$$=\sqrt{(2.1780-0.6032)^2+(0.9409-1{,}0205)^2}=\sqrt{2.4863}=1.5768$$

No.8の群1重心までのマハラノビス距離 D_u を求める

マハラノビス距離を求めるために，群1の分散・共分散行列の逆行列 S を求める．結果は表1.11(3)に示す．

$$D'_M=(h_1-m_1,\ h_2-m_2)\begin{pmatrix} s^{11} & s^{12} \\ s^{21} & s^{22} \end{pmatrix}\begin{pmatrix} h_1-m_1 \\ h_2-m_2 \end{pmatrix}$$

$$=(2.1780-0.6032,\ 0.9409-1{,}0205)\begin{pmatrix} 11.9799, & -0.2377 \\ -0.2377, & 1.1296 \end{pmatrix}\begin{pmatrix} 2.1780\ -0.6032 \\ 0.9409\ -1.0205 \end{pmatrix}$$

$$=2.9369$$

より，$D_M=\sqrt{D'_M}=\sqrt{2.9369}=1.7137$ である．

個体No.8の群1重心までの距離を調べたが，同様に群2重心，群3重心までの距離を調べられる．

表1.11(3)　群別サンプルスコアの各種行列

群 1	偏差		偏差平方和		積
	軸 1	軸 2	軸 1	軸 2	軸1×軸2
1	−0.0963	−0.1394	0.0093	0.0194	0.0134
2	0.1910	1.2222	0.0365	1.4937	0.2334
3	0.2204	0.0798	0.0486	0.0064	0.0176
4	0.3486	−0.8802	0.1215	0.7748	−0.3068
5	−0.0669	−1.2818	0.0045	1.6429	0.0858
6	0.1743	−0.4920	0.0304	0.2421	−0.0858
7	−0.6411	−0.5157	0.4110	0.2660	0.3306
8	−0.0796	1.5748	0.0063	2.4799	−0.1254
9	−0.0502	0.4324	0.0025	0.1870	−0.0217
合計	0.0000	0.0000	0.6706	7.1120	0.1411
		合計÷8=	0.0838	0.8890	0.0176

分散・共分散行列

	軸 1	軸 2
軸 1	0.0838	0.0176
軸 2	0.0176	0.8890

逆　行　列

	軸 1	軸 2
軸 1	11.9799	-0.2377
軸 2	-0.2377	1.1296

群 2	偏差		偏差平方和		積
	軸 1	軸 2	軸 1	軸 2	軸1×軸2
1	−0.7819	−0.3630	0.6114	0.1318	0.2839
2	0.2071	0.8342	0.0429	0.6959	0.1727
3	−0.4377	0.3334	0.1916	0.1112	−0.1459
4	1.2494	0.0804	1.5610	0.0065	0.1005
5	−0.4544	−1.3808	0.2065	1.9065	0.6274
6	1.1506	−0.1020	1.3240	0.0104	−0.1174
7	−0.4838	−0.2384	0.2341	0.0568	0.1153
8	−0.5826	−0.4208	0.3394	0.1771	0.2451
9	0.0646	0.2269	0.0042	0.0515	0.0147
10	−0.9101	0.5969	0.8283	0.3563	−0.5433
11	0.9788	0.4331	0.9580	0.1875	0.4239
合計	0.0000	0.0000	6.3013	3.6915	1.1769
		合計÷10=	0.6301	0.3691	0.1177

分散・共分散行列

	軸 1	軸 2
軸 1	0.6301	0.1177
軸 2	0.1177	0.3691

逆行列

	軸 1	軸 2
軸 1	1.6875	-0.5380
軸 2	-0.5380	2.8805

群 3	偏差		偏差平方和		積
	軸 1	軸 2	軸 1	軸 2	軸1×軸2
1	0.3077	−0.0572	0.0947	0.0033	−0.0176
2	0.4609	−0.6867	0.2125	0.1416	−0.3165
3	−0.6526	−0.8351	0.4259	0.6974	0.5450
4	1.0094	−0.2215	1.0188	0.0490	−0.2235
5	−0.8102	1.2672	0.6564	1.6059	−1.0267
6	0.1795	0.9028	0.0322	0.8150	0.1621
7	0.5070	−0.1150	0.2571	0.0132	−0.0583
8	0.2616	−0.6289	0.0684	0.3956	−0.1645
9	−0.7808	0.1248	0.6096	0.0156	−0.0975
10	−0.4826	0.2495	0.2329	0.0623	−0.1204
合計	0.0000	0.0000	3.6085	4.1288	−1.3181
		合計÷9=	0.4009	0.4588	−0.1465

分散・共分散行列

	軸 1	軸 2
軸 1	0.4009	-0.1465
軸 2	-0.1465	0.4588

逆行列

	軸 1	軸 2
軸 1	2.8233	0.9013
軸 2	0.9013	2.4675

全個体のマハラノビス距離を示す.

表1.11(4)　群別重心までのマハラノビス距離

No.	群	群 1 重 心	群 2 重 心	群 3 重 心
1	1	0.3560	2.3528	3.2240
2	1	1.4189	4.5462	4.8618
3	1	0.7621	2.7858	3.8853
4	1	1.5737	1.7743	3.7443
5	1	1.3670	1.1182	3.1623
6	1	0.8235	1.9960	3.5315
7	1	2.2511	1.6735	2.1845
8	1	1.7137	5.1165	4.8674
9	2	0.5017	3.2528	3.7004
10	2	6.1893	1.0516	2.6556
11	2	2.6198	1.3752	2.0284
12	2	4.8788	0.8947	1.6612
13	2	1.9199	1.5952	3.7442
14	2	5.5831	2.2726	4.1431
15	2	1.9165	1.5461	3.6789
16	2	5.1827	0.6592	2.4335
17	2	5.5601	0.9050	2.7051
18	2	3.2717	0.3736	2.1621
19	2	6.4402	1.7345	1.2088
20	3	1.1806	0.3041	3.2596
21	3	5.9169	2.7128	0.4936
22	3	5.4088	1.6146	1.0922
23	3	9.2402	2.6524	1.9763
24	3	3.4931	2.0360	1.6108
25	3	9.9480	5.6591	1.9913
26	3	6.4762	4.3535	1.5473
27	3	5.2259	2.4792	0.8083
28	3	6.0867	1.8817	0.9342
29	3	9.6936	3.9531	1.2585
30		8.6713	3.8438	0.7709

※注．マハラノビスの距離を計算するとき，各群の分散共分散行列がほぼ等しい場合は合併した分散共分散行列を用いる．

1.12　モデル選択基準（予測誤差基準）

◆ 学習目的

> モデル選択基準は数量化2類のモデルが複数与えられているとき，どのモデルが最良かを調べる方法である．ここで扱うモデル選択基準は予測の観点から，最良のモデルを求める基準であるので予測誤差基準ともいう．
> 先に示した相関比は2類においてとても重要な役割を果たす．しかし相関比は説明変数の個数が多くなるほど高くなり，説明変数が多くなることについての損失は考慮されていなく，モデル選択での適用は好ましくない．*AIC, CAIC*, C_p, MC_p, P_eと呼ばれるモデル選択基準を適用するのがよい．
> この節ではこれらのモデル選択基準の計算方法について学ぶ．

♣例題

第1部　3.11節ではモデル選択基準の結果のみを示した．次に示す計算方法にしたがい表3.11(1)で示した*AIC, CAIC*, C_p, MC_p, P_eの結果を導け．

♠解説

総あたり法を行なったとき，モデル選択基準を調べたい候補のモデルをM，説明変数全部を用いたときのフルモデルをΩとする．それぞれのモデルの説明変数であるダミー変数の総数を，p'，pとする．群数をG，個体数をn，円周率をπとする．

※参照 ダミー変数の総数の求め方は第1部の式(1)で示す．

モデル選択基準は1.8節の式 (8) で示した多変量群内変動量$|W|$を用いる．

その節で示したように多変量群内変動量はサンプルスコア群内変動の積で与えられる．軸数をm，候補モデルMのj番目軸のサンプルスコア群内変動を$W_{M(jj)}$多変量群内変動量を$|W_M|$とすると

$$|W_M| = W_{M(11)} \times W_{M(22)} \times \cdots \times W_{M(jj)} \times \cdots \times W_{M(mm)}$$

である．候補モデルΩのj番目軸のサンプルスコア群内変動を$W_{M(jj)}$，多変量群内変動量を$|W_\Omega|$とすると

$$|W_\Omega| = W_{\Omega(11)} \times W_{\Omega(22)} \times \cdots \times W_{\Omega(jj)} \times \cdots \times W_{\Omega(mm)}$$

である．

群数が 2 の場合1.6 節で示したサンプルスコア群内変動 s_w^2が多変量群内変動量となる.

各モデル選択基準の計算式を示す.

① 赤池の情報量規準 *AIC*

$$AIC = n\log_e(|W_M|/n) + n\,(G-1)\,(\log_e(2\pi)+1) + 2\{(G-1)(p'+1) + G(G-1)/2\}$$

*AIC*の第 1 項はモデルのあてはまりのよさ，第 2 項はモデルに関係しない定数，第 3 項はモデルに含まれる独立なパラメータの数の 2 倍であるので変数の増加に伴うペナルティーを表し，*AIC*は小さいほど望ましい.

② 修正(Corrected) *AIC* *CAIC*

$$CAIC = n\log_e(|W_M|/n) + n\,(G-1)\,(\log_e(2\pi)+1) + \frac{2n}{n-(G-1)-p-2}\left\{(G-1)(p'+1) + G(G-1)/2\right\}$$

*AIC*を修正したもので，*AIC*同様小さいほど望ましい.

③ マローズのC_p基準

$$C_p = (n-p-1)\ W_{M/\Omega} + 2(G-1)(p'+1)$$

ここに，$W_{M/\Omega}$は

$$W_{M/\Omega} = \frac{W_{M(11)}}{W_{\Omega(11)}} + \frac{W_{M(22)}}{W_{\Omega(22)}} + \cdots + \frac{W_{M(jj)}}{W_{\Omega(jj)}} + \cdots + \frac{W_{M(mm)}}{W_{\Omega(mm)}}$$

である.

C_pの第 1 項はモデルのあてはまりのよさ，第 2 項は変数の増加に伴うペナルティーを表し，C_pは *AIC* 同様に小さいほど望ましい.

④ 修正(Modified)C_pのMC_p基準

$$MC_p = C_p + G\,(G-1-|W_{M/\Omega}|)$$

MC_pの第1項はC_p，第 2 項はC_pの補正項である．$MC_p \leqq C_p$であることが知られており，MC_pはC_p同様に小さいほど望ましい.

⑤ P_e基準 (Prediction error)

$$P_e = |W_M| + \frac{2(r+1)}{n-p-1}s^2_{w(\Omega)}$$

G=2の場合，次式に変形できる．

$$P_e = C_p \times |W_\Omega| / (n - p - 1)$$

2群の場合，P_eはC_pに $|W_\Omega|/(n-p-1)$ を乗じた値なので，P_e とC_p は比例している．

※注．pが（群数－1）より小さい場合の軸数はp個である．
求められない軸の群内変動は n として，多変量群内変動量は与えられる．

第2章　追加情報の検定

2.1　追加情報の検定とはどのような解析手法か

第１部における表2.1(2)のデータを具体例として，追加情報の検定とはどのような解析手法かを考えてみる．

具体例はコンビニ会社の傘下にある3,000店舗（母集団）から，12店舗を抽出したものである．説明変数における追加情報の検定とは，12店舗の数量化２類から求められる検定統計量から，母集団における各説明変数が目的変数に寄与しているかを調べる方法である．

３つの説明変数の中から検討する説明変数として例えば「100m以内競合店」を選び，この説明変数が目的変数に寄与しているかを調べることにする．このために，説明変数を変えた二つのモデルを考え，それぞれについて数量化２類を行う．

一つ目のモデルは「立地特性」，「100m 以内競合店」，「昼食時店舗前通行量」の全てを適用，二つ目のモデルは検討する説明変数を除いた「立地特性」，「昼食時店舗前通行量」を適用する．

それぞれの相関比を求める．検討する説明変数である「100m 以内競合店」が目的変数に寄与していない(帰無仮説）とすると，「100m 以内競合店」を含めたモデルの相関比と含めないモデルの相関比の値は変わらないはずである．

そこで，二つの相関比を比較する検定統計量を考える．この検定統計量の値から，母集団において検討する説明変数「100m以内競合店」が目的変数に寄与しているかを調べる方法が追加情報の検定（冗長性仮説の検定）である．検討する説明変数を"追加"して行うことから追加情報の検定と呼ばれる．

追加情報の検定は２群数量化２類と多群数量化２類で異なる部分があるので分けて解説する．

2.2　2群数量化2類の追加情報の検定

検定統計量Λ

検定統計量の求め方について示す.

検討する説明変数を含めたモデルの説明変数の個数をQ，カテゴリー総数をc，ダミー変数の総数を$p=c-Q$，相関比をη^2とする.

検討する説明変数を除いたモデルのカテゴリー総数をc'，ダミー変数の総数を$p'=c'-(Q-1)$，相関比を$(\eta')^2$とする.　個体数（店舗数）をnとする.

検討する説明変数が目的変数に寄与しない（追加情報を持たない）ことを調べるための検定統計量Λは

$$\Lambda=\frac{f_2}{f_1}\frac{\eta^2-(\eta')^2}{1-\eta^2},\quad ただし，f_1=p-p'，f_2=n-p-1 \tag{16}$$

で与えられる.

※参照　ダミー変数総数については式(1)参照

Λは二つのモデルの相関比の変化を示す式であり，先ほど述べたように検討する説明変数が目的変数に寄与していなければ，η^2と$(\eta')^2$との差は0，すなわちΛは0に近い値を示す.

この具体例におけるΛを求める.

表2.2(2)　検定統計量

説明変数	1. 立地特性	2. 100m以内競合店	3. 昼食時店舗前通行量
カテゴリー名	駅周辺 ビル街 商店街	無い 有る	150人以上 149人以下

モデル種別	検討する説明変数含む	検討する説明変数除く
説明変数名	1. 立地特性 2. 100m以内競合店 3. 店舗前通行量	1. 立地特性 3. 店舗前通行量
説明変数個数	3	2
カテゴリー総数	3+2+2=7	3+2=5
ダミー変数総数	$p=7-3=4$	$p'=5-2=3$
	0.6739	0.2313

個体数 n	12
$f_1=p-p'$ $f_2=n-p-1$	$4-3=1$ $12-4-1=7$

$$\Lambda=\frac{7}{1}\ \frac{0.6736-0.2313}{1-0.6739}=9.5010$$

Λを用いての検定手順を示す前に，Λのことを次節でもう少し調べてみる．

検定統計量Λの分布

二つの母集団を考える．母集団(A)はコンビニ会社の傘下にある全店舗のデータである．母集団(B)は母集団(A)の「100m 以内競合店」の 3,000 データをでたらめに並べ替えたものである．これらのデータの一部を表 2.2(2) に示す．

母集団(A) における目的変数(店舗評価)と説明変数との相関関係を，クラメール連関係数で調べた．表 2.2(3) にその結果を示す． 3 つの説明変数の相関係数はほぼ 0.3 ～ 0.4 で，表 1.2(7) で示した基準から， 3 つの説明変数は目的変数に寄与しているといえる．

母集団(B)では ,「100m 以内競合店」はデータをでたらめに並べ替えたためにクラメール連関係数は 0.0003 となり，この説明変数は目的変数に寄与してない．

母集団(B)において「100m 以内競合店」が目的変数に寄与していないことが分かっているが，このことを未知として，母集団(B)から 30 店舗抽出して検定統計量を求めると，0.7453 であった．再び 3,000 店舗から 30 店舗を抽出し検定統計量を求めると 0.1132 であった．この実験を 1,000 回行い 1,000 の検定統計量を求めた．

表2.2(2)　母集団のデータ

A

店No.	店舗評価	立地特性	100m以内競合店	昼食時店舗前通行量
1	1	3	1	2
2	1	1	1	1
3	1	2	2	1
4	1	1	1	1
5	1	1	1	1
:	:	:	:	:
1,249	1	1	1	2
1,250	1	1	1	2
1	2	3	2	2
2	2	2	2	1
3	2	2	2	1
4	2	2	1	2
5	2	3	2	1
:	:	:	:	:
1,749	2	2	2	2
1,750	2	3	2	2

B

店No.	本社評価	立地特性	100m以内競合店	昼食時店舗前通行量
1	1	3	1	2
2	1	1	1	1
3	1	2	2	1
4	1	1	2	1
5	1	1	2	1
:	:	:	:	:
1,249	1	1	2	2
1,250	1	1	1	2
1	2	3	2	2
2	2	2	1	1
3	2	2	2	1
4	2	2	2	2
5	2	3	1	2
:	:	:	:	:
1,749	2	2	2	2
1,750	2	3	1	2

表2.2(3)　目的変数とのクラメール連関係数

A

	店舗評価
立地特性	0.3855
100m以内競合店	0.2961
昼食時店舗前通行量	0.3953

B

	店舗評価
立地特性	0.3855
100m以内競合店	0.0003
昼食時店舗前通行量	0.3953

表2.2(4)　実験1,000回の検定統計量Λ

			①	②	③	統計量Λ
処理No.	η^2	$(\eta')^2$	$\eta^2-(\eta')^2$	$1-\eta^2$	①÷②	(f_2/f_1)×③
1	0.1950	0.1710	0.0240	0.8050	0.0298	0.7453
2	0.2935	0.2903	0.0032	0.7065	0.0045	0.1132
3	0.1980	0.1416	0.0564	0.8020	0.0703	1.7574
4	0.2004	0.1836	0.0168	0.7996	0.0210	0.5238
:	:	:	:	:	:	:
999	0.4661	0.4498	0.0162	0.5339	0.0304	0.7603
1,000	0.4564	0.4561	0.0003	0.5436	0.0005	0.0131

検定統計量Λの度数分布を作成する．

表2.2(5)　検定統計量Λの度数分布

Λ 下限	Λ 上限	度数	相対度数	累積相対度数
0.0	0.5	508	50.8%	50.8%
0.5	1.0	148	14.8%	65.6%
1.0	1.5	106	10.6%	76.2%
1.5	2.0	75	7.5%	83.7%
2.0	2.5	45	4.5%	88.2%
2.5	3.0	21	2.1%	90.3%
3.0	3.5	20	2.0%	92.3%
3.5	4.0	15	1.5%	93.8%
4.0	4.5	11	1.1%	94.9%
4.5	5.0	10	1.0%	95.9%
5.0	5.5	9	0.9%	96.8%
5.5	6.0	7	0.7%	97.5%
6.0	6.5	5	0.5%	98.0%
6.5	7.0	6	0.6%	98.6%
7.0	7.5	8	0.8%	99.4%
7.5	8.0	3	0.3%	99.7%
8.0	8.5	2	0.2%	99.9%
8.5	9.0	1	0.1%	100.0%
	合計	1000	100.0%	

縦軸を相対度数，横軸を検定統計量Λの折れ線グラフを描く．

図2.2(1)　検定統計量Λの相対度数グラフ

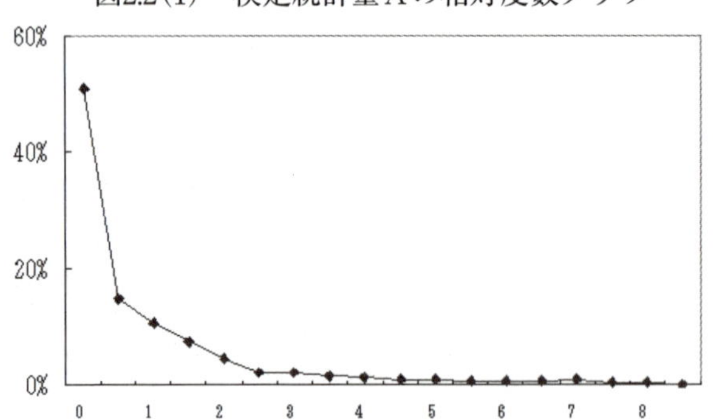

ここで統計学でよく用いられる確率分布の一つである「F 分布」について示す．F 分布の形状は，自由度と呼ばれる二つの値 f_1，f_2 によって決まる．自由度（f_1，f_2）が異なる3つのケースについて，F 分布を示す．

図2.2(2)　F 分布のグラフ

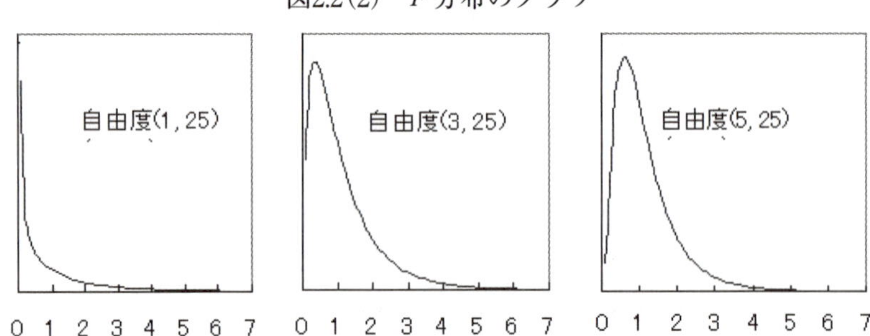

自由度は $f_1 = p - p'$，$f_2 = n - p - 1$ によって求められる値である．母集団Bから $n = 30$ を抽出する実験での自由度は，$f_1 = 4 - 3 = 1$，$f_2 = 30 - 4 - 1 = 25$ である．図2.2(1)の折れ線グラフと自由度(1.25)の F 分布とを重ね描きするとほぼ一致する．このことからも分かるように，母集団において検討する説明変数と目的変数が無相関であれば，検定統計量Λは自由度(f_1，f_2)の F 分布で近似できる．

図2.2(3)　検定統計量Λの F 分布近似

F 分布における$F_{0.05}$値

相対度数の合計は100%，ゆえに F 分布の全体面積(以下では確率と呼ぶ)は100% である．F 分布のグラフで，上側(右側)の確率が5％となる横軸の値を $F_{0.05}$ 値とする．自由度(1.25)の F 分布の $F_{0.05}$ 値は4.24である．

図2.2(4)　F 分布における$F_{0.05}$値

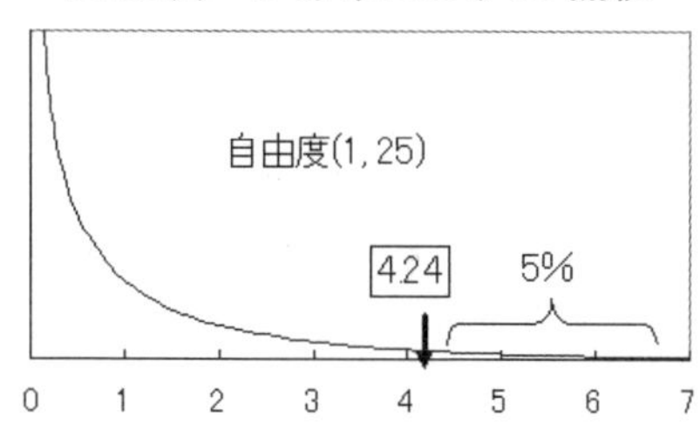

表2.2(4)において1,000個の検定統計量Λについて値が4.24以上の個数を数えると50個で全体の5％を占める．このことは，自由度(1, 25)の F 分布で上側確率が5％となる $F_{0.05}$ 値が4.24であることから明らかである．

検定の考え方

実験のために1,000回の調査を行ったが実際には1回の調査しか行なわない．母集団において検討する説明変数が目的変数に寄与していないという仮説のもとでは，1回の調査から得られる検定統計量は4.24以下の可能性が高く，その確率は95%である．

第1部表2.1(2)の具体例は，母集団(A)における検討する説明変数「100m以内競合店」が目的変数に寄与しているかを調べるために12店舗抽出したものである．得たデータに数量化２類を行い検定統計量Λを求めると，表2.2(1)よりΛは9.501，自由度は$f_1 = 1$，$f_2 = 7$であった．自由度(1, 7)のF分布で，横軸が9.501以上の上側の確率をp値という．p値を求めると1.8%である．

図2.2(5)　F分布におけるp値

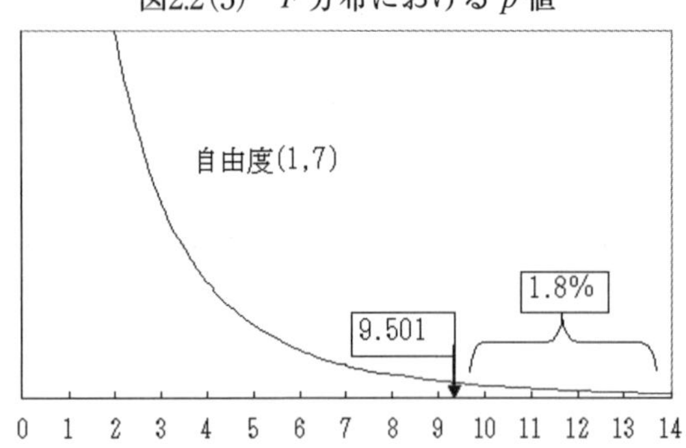

※参照　F分布において，p値に対するF値，F値に対するp値の求め方はExcelの関数で簡単に求められる．その求め方は「付録2.6節」で示す．

p値が0.5%という小さな確率となったことを考えてみる．考え方としては二つある．

①目的変数と検討する説明変数「100m以内競合店」とが無相関という仮説のもとで，ほとんどありえないことが起こった．

②ありえないことを信じるより，母集団における目的変数と検討する説明変数とが無相関という仮説が間違っていた．

統計学では②の考え方を採択する．

確率がいくつ以下なら小さいと判断するかは分析者の判断に委ねられるが，一般的にはp値=５%とする．したがってp値が5%以下なら，母集団における目的変数と検討する説明変数の無相関という仮説は正しくない，すなわち，母集団の目的変数と検討する説明変数とは相関がある，検討する説明変数は目的変数に寄与していると判断する．

誤差の正規性

説明変数が量的データである回帰分析の追加情報の検定では，説明変数が正規分布で近似できることを前提としている．数量化２類の説明変数はダミー変数データ(1,0)なので正規性は未知である．しかしモデル式の誤差(残差)の正規性が保障されれば，検定統計量はF分布で近似できることが知られている．

具体例における誤差は1.9節で示したように正規分布で近似できる．

追加情報の検定方法

追加した検討する説明変数と目的変数とが無相関であるという仮説(帰無仮説という)，残差が正規分布にしたがうという仮説のもとで，検定統計量Λは自由度(f_1，f_2) =($p-p'$，$n-p-1$) の F 分布に従う．

自由度($p-p'$，$n-p-1$) の F 分布におけるΛの上側確率 p 値と 0.05(5 %)を比較し，p 値≦ 0.05 ならば帰無仮説を棄却する．すなわち検討する説明変数は目的変数に有意に寄与していると判断する．

具体例について，各説明変数が目的変数に寄与しているか否かを追加情報の検定で調べた．

説明変数のカテゴリー数，ダミー変数の個数を示す．

表2.2(6)　説明変数のダミー変数の個数

	説明変数	カテゴリー数	ダミー変数の個数
x_1	立地特性	3	2
x_2	100m以内競合店	2	1
x_3	店舗前通行量	2	1

検討する説明変数を除いた 2 つのモデル，3 つすべてを用いたフルモデルの相関比を示す．表 2.2(7) は第 1 部表 2.16 からの抜粋である．

表2.2(7)　各モデルの相関比

検討する説明変数		モデルNo.	適用する説明変数	相関比	ダミー変数の総数
x_1	立地特性	モデル1	x_2，x_3	0.543	2
x_2	100m以内競合店	モデル2	x_1，x_3	0.231	3
x_3	店舗前通行量	モデル3	x_1，x_2	0.601	3
		フルモデル	x_1，x_2，x_3	0.674	4

検討する説明変数の統計量Λ，p 値を示す．

表2.2(8)　検討する説明変数の統計量Λ, p 値

検討する説明変数	ダミー変数総数		自由度		①	相関比		②	①×②	p値
	p	p'	f_1 $p-p'$	f_2 $n-p-1$	$f_2 \div f_1$	η^2	$(\eta')^2$	$(\eta^2-(\eta')^2)\div(1-\eta^2)$	Λ	
x_1	4	2	2	7	3.5	0.6739	0.5429	0.4019	1.4065	0.3066
x_2	4	3	1	7	7	0.6739	0.2313	1.3573	9.5010	0.0178
x_3	4	3	1	7	7	0.6739	0.6013	0.2226	1.5579	0.2521

p 値が0.05以下の説明変数 x_2である．目的変数に寄与しているのは「100m以内競合店」である．

2.3　多群数量化2類の追加情報の検定

検定統計量Λ

2群の追加情報検定統計量は，検討する説明変数を含めたモデル，含めないのモデルの相関比の変化で与えられたが，多群の追加情報検定統計量は，両モデルの多変量群内変動量の変化で与えられる．なお1.8節で示したように，多変量群内変動量は相関比で表せるので，多群追加情報検定統計量も2群同様に相関比の変化で与えられると考えてよい．

※参照　多変量群内変動量については1.8節で示したので参照されたい．

第1部　表3.1(3)の具体例で，多群の場合の検定統計量の求め方について示す．

具体例は，東京都に居住しインターネットができる環境を有する成人（母集団）から30人を抽出したものである．説明変数4つのうち「生きがい」を取り上げ，この説明変数が目的変数である「商品」の選定に寄与するかを調べることにする．

検討する説明変数を含めたモデルの軸別相関比を $\eta_1{}^2$, $\eta_2{}^2$, 多変量群内変動量を $|W|$ とすると，(12)式より

$$|W| = n(1-\eta_1^2)\times n(1-\eta_2^2) \qquad (a)$$

である．

検討する説明変数を含めないモデルの軸別相関比を $(\eta_1)^2$, $(\eta_2)^2$, 多変量群内変動量を $|\tilde{W}|$ とすると

$$|\tilde{W}| = n(1-(\eta_1')^2) \times n(1-(\eta_2')^2) \qquad (b)$$

である．

(b) 式を (a) 式で割った値 λ を定義する．

$$\lambda = \frac{|W|}{|\tilde{W}|} = \frac{(1-\eta_1^2)\times(1-\eta_2^2)}{(1-(\eta_1')^2)\times(1-(\eta_2')^2)}$$

第１部表3.10(1)「３群の場合の総あたり法」には全ての組み合わせの相関比が示されている．適用アイテムNo.1，2，3，4 の相関比は $\eta_1^2 = 0.6473$, $\eta_2^2 = 0.5023$，適用アイテムNo. 2，3，4の相関比は $(\eta_1')^2=0.4386$，$(\eta_2')^2=0.1438$ である．

λ を計算すると，

$$\lambda = \frac{|W|}{|\tilde{W}|} = \frac{(1 - 0.6473)\times(1 - 0.5023)}{(1 - 0.4386)\times(1 - 0.1438)} = \frac{0.1755}{0.4807} = 0.3652$$

前節で述べたように「生きがい」が目的変数に寄与していなければ，検討する説明変数を含めたモデルと含めないモデルの相関比に差はなく $|W| \fallingdotseq |W'|$ となり，λ の値は１に近いはずである．「生きがい」が目的変数に寄与していれば，検討する説明変数を含めたモデルの相関比は大きく $|W|$ は小さくなる．含めないモデルの相関比は小さく $|\tilde{W}|$ は大きくなる．したがって，λ の式は，分子は分母に比べ小さくなり，λ は０に近くなるはずである．

検定統計量のタイプ

この λ を用いて，多群の追加情報の検定統計量 Λ は示せる．ただし，Λ は群数と検討する説明変数のダミー変数の個数によって式が５タイプとなる．

検討する説明変数のダミー変数の個数は，検討する説明変数を含むモデルのダミー変数総数を p，検討する説明変数を含まないモデルのダミー変数総数を p' とすると，$p-p'$ で示せる．

※参照　ダミー変数総数については第１部　式(1)参照

表2.3(1)　検討統計量Λのタイプ

	ダミー変数個数 $p-p'$		
	1	2	3以上
2群	① B	① B	① B
3群	① A	② B	② B
4群以上	① A	② A	③

各タイプにおけるΛの式を示す．

ただし，G は群数，n は個体数，p は検討する説明変数を含めたモデルのダミー変数の総数，p' は検討する説明変数を含めないモデルのダミー変数の総数である．

タイプ① A　$\Lambda = c\left(\dfrac{1-\lambda}{\lambda}\right)$　$c = \dfrac{f_2}{f_1}$　$f_1 = G-1,\ f_2 = n-G-p'$

タイプ① B　$\Lambda = c\left(\dfrac{1-\lambda}{\lambda}\right)$　$c = \dfrac{f_2}{f_1}$　$f_1 = p-p',\ f_2 = n-p-1$

タイプ② A　$\Lambda = c\left(\dfrac{1-\sqrt{\lambda}}{\sqrt{\lambda}}\right)$　$c = \dfrac{f_2}{f_1}$　$f_1 = 2(G-1),\ f_2 = 2(n-G-p')$

タイプ② B　$\Lambda = c\left(\dfrac{1-\sqrt{\lambda}}{\sqrt{\lambda}}\right)$　$c = \dfrac{f_2}{f_1}$　$f_1 = 2(p-p'),\ f_2 = 2(n-p-1)$

タイプ③　$\Lambda = c\log(\lambda)$　$c = -\left\{n-G-p'+0.5(G-p+p'-2)\right\}$　$f = (G-1)(p-p')$

2群の場合の検定統計量は2.2節で述べたが，上記のタイプ①Bと同じであることを示す．

① Bの式の（ ）内の部分

$$\frac{1-\lambda}{\lambda} = \left(1-\frac{|W|}{|\tilde{W}|}\right) \div \frac{|W|}{|\tilde{W}|} = \frac{|\tilde{W}|-|W|}{|\tilde{W}|} \times \frac{|\tilde{W}|}{|W|}$$

$$= \frac{|\tilde{W}|-|W|}{|W|} = \frac{(1-(\eta')^2)-(1-\eta^2)}{1-\eta^2} = \frac{\eta^2-(\eta')^2}{1-\eta^2}$$

となるので，

$$\frac{f_2}{f_1}\ \frac{1-\lambda}{\lambda} = \frac{f_2}{f_1}\ \frac{\eta^2-(\eta')^2}{1-\eta^2}$$

が示せる．

検定統計量のΛ分布

①A，①B，②A，②Bの検定統計量は自由度 f_1, f_2 の F 分布，③は自由度 f の χ^2分布で近似できることが知られている．このことを実験によって確かめてみる．

東京都に居住しインターネットができる環境を有する成人3,000人を抽出したデータがある．このデータを母集団として300人を繰り返し1,000回抽出する実験を行なった．

母集団において検討する説明変数が目的変数と無相関であれば，多群における追加情報の検定統計量は，F 分布あるいは χ^2分布で近似できることが，実験結果からも確認できた．

【タイプ①Aの実験】

	群 1	群 2	群 3	計
母集団サイズ	900	1100	1000	3000
標　本サイズ	90	110	100	300

	項目 1	項目 2	項目 3	項目 4
カテゴリー数	4	3	2	2
ダミー変数個数	3	2	1	1
目的変数との相関	0.3443	0.2906	0.2163	0.0223
				追加項目

群 数　　$G=3$

ダミー変数個数 $p=7$，$p'=6$，

$p-p'=1$

$f_1=G-1=2$

$f_2=n-G-p'=291$

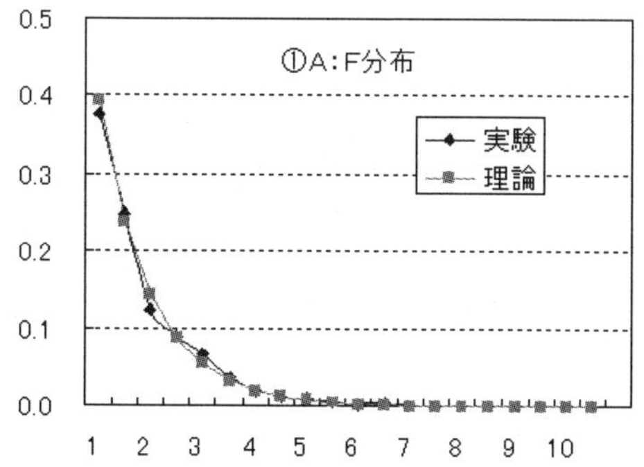

【タイプ②Aの実験】

	群 1	群 2	群 3	群 4	計
母集団サイズ	900	600	500	1000	3000
標　本サイズ	90	60	50	100	300

	項目 1	項目 2	項目 3	項目 4
カテゴリー数	4	2	2	3
ダミー変数個数	3	1	1	2
目的変数との相関	0.2831	0.2050	0.2171	0.0208
				追加項目

群 数　　$G=4$
ダミー変数個数 $p=7$, $p'=5$,
$p-p'=2$

$f_1=2(G-1)=6$
$f_2=2(n-G-p')=582$

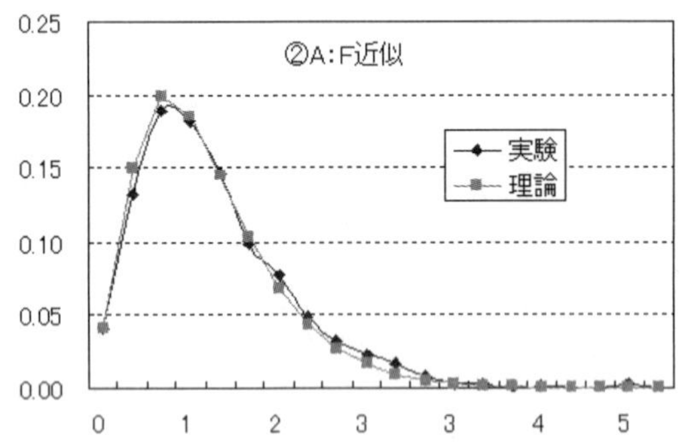

【タイプ②Bの実験】

	群 1	群 2	群 3	計
母集団サイズ	900	1100	1000	3000
標　本サイズ	90	110	100	300

	項目 1	項目 2	項目 3	項目 4
カテゴリー数	3	2	2	4
ダミー変数個数	2	1	1	3
目的変数との相関	0.2906	0.2049	0.2163	0.0370
				追加項目

群 数　　$G=3$
ダミー変数個数 $p=7$, $p'=4$,
$p-p'=3$

$f_1=2(p-p')=6$
$f_2=2(n-p-1)=584$

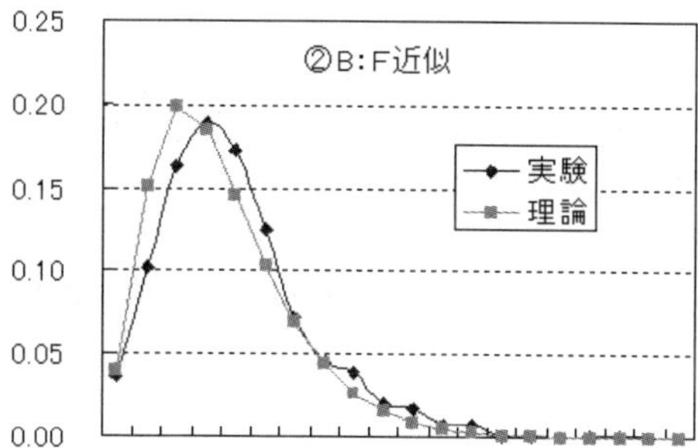

【タイプ③の実験】

	群 1	群 2	群 3	群 4	計
母集団サイズ	900	600	500	1000	3000
標　本サイズ	90	60	50	100	300

	項目 1	項目 2	項目 3	項目 4
カテゴリー数	3	2	2	4
ダミー変数個数	2	1	1	3
目的変数との相関	0.2927	0.2050	0.2171	0.0243
				追加項目

群 数　　G=4
ダミー変数個数 p=7，p'=4，　　　　　$f=(G-1)(p-p')=9$
$p-p'$=3

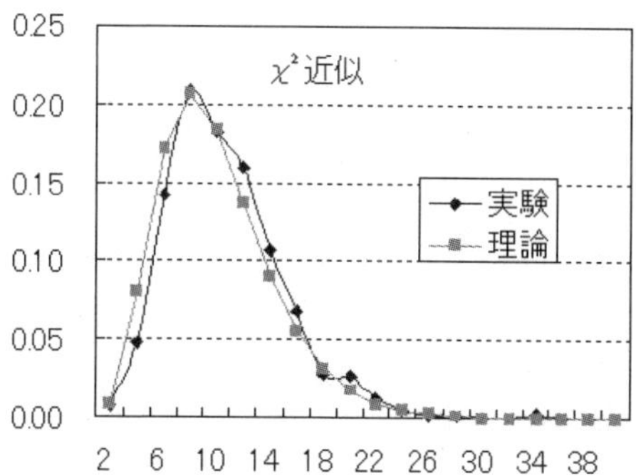

F検定

タイプが① A，① B，② A，② B の場合，追加した説明変数と目的変数とが無相関であるという仮説(帰無仮説という)，軸ごとの残差が正規分布にしたがうという仮説のもとで，検定統計量Λは自由度 (f_1, f_2) の F 分布に従う．自由度 (f_1, f_2) の F 分布におけるΛの上側確率 p 値と 0.05 を比較し，p 値≦ 0.05 ならば帰無仮説を棄却する．すなわち検討した説明変数は目的変数に有意に寄与していると判断する．

χ^2検定

タイプが③の場合，追加した説明変数と目的変数とが無相関であるという仮説（帰無仮説という），軸ごとの残差が正規分布にしたがうという仮説のもとで，検定統計量Λは自由度 f の χ^2分布に従う．自由度 f の χ^2分布におけるΛの上側確率 p 値と0.05を比較し，p 値≦0.05ならば帰無仮説を棄却する．すなわち検討した説明変数は目的変数に有意に寄与していると判断する．

具体例の検定手順と結果

具体例において，「生きがい」が目的変数に寄与しているか否かを追加情報の検定で調べる．

「生きがい」の追加情報の検定は，ダミー変数個数 $p-p'$ が 3，群数が 3 なのでタイプは② B である．

②BにおけるΛを求める．

$$p=4+3+2+2-4=7,\quad p'=3+2+2-3=4$$

$$f_1=2(p-p')=2(7-4)=6,\quad f_2=2(n-p-1)=2(30-7-1)=44$$

$$c=f_2/f_1=7.3333,\quad \lambda=0.3651$$

$$\Lambda=c\left(\frac{1-\sqrt{\lambda}}{\sqrt{\lambda}}\right)=7.3333\left(\frac{1-\sqrt{0.3651}}{\sqrt{0.3651}}\right)=4.8016$$

自由度 $f_1=6$，$f_2=44$ の F 分布における上側確率 p 値は 0.0008となり0.05より小さいので，「生きがい」は目的変数に寄与しているといえる．

具体例について，各説明変数が目的変数に寄与しているかを追加情報の検定で調べる．4つの説明変数のカテゴリー数，ダミー変数の個数，カテゴリー名を示す．

表2.3(2)　適用アイテムについて

		カテゴリー数	ダミー変数個数
x_1	生きがい	4	3
x_2	ものの買い方	3	2
x_3	IT知識	2	1
x_4	健康気配り	2	1

カテゴリー名

生きがい	ものの買い方	IT知識	健康気配り
趣　味	希少品	IT ○	健康管理
仕　事	一流品	IT ×	不摂生
家　族	がまん		
奉　仕			

表2.3(3)　多群2類の追加情報の検定

検討する説明変数	モデルNo.	適用アイテム	ダミー変数総数	相関比 軸1	相関比 軸2	1－相関比 軸1(a)	1－相関比 軸2(b)	a×b
1. 生きがい	モデル1	2, 3, 4	4	0.4386	0.1438	0.5614	0.8562	0.4807
2. ものの買い方	モデル2	1, 3, 4	5	0.5384	0.2618	0.4616	0.7382	0.3407
3. IT知識	モデル3	1, 2, 4	5	0.6473	0.3633	0.3527	0.6367	0.2246
4. 健康気配り	モデル4	1, 2, 3	6	0.6459	0.3944	0.3541	0.6056	0.2144
	フルモデル	1, 2, 3, 4	7	0.6473	0.5023	0.3527	0.4977	0.1755

検討する説明変数	$\|W\|$	$\|W'\|$	λ	$p-p'$	タイプ	Λ	f_1	f_2	p値
1	0.1755	0.4807	0.3652	3	②B	4.8016	6	44	0.0008
2	0.1755	0.3407	0.5152	2	②B	4.3251	4	44	0.0049
3	0.1755	0.2246	0.7816	1	①A	3.0728	2	22	0.0665
4	0.1755	0.2144	0.8187	1	①A	2.3256	2	21	0.1224

p 値が0.05以下の「生きがい」,「ものの買い方」が目的変数に寄与している.

2.4 拡張型数量化2類の追加情報の検定

拡張型数量化 2 類における追加情報の検定についても，先に示した方法で行なえる．

第1部表4.1(3)のデータについて追加情報の検定を行なう．

このデータの変数情報を示す．

表2.4(1) 拡張型数量化 2 類データの変数情報

目的変数	説明変数			
y	x_1	x_2	x_3	x_4
車種タイプ	車使用用途	車選定理由	環境対策車購入予定	月間走行距離
群データ	質的データ	質的データ	質的データ	量的データ
A	通勤・仕事	スタイル・外観の良さ	予定ある	単位：km
B	レジャー	室内スペース	予定ない	
C	買物・用足し	性能のよさ		
		燃費のよさ		

表2.4(2) 拡張型数量化 2 類の追加情報の検定

検討する説明変数	モデルNo.	適用説明変数	ダミー変数総数	相関比 軸 1	相関比 軸 2	1－相関比 軸1(a)	1－相関比 軸2(b)	a×b
1. 車使用用途	モデル1	2, 3, 4	5	0.8433	0.1158	0.1567	0.8842	0.1386
2. 車選定理由	モデル2	1, 3, 4	4	0.8205	0.3239	0.1795	0.6761	0.1213
3. 環境対策車	モデル3	1, 2, 4	6	0.8441	0.2640	0.1559	0.7360	0.1148
4. 月間走行距離	モデル4	1, 2, 3	6	0.6459	0.3944	0.3541	0.6056	0.2144
	フルモデル	1, 2, 3, 4	7	0.8446	0.3948	0.1554	0.6052	0.0941

検討する説明変数	$\|W\|$	$\|\tilde{W}\|$	λ	$p-p'$	タイプ	Λ	f_1	f_2	p値
1	0.0941	0.1386	0.6788	2	②B	2.3515	4	44	0.0687
2	0.0941	0.1213	0.7751	3	②B	0.9962	6	44	0.4398
3	0.0941	0.1148	0.8197	1	①A	2.3103	2	21	0.1239
4	0.0941	0.2144	0.4386	1	①A	13.4375	2	21	0.0002

p 値が 0.05 以下の説明変数は目的変数に寄与しているので，「x_4 月間走行距離」が目的変数に寄与しているといえる．

2.5　逐次選択法

説明変数の中から最良な説明変数を見出す方法として逐次選択法（ちくじせんたくほう）がある．

第１部　表 3.1(3)のデータにおける逐次選択法の結果を示す．

〈ステップ 1〉

4 つの変数の一つずつを説明変数として，4 ケースの数量化 2 類を実行する．W が最小の説明変数No.1を選択する．

※注．(群数－1)とダミー変数個数を求め小さい方の値が軸数となるので，説明変数 No.3，No.4 の軸数は一つである．算出できない軸 2 の相関比は 0 とする．

検討する説明変数		ダミー変数総数	相　関　比		1－相関比		W
No.	説明変数		軸 1	軸 2	軸 1	軸 2	軸 1 × 軸 2
1	生きがい	3	0.5374	0.0641	0.4626	0.9359	0.4329
2	ものの買い方	2	0.2168	0.1290	0.7832	0.8710	0.6821
3	IT知識	1	0.0550	0.0000	0.9450	1.0000	0.9450
4	健康気配り	1	0.1387	0.0000	0.8613	1.0000	0.8613

〈ステップ 2〉

既に取り込んだ説明変数No.1に残りの説明変数を一つずつ順番に加えて，$Q-1=4-1=3$ケースの数量化 2 類を実行する．

	モデル	説明変数 No.	相関比		1－相関比		W 軸 1 × 軸 2	ダミー変数総数
			軸 1	軸 2	軸 1	軸 2		
ステップ2	モデル1	1, 2	0.6458	0.2606	0.3542	0.7394	0.2619	$p=5$
	モデル2	1, 3	0.5376	0.1151	0.4624	0.8849	0.4092	$p=4$
	モデル3	1, 4	0.5384	0.2015	0.4616	0.7985	0.3686	$p=4$
ステップ1		1	0.5374	0.0641	0.4626	0.9359	0.4329	$p'=3$

Λ，p 値を求める．

p 値 < 0.05かつ p 値が最小の説明変数No.2を取り込む．

※注．基準の値は0.05から0.1の範囲で分析目的に応じて定める．

検討する説明変数	W	$\tilde{W}$	λ	$p-p'$	タイプ	Λ	f_1 f_2	p値
2	0.2619	0.4329	0.6050	2	② B	3.4283	4 48	0.0152
3	0.4092	0.4329	0.9451	1	① A	0.6971	2 24	0.5078
4	0.3686	0.4329	0.8513	1	① A	2.0961	2 24	0.1449

〈ステップ3〉

既に取り込んだ説明変数No.1，No.2 に残りの説明変数を一つずつ順番に加えて，$Q-2=4-2=2$ ケースの数量化２類を実行する．

ステップ3	モデル	説明変数No.	相関比		1－相関比		W	ダミー変数総数
			軸１	軸２	軸１	軸２	軸１×軸２	
	モデル1	1, 2, 3	0.6459	0.3944	0.3541	0.6056	0.2144	$p=6$
	モデル2	1, 2, 4	0.6473	0.3633	0.3527	0.6367	0.2246	$p=6$
ステップ1		1, 2	0.6458	0.2606	0.3542	0.7394	0.2619	$p=5$

Λ，p 値を求める．

p 値が全て0.05を上回り，取り込む説明変数がないので終了する．

検討する説明変数	W	$\tilde{W}$	λ	$p-p'$	タイプ	Λ	f_1 f_2	p値
3	0.2144	0.2619	0.8187	1	① A	2.4361	2 22	0.1107
4	0.2246	0.2619	0.8575	1	① A	1.8284	2 22	0.1843

〈最終ステップ〉

２つの説明変数が取り込まれたが，このモデルにおいて，各説明変数が有意であるかを検討する．データを再掲する．

取り込んだ説明変数No.1，No.2

モデル名	説明変数No.	相関比		1－相関比		W	ダミー変数総数
		軸１	軸２	軸１	軸２	軸１×軸２	
モデルΩ	1，2	0.6458	0.2606	0.3542	0.7394	0.2619	$p=5$

検討する説明変数が目的変数に有意に寄与しているかは，検討する説明変数を除いたモデルMと，モデルΩを比較することで把握できる．

説明変数No.1を除いたモデル

モデル名	説明変数No.	相関比		1 − 相関比		W	ダミー変数総数
		軸 1	軸 2	軸 1	軸 2	軸 1 × 軸 2	
モデル M	2	0.2168	0.1290	0.7832	0.8710	0.6821	$p=2$

説明変数No.1 は，p 値 < 0.05 より有意である．

検討する説明変数	W	$\tilde{W}$	λ	$p-p'$	タイプ	Λ	f_1　f_2	p値
1	0.2619	0.6821	0.3840	3	② B	4.8016	6　48	0.0007

説明変数No.2を除いたモデル

モデル名	説明変数No.	相関比		1 − 相関比		W	ダミー変数総数
		軸 1	軸 2	軸 1	軸 2	軸 1 × 軸 2	
モデル M	1	0.5374	0.0641	0.4626	0.9359	0.4329	$p=3$

説明変数No.2 は，p 値 < 0.05 より有意である．

検討する説明変数	W	$\tilde{W}$	λ	$p-p'$	タイプ	Λ	f_1　f_2	p値
2	0.2619	0.4329	0.6050	2	② B	3.4283	4　48	0.0702

2つの説明変数はすべて有意である．

目的変数に寄与する説明変数は「生きがい」と「ものの買い方」である．この結果は表2.3(3)の結果と一致する．

第3部

中級学習者のための

「カテゴリースコア導出の考え方と計算方法」

第1章　数量化2類

1.1　カテゴリースコア導出の考え方

「第2部　1.10節」で，相関比の求め方を示した．おさらいすると，数量化2類の相関比はサンプルスコアの全体変動を$s_{\hat{y}}^2$，群データとサンプルスコアの関係を示す群間変動を s_b^2 とすると，群間変動÷全体変動＝$s_b^2 \div s_{\hat{y}}^2$ で与えられる．

群数が G 個のとき，群 g の i 番目個体のサンプルスコア $\hat{y}_i^{(g)}$ は，モデル式

$$\hat{y}_i^{(g)} = \sum_{j=1}^{Q} \sum_{k=1}^{c_j} a_{jk} x_{ijk}^{(g)}$$

にダミー変数データを代入することによって与えられる．ここに，a_{jk} は j 番目説明変数，k 番目カテゴリーのカテゴリースコア，Q は説明変数の個数，c_j は j 番目説明変数のカテゴリー数，$x_{ijk}^{(g)}$ は g 群 i 番目個体の j 番目説明変数 k 番目カテゴリーのダミー変数データである．

したがってモデル式の係数であるカテゴリースコアがわかればサンプルスコアがわかり，相関比もわかるということである．

サンプルスコアの全体変動 $s_{\hat{y}}^2$，群間変動 s_b^2 をカテゴリースコア a_{jk} を用いて表すと

$$s_{\hat{y}}^2 = \sum_{i=1}^{n_{(g)}} (\hat{y}_i^{(g)} - \bar{\hat{y}})^2 = \sum_{i=1}^{n_{(g)}} \sum_{j=1}^{Q} \sum_{k=1}^{c_j} \left\{ a_{jk} \left(x_{ijk}^{(g)} - \bar{x}_{jk} \right) \right\}^2$$

$$s_b^2 = \sum_{g=1}^{G} \sum_{i=1}^{n_g} (\bar{\hat{y}}^{(g)} - \bar{\hat{y}})^2 = \sum_{g=1}^{G} n_g (\bar{\hat{y}}^{(g)} - \bar{\hat{y}})^2 = \sum_{g=1}^{G} n_g \left\{ \sum_{j=1}^{Q} \sum_{k=1}^{c_j} a_{jk} \left(\bar{x}_{jk}^{(g)} - \bar{x}_{jk} \right) \right\}^2$$

となる．ここに，$\bar{\hat{y}}$ はサンプルスコアの全体平均，$\bar{x}_{jk}$はダミー変換データの全体平均，$\bar{x}_{jk}^{(g)}$ は説明変数 j のカテゴリー k のダミー変数データの群別平均，n_g は g 群の個体数である．

相関比は群間変動÷全体変動であるので，相関比も a_{jk} を用いた式で表せる．

この式において，カテゴリースコア a_{jk} は相関比が最大となるように定めら

れる．このような a_{jk} は，a_{jk} を未知数とする固有方程式と呼ばれる式を解法することによって与えられる．

この章では多くのページを割いて，具体例を用いて，全体変動，群間変動，相関比が a_{jk} の式で表せること，a_{jk} を求める固有方程式の解法の仕方について解説する．解説は行列・ベクトルを用いて行なうので，ベクトル・行列が苦手な方は「付録　ベクトル・行列入門」を参照されたい．

1.2　数量化2類のデータ

表1.2(1)に示すように，各個体について目的変数と Q 個の説明変数が観測されているとする．ただし，目的変数は群のみに依存する質的データ，Q 個の説明変数はそれぞれ c_j ($j=1$，2，...，Q) 個の選択肢を持つ質的データである．

群数を G，各群の個体数を n_g ($g=1$，2，...，G)，総個体数を n とする．群 g の i 番目個体における目的変数のデータを $y_i^{(g)}$，群 g の i 番目個体の j 番目説明変数のデータを $u_{ij}^{(g)}$ とする．

表 1.2（1）数量化 2 類におけるデータ

群	目的変数	説明変数				
		1	…	j	…	Q
群 1	$y_1^{(1)}$	$u_{11}^{(1)}$	…	$u_{1j}^{(1)}$	…	$u_{1Q}^{(1)}$
	⋮	…	…	…	…	…
	$y_i^{(1)}$	$u_{i1}^{(I)}$	…	$u_{ij}^{(1)}$	…	$u_{iQ}^{(1)}$
	⋮	…	…	…	…	…
	$y_{n_1}^{(1)}$	$u_{n_1 1}^{(1)}$	…	$u_{n_1 j}^{(1)}$	…	$u_{n_1 Q}^{(1)}$
⋮						
群 g	$y_1^{(g)}$	$u_{11}^{(g)}$	…	$u_{1j}^{(g)}$	…	$u_{1Q}^{(g)}$
	⋮		…	…	…	…
	$y_i^{(g)}$	$u_{i1}^{(g)}$	…	$u_{ij}^{(g)}$	…	$u_{iQ}^{(g)}$
	⋮		…	…	…	…
	$y_{n_g}^{(g)}$	$u_{n_g 1}^{(g)}$	…	$u_{n_g j}^{(g)}$	…	$u_{n_g Q}^{(g)}$
⋮						
群 G	$y_1^{(G)}$	$u_{11}^{(G)}$	…	$u_{1j}^{(G)}$	…	$u_{1Q}^{(G)}$
	⋮		…	…	…	…
	$y_i^{(G)}$	$u_{i1}^{(G)}$	…	$u_{ij}^{(G)}$	…	$u_{iQ}^{(G)}$
	⋮		…	…	…	…
	$y_{n_G}^{(G)}$	$u_{n_G 1}^{(G)}$	…	$u_{n_G j}^{(G)}$	…	$u_{n_G Q}^{(G)}$

群 g の i 番目個体における説明変数 j データを，表 1.2(2) に示すダミー変数 $x_{ijk}^{(g)}$ に変換する．ただし，

$$x_{ijk}^{(g)} = \begin{cases} 1, & \text{群 } g \text{ の } i \text{ 番目個体が説明変数 } j \text{ のカテゴリー} k \text{ に反応するとき,} \\ 0, & \text{その他のとき} \end{cases}$$

である．ここに，$g=1, 2, \ldots, G$，$i=1, 2, \ldots, n_g$，$j=1, 2, \ldots, Q$，$k=1, 2, \ldots, c_j$.

表1.2(2)　ダミー変数の定義

群	目的変数	説明変数																
		1					:	j					:	Q				
		1	:	k	:	c_1	:	1	:	k	:	c_j	:	1	:	k	:	c_Q
群 1	$y_1^{(1)}$		:	$x_{11k}^{(1)}$	:		:		:	$x_{1jk}^{(1)}$	:		:		:	$x_{1Qk}^{(1)}$	:	
	:		:	:	:		:		:	:	:		:		:	:	:	
	$y_i^{(1)}$		:	$x_{i1k}^{(1)}$	:		:		:	$x_{ijk}^{(1)}$	:		:		:	$x_{iQk}^{(1)}$	:	
	:		:	:	:		:		:	:	:		:		:	:	:	
	$y_{n1}^{(1)}$		:	$x_{n1k}^{(1)}$	:		:		:	$x_{njk}^{(1)}$	:		:		:	$x_{nQk}^{(1)}$	:	
:																		
群 g	$y_1^{(g)}$		:	$x_{11k}^{(g)}$	:		:		:	$x_{1jk}^{(g)}$	:		:		:	$x_{1Qk}^{(g)}$	:	
	:		:	:	:		:		:	:	:		:		:	:	:	
	$y_i^{(g)}$		:	$x_{i1k}^{(g)}$	:		:		:	$x_{ijk}^{(g)}$	:		:		:	$x_{iQk}^{(g)}$	:	
	:		:	:	:		:		:	:	:		:		:	:	:	
	$y_{ng}^{(g)}$		:	$x_{n1k}^{(g)}$	:		:		:	$x_{njk}^{(g)}$	:		:		:	$x_{nQk}^{(g)}$	:	
:																		
群 G	$y_1^{(G)}$		:	$x_{11k}^{(G)}$	:		:		:	$x_{1jk}^{(G)}$	:		:		:	$x_{1Qk}^{(G)}$	:	
	:		:	:	:		:		:	:	:		:		:	:	:	
	$y_i^{(G)}$		:	$x_{i1k}^{(G)}$	:		:		:	$x_{ijk}^{(G)}$	:		:		:	$x_{iQk}^{(G)}$	:	
	:		:	:	:		:		:	:	:		:		:	:	:	
	$y_{n_G}^{(G)}$		:	$x_{n1k}^{(G)}$	:		:		:	$x_{njk}^{(G)}$	:		:		:	$x_{nQk}^{(G)}$	:	

具体例を示す．

群数は 3，説明変数は 2，カテゴリー数は説明変数 1 が 3，説明変数 2 が 3，個体数は群 1 が 3，群 2 が 2，群 3 が 4 で計 9 である．

表1.2(3)　具体例　数量化２類のデータ

群	目的変数	説明変数		例	
		u_1	u_2	u_1	u_2
1	$y_1^{(1)}$	$u_{11}^{(1)}$	$u_{12}^{(1)}$	2	2
	$y_2^{(1)}$	$u_{21}^{(1)}$	$u_{22}^{(1)}$	2	3
	$y_3^{(1)}$	$u_{31}^{(1)}$	$u_{32}^{(1)}$	3	3
2	$y_1^{(2)}$	$u_{11}^{(2)}$	$u_{12}^{(2)}$	3	1
	$y_2^{(2)}$	$u_{21}^{(2)}$	$u_{22}^{(2)}$	3	2
3	$y_1^{(3)}$	$u_{11}^{(3)}$	$u_{12}^{(3)}$	1	1
	$y_2^{(3)}$	$u_{21}^{(3)}$	$u_{22}^{(3)}$	1	2
	$y_3^{(3)}$	$u_{31}^{(3)}$	$u_{32}^{(3)}$	1	3
	$y_4^{(3)}$	$u_{41}^{(3)}$	$u_{42}^{(3)}$	2	1

ダミー変数に変換したデータを示す．ダミー変数データの変数名を x_{11}，x_{12}，x_{13}，x_{21}，x_{22}，x_{23}とする．

表1.2(4)　具体例　ダミー変数のデータ

群	ダミー変数						例					
	x_{11}	x_{12}	x_{13}	x_{21}	x_{22}	x_{23}	x_{11}	x_{12}	x_{13}	x_{21}	x_{22}	x_{23}
1	$x_{111}^{(1)}$	$x_{112}^{(1)}$	$x_{113}^{(1)}$	$x_{121}^{(1)}$	$x_{122}^{(1)}$	$x_{123}^{(1)}$	0	1	0	0	1	0
	$x_{211}^{(1)}$	$x_{212}^{(1)}$	$x_{213}^{(1)}$	$x_{221}^{(1)}$	$x_{222}^{(1)}$	$x_{223}^{(1)}$	0	1	0	0	0	1
	$x_{311}^{(1)}$	$x_{312}^{(1)}$	$x_{313}^{(1)}$	$x_{321}^{(1)}$	$x_{322}^{(1)}$	$x_{323}^{(1)}$	0	0	1	0	0	1
2	$x_{111}^{(2)}$	$x_{112}^{(2)}$	$x_{113}^{(2)}$	$x_{121}^{(2)}$	$x_{122}^{(2)}$	$x_{123}^{(2)}$	0	0	1	1	0	0
	$x_{211}^{(2)}$	$x_{212}^{(2)}$	$x_{213}^{(2)}$	$x_{221}^{(2)}$	$x_{222}^{(2)}$	$x_{223}^{(2)}$	0	0	1	0	1	0
3	$x_{111}^{(3)}$	$x_{112}^{(3)}$	$x_{113}^{(3)}$	$x_{121}^{(3)}$	$x_{122}^{(3)}$	$x_{123}^{(3)}$	1	0	0	1	0	0
	$x_{211}^{(3)}$	$x_{212}^{(3)}$	$x_{213}^{(3)}$	$x_{221}^{(3)}$	$x_{222}^{(3)}$	$x_{223}^{(3)}$	1	0	0	0	1	0
	$x_{311}^{(3)}$	$x_{312}^{(3)}$	$x_{313}^{(3)}$	$x_{321}^{(3)}$	$x_{322}^{(3)}$	$x_{323}^{(3)}$	1	0	0	0	0	1
	$x_{411}^{(3)}$	$x_{412}^{(3)}$	$x_{413}^{(3)}$	$x_{421}^{(3)}$	$x_{422}^{(3)}$	$x_{423}^{(3)}$	0	1	0	1	0	0

データを行列で表示する.

表1.2(4)のダミー変数のデータ行列をXとする. Xは

$$X=\begin{pmatrix} x_{111}^{(1)} & x_{112}^{(1)} & x_{113}^{(1)} & x_{121}^{(1)} & x_{122}^{(1)} & x_{123}^{(1)} \\ x_{211}^{(1)} & x_{212}^{(1)} & x_{213}^{(1)} & x_{221}^{(1)} & x_{222}^{(1)} & x_{223}^{(1)} \\ x_{311}^{(1)} & x_{312}^{(1)} & x_{313}^{(1)} & x_{321}^{(1)} & x_{322}^{(1)} & x_{323}^{(1)} \\ x_{111}^{(2)} & x_{112}^{(2)} & x_{113}^{(2)} & x_{121}^{(2)} & x_{122}^{(2)} & x_{123}^{(2)} \\ x_{211}^{(2)} & x_{212}^{(2)} & x_{213}^{(2)} & x_{221}^{(2)} & x_{222}^{(2)} & x_{223}^{(2)} \\ x_{111}^{(3)} & x_{112}^{(3)} & x_{113}^{(3)} & x_{121}^{(3)} & x_{122}^{(3)} & x_{123}^{(3)} \\ x_{211}^{(3)} & x_{212}^{(3)} & x_{213}^{(3)} & x_{221}^{(3)} & x_{222}^{(3)} & x_{223}^{(3)} \\ x_{311}^{(3)} & x_{312}^{(3)} & x_{313}^{(3)} & x_{321}^{(3)} & x_{322}^{(3)} & x_{323}^{(3)} \\ x_{411}^{(3)} & x_{412}^{(3)} & x_{413}^{(3)} & x_{421}^{(3)} & x_{422}^{(3)} & x_{423}^{(3)} \end{pmatrix} \quad (1)$$

で表せる. Xの転置行列をX'とすると, X'は

$$X'=\begin{pmatrix} x_{111}^{(1)} & x_{211}^{(1)} & x_{311}^{(1)} & x_{111}^{(2)} & x_{211}^{(2)} & x_{111}^{(3)} & x_{211}^{(3)} & x_{311}^{(3)} & x_{411}^{(3)} \\ x_{112}^{(1)} & x_{212}^{(1)} & x_{312}^{(1)} & x_{112}^{(2)} & x_{212}^{(2)} & x_{112}^{(3)} & x_{212}^{(3)} & x_{312}^{(3)} & x_{412}^{(3)} \\ x_{113}^{(1)} & x_{213}^{(1)} & x_{313}^{(1)} & x_{113}^{(2)} & x_{213}^{(2)} & x_{113}^{(3)} & x_{213}^{(3)} & x_{313}^{(3)} & x_{413}^{(3)} \\ x_{121}^{(1)} & x_{221}^{(1)} & x_{321}^{(1)} & x_{121}^{(2)} & x_{221}^{(2)} & x_{121}^{(3)} & x_{221}^{(3)} & x_{321}^{(3)} & x_{421}^{(3)} \\ x_{122}^{(1)} & x_{222}^{(1)} & x_{322}^{(1)} & x_{122}^{(2)} & x_{222}^{(2)} & x_{122}^{(3)} & x_{222}^{(3)} & x_{322}^{(3)} & x_{422}^{(3)} \\ x_{123}^{(1)} & x_{223}^{(1)} & x_{323}^{(1)} & x_{123}^{(2)} & x_{223}^{(2)} & x_{123}^{(3)} & x_{223}^{(3)} & x_{323}^{(3)} & x_{423}^{(3)} \end{pmatrix} \quad (2)$$

で表せる.

1.3 データの平均

説明変数jのk番目カテゴリーのダミー変数データに関してそれらの, 全体平均を$\bar{x}_{jk}$, 群別平均を $\bar{x}_{jk}^{(g)}$ で表す.

表1.3(1) 目的変数, ダミー変数の平均

	説明変数										
	全変数	1				j				Q		
		1	k	c_1		1	k	c_j		1	k	c_Q
全体	$\bar{x}$	:	$\bar{x}_{1k}$	:	…	:	$\bar{x}_{jk}$	:	…	:	$\bar{x}_{Qk}$	:
群別 群1	$\bar{x}^{(1)}$	:	$\bar{x}_{1k}^{(1)}$	:	…	:	$\bar{x}_{jk}^{(1)}$	:	…	:	$\bar{x}_{Qk}^{(1)}$	:
群g	$\bar{x}^{(g)}$	:	$\bar{x}_{1k}^{(g)}$	:	…	:	$\bar{x}_{jk}^{(g)}$	:	…	:	$\bar{x}_{Qk}^{(g)}$	:
群G	$\bar{x}^{(G)}$	:	$\bar{x}_{1k}^{(G)}$	:	…	:	$\bar{x}_{jk}^{(G)}$	:	…	:	$\bar{x}_{Qk}^{(G)}$	:

具体例の各平均は表 1.3(2) で示せる．

表1.3(2)　ダミー変数データの平均

	ダミー変数						例					
	x_{11}	x_{12}	x_{13}	x_{21}	x_{22}	x_{23}	x_{11}	x_{12}	x_{13}	x_{21}	x_{22}	x_{23}
全体	x_{11}	x_{12}	x_{13}	x_{21}	x_{22}	x_{23}	0.33	0.33	0.33	0.33	0.33	0.33
群 1	$\bar{x}_{11}^{(1)}$	$\bar{x}_{12}^{(1)}$	$\bar{x}_{13}^{(1)}$	$\bar{x}_{21}^{(1)}$	$\bar{x}_{22}^{(1)}$	$\bar{x}_{23}^{(1)}$	0.00	0.67	0.33	0.00	0.33	0.67
群 2	$\bar{x}_{11}^{(2)}$	$\bar{x}_{12}^{(2)}$	$\bar{x}_{13}^{(2)}$	$\bar{x}_{21}^{(2)}$	$\bar{x}_{22}^{(2)}$	$\bar{x}_{23}^{(2)}$	0.00	0.00	1.00	0.50	0.50	0.00
群 3	$\bar{x}_{11}^{(3)}$	$\bar{x}_{12}^{(3)}$	$\bar{x}_{13}^{(3)}$	$\bar{x}_{21}^{(3)}$	$\bar{x}_{22}^{(3)}$	$\bar{x}_{23}^{(3)}$	0.75	0.25	0.00	0.50	0.25	0.25

具体例におけるダミー変数の全体平均 $\bar{x}_{jk}$ の列ベクトルを $\bar{\boldsymbol{x}}$，行ベクトルを $\bar{\boldsymbol{x}}'$ で表す

$$\boldsymbol{x}=\begin{pmatrix}\bar{x}_{11}\\ \bar{x}_{12}\\ \bar{x}_{13}\\ \bar{x}_{21}\\ \bar{x}_{22}\\ \bar{x}_{23}\end{pmatrix} \tag{3}$$

$$\bar{\boldsymbol{x}}'=(\bar{x}_{11},\ \bar{x}_{12},\ \bar{x}_{13},\ \bar{x}_{21},\ \bar{x}_{22},\ \bar{x}_{23}) \tag{4}$$

ダミー変数の群別平均 $\bar{x}_{jk}^{(g)}$ の列ベクトルを $\bar{\boldsymbol{x}}^{(g)}$，行ベクトルを $(\bar{\boldsymbol{x}}^{(g)})'$ で表す．

$$\bar{\boldsymbol{x}}^{(1)}=\begin{pmatrix}\bar{x}_{11}^{(1)}\\ \bar{x}_{12}^{(1)}\\ \bar{x}_{13}^{(1)}\\ \bar{x}_{21}^{(1)}\\ \bar{x}_{22}^{(1)}\\ \bar{x}_{23}^{(1)}\end{pmatrix}\qquad \bar{\boldsymbol{x}}^{(2)}=\begin{pmatrix}\bar{x}_{11}^{(2)}\\ \bar{x}_{12}^{(2)}\\ \bar{x}_{13}^{(2)}\\ \bar{x}_{21}^{(2)}\\ \bar{x}_{22}^{(2)}\\ \bar{x}_{23}^{(2)}\end{pmatrix}\qquad \bar{\boldsymbol{x}}^{(3)}=\begin{pmatrix}\bar{x}_{11}^{(3)}\\ \bar{x}_{12}^{(3)}\\ \bar{x}_{13}^{(3)}\\ \bar{x}_{21}^{(3)}\\ \bar{x}_{22}^{(3)}\\ \bar{x}_{23}^{(3)}\end{pmatrix} \tag{5}$$

$$\begin{aligned}(\bar{\boldsymbol{x}}^{(1)})'&=(\bar{x}_{11}^{(1)},\ \bar{x}_{12}^{(1)},\ \bar{x}_{13}^{(1)},\ \bar{x}_{21}^{(1)},\ \bar{x}_{22}^{(1)},\ \bar{x}_{23}^{(1)})\\ (\bar{\boldsymbol{x}}^{(2)})'&=(\bar{x}_{11}^{(2)},\ \bar{x}_{12}^{(2)},\ \bar{x}_{13}^{(2)},\ \bar{x}_{21}^{(2)},\ \bar{x}_{22}^{(2)},\ \bar{x}_{23}^{(2)})\\ (\bar{\boldsymbol{x}}^{(3)})'&=(\bar{x}_{11}^{(3)},\ \bar{x}_{12}^{(3)},\ \bar{x}_{13}^{(3)},\ \bar{x}_{21}^{(3)},\ \bar{x}_{22}^{(3)},\ \bar{x}_{23}^{(3)})\end{aligned} \tag{6}$$

1.4　偏差データ

データから平均値を引いた値を偏差データあるいは中心化データという．

ダミー変数のデータから平均値を引いた行列を $\tilde{X}$（チルドエックスと読む），この行列の転置行列を $\tilde{X}'$ で表す．

具体例の$\tilde{X}$, $\tilde{X}'$を示す．

$$\tilde{X}=\begin{pmatrix} x_{111}^{(1)}-\bar{x}_{11} & x_{112}^{(1)}-\bar{x}_{12} & x_{113}^{(1)}-\bar{x}_{13} & x_{121}^{(1)}-\bar{x}_{21} & x_{122}^{(1)}-\bar{x}_{22} & x_{123}^{(1)}-\bar{x}_{23} \\ x_{211}^{(1)}-\bar{x}_{11} & x_{212}^{(1)}-\bar{x}_{12} & x_{213}^{(1)}-\bar{x}_{13} & x_{221}^{(1)}-\bar{x}_{21} & x_{222}^{(1)}-\bar{x}_{22} & x_{223}^{(1)}-\bar{x}_{23} \\ x_{311}^{(1)}-\bar{x}_{11} & x_{312}^{(1)}-\bar{x}_{12} & x_{313}^{(1)}-\bar{x}_{13} & x_{321}^{(1)}-\bar{x}_{21} & x_{322}^{(1)}-\bar{x}_{22} & x_{323}^{(1)}-\bar{x}_{23} \\ x_{111}^{(2)}-\bar{x}_{11} & x_{112}^{(2)}-\bar{x}_{12} & x_{113}^{(2)}-\bar{x}_{13} & x_{121}^{(2)}-\bar{x}_{21} & x_{122}^{(2)}-\bar{x}_{22} & x_{123}^{(2)}-\bar{x}_{23} \\ x_{211}^{(2)}-\bar{x}_{11} & x_{212}^{(2)}-\bar{x}_{12} & x_{213}^{(2)}-\bar{x}_{13} & x_{221}^{(2)}-\bar{x}_{21} & x_{222}^{(2)}-\bar{x}_{22} & x_{223}^{(2)}-\bar{x}_{23} \\ x_{111}^{(3)}-\bar{x}_{11} & x_{112}^{(3)}-\bar{x}_{12} & x_{113}^{(3)}-\bar{x}_{13} & x_{121}^{(3)}-\bar{x}_{21} & x_{122}^{(3)}-\bar{x}_{22} & x_{123}^{(3)}-\bar{x}_{23} \\ x_{211}^{(3)}-\bar{x}_{11} & x_{212}^{(3)}-\bar{x}_{12} & x_{213}^{(3)}-\bar{x}_{13} & x_{221}^{(3)}-\bar{x}_{21} & x_{222}^{(3)}-\bar{x}_{22} & x_{223}^{(3)}-\bar{x}_{23} \\ x_{311}^{(3)}-\bar{x}_{11} & x_{312}^{(3)}-\bar{x}_{12} & x_{313}^{(3)}-\bar{x}_{13} & x_{321}^{(3)}-\bar{x}_{21} & x_{322}^{(3)}-\bar{x}_{22} & x_{323}^{(3)}-\bar{x}_{23} \\ x_{411}^{(3)}-\bar{x}_{11} & x_{412}^{(3)}-\bar{x}_{12} & x_{413}^{(3)}-\bar{x}_{13} & x_{421}^{(3)}-\bar{x}_{21} & x_{422}^{(3)}-\bar{x}_{22} & x_{423}^{(3)}-\bar{x}_{23} \end{pmatrix} \tag{7}$$

$$\tilde{X}'=\begin{pmatrix} x_{111}^{(1)}-\bar{x}_{11} & x_{211}^{(1)}-\bar{x}_{11} & x_{311}^{(1)}-\bar{x}_{11} & x_{111}^{(2)}-\bar{x}_{11} & x_{211}^{(2)}-\bar{x}_{11} & x_{111}^{(3)}-\bar{x}_{11} & x_{211}^{(3)}-\bar{x}_{11} & x_{311}^{(3)}-\bar{x}_{11} & x_{411}^{(3)}-\bar{x}_{11} \\ x_{112}^{(1)}-\bar{x}_{12} & x_{212}^{(1)}-\bar{x}_{12} & x_{312}^{(1)}-\bar{x}_{12} & x_{112}^{(2)}-\bar{x}_{12} & x_{212}^{(2)}-\bar{x}_{12} & x_{112}^{(3)}-\bar{x}_{12} & x_{212}^{(3)}-\bar{x}_{12} & x_{312}^{(3)}-\bar{x}_{12} & x_{412}^{(3)}-\bar{x}_{12} \\ x_{113}^{(1)}-\bar{x}_{13} & x_{213}^{(1)}-\bar{x}_{13} & x_{313}^{(1)}-\bar{x}_{13} & x_{113}^{(2)}-\bar{x}_{13} & x_{213}^{(2)}-\bar{x}_{13} & x_{113}^{(3)}-\bar{x}_{13} & x_{213}^{(3)}-\bar{x}_{13} & x_{313}^{(3)}-\bar{x}_{13} & x_{413}^{(3)}-\bar{x}_{13} \\ x_{121}^{(1)}-\bar{x}_{21} & x_{221}^{(2)}-\bar{x}_{21} & x_{321}^{(1)}-\bar{x}_{21} & x_{121}^{(2)}-\bar{x}_{21} & x_{221}^{(2)}-\bar{x}_{21} & x_{121}^{(3)}-\bar{x}_{21} & x_{221}^{(3)}-\bar{x}_{21} & x_{321}^{(3)}-\bar{x}_{21} & x_{421}^{(3)}-\bar{x}_{21} \\ x_{122}^{(1)}-\bar{x}_{22} & x_{222}^{(1)}-\bar{x}_{22} & x_{322}^{(1)}-\bar{x}_{22} & x_{122}^{(2)}-\bar{x}_{22} & x_{222}^{(2)}-\bar{x}_{22} & x_{122}^{(3)}-\bar{x}_{22} & x_{222}^{(3)}-\bar{x}_{22} & x_{322}^{(3)}-\bar{x}_{22} & x_{422}^{(3)}-\bar{x}_{22} \\ x_{123}^{(1)}-\bar{x}_{23} & x_{223}^{(1)}-\bar{x}_{23} & x_{323}^{(1)}-\bar{x}_{23} & x_{123}^{(3)}-\bar{x}_{23} & x_{223}^{(3)}-\bar{x}_{23} & x_{123}^{(3)}-\bar{x}_{23} & x_{223}^{(3)}-\bar{x}_{23} & x_{323}^{(3)}-\bar{x}_{23} & x_{423}^{(3)}-\bar{x}_{23} \end{pmatrix} \tag{8}$$

1.5　数量化2類のモデル式

群数を G，説明変数の個数を Q，j 番目説明変数のカテゴリー数を c_j，目的変数を y，j 番目説明変数 k 番目カテゴリーのダミー変数を x_{jk} とする．各個体が各々の説明変数のどのカテゴリーに反応したかを知ったとき，その情報にもとづいて目的変数を予測したい．そのため，数量化 2 類におけるダミー変数のモデル式

$$y=\sum_{j=1}^{Q}\sum_{k=1}^{c_j}a_{jk}x_{jk}+\varepsilon \tag{9}$$

を考える．ここに a_{jk} は，説明変数 j の k 番目カテゴリーにおけるモデル式の係数，ε は誤差（残差ともいう）である．式(9)のモデルの個数は (G – 1) 個与えられる．

※注．正しくは，モデルの個数は min (G – 1，p) である．式(71)，式(72)を参照されたい．

具体例におけるモデル式は下記式で示せ，2(G – 1 = 3 – 1) つ与えられる．

$$y = a_{11}x_{11} + a_{12}x_{12} + \mathrm{a}_{13}x_{13} + a_{21}x_{21} + a_{22}x_{22} + a_{23}x_{23} + \varepsilon \tag{10}$$

モデル式（10）が二つ与えられるが，これは係数（$a_{11}, a_{12}, a_{13}, a_{21}, a_{22}, a_{23}$）が2組与えられることを意味している。

1.6　サンプルスコア

数量化2類において求められる，g 群の i 番目個体の合成変量 $\hat{y}_i^{(g)}$ を

$$\hat{y}_i^{(g)} = \sum_{j=1}^{Q}\sum_{k=1}^{c_j} a_{jk}x_{ijk}^{(g)} \tag{11}$$

と表し，サンプルスコアと呼ぶことにする．サンプルスコアは各個体について（G－1）個与えられる．

具体例におけるサンプルスコアは次で示せ，各個体について2（G－1=3－1）つ与えられる．

$$\begin{aligned}
\hat{y}_1^{(1)} &= a_{11}x_{111}^{(1)} + a_{12}x_{112}^{(1)} + a_{13}x_{113}^{(1)} + a_{21}x_{121}^{(1)} + a_{22}x_{122}^{(1)} + a_{23}x_{123}^{(1)} \\
\hat{y}_2^{(1)} &= a_{11}x_{211}^{(1)} + a_{12}x_{212}^{(1)} + a_{13}x_{213}^{(1)} + a_{21}x_{221}^{(1)} + a_{22}x_{222}^{(1)} + a_{23}x_{223}^{(1)} \\
\hat{y}_3^{(1)} &= a_{11}x_{311}^{(1)} + a_{12}x_{312}^{(1)} + a_{13}x_{313}^{(1)} + a_{21}x_{321}^{(1)} + a_{22}x_{322}^{(1)} + a_{23}x_{323}^{(1)} \\
\hat{y}_1^{(2)} &= a_{11}x_{111}^{(2)} + a_{12}x_{112}^{(2)} + a_{13}x_{113}^{(2)} + a_{21}x_{121}^{(2)} + a_{22}x_{122}^{(2)} + a_{23}x_{123}^{(2)} \\
\hat{y}_2^{(2)} &= a_{11}x_{211}^{(2)} + a_{12}x_{212}^{(2)} + a_{13}x_{213}^{(2)} + a_{21}x_{221}^{(2)} + a_{22}x_{222}^{(2)} + a_{23}x_{223}^{(2)} \\
\hat{y}_1^{(3)} &= a_{11}x_{111}^{(3)} + a_{12}x_{112}^{(3)} + a_{13}x_{113}^{(3)} + a_{21}x_{121}^{(3)} + a_{22}x_{122}^{(3)} + a_{23}x_{123}^{(3)} \\
\hat{y}_2^{(3)} &= a_{11}x_{211}^{(3)} + a_{12}x_{212}^{(3)} + a_{13}x_{213}^{(3)} + a_{21}x_{221}^{(3)} + a_{22}x_{222}^{(3)} + a_{23}x_{223}^{(3)} \\
\hat{y}_3^{(3)} &= a_{11}x_{311}^{(3)} + a_{12}x_{312}^{(3)} + a_{13}x_{313}^{(3)} + a_{21}x_{321}^{(3)} + a_{22}x_{322}^{(3)} + a_{23}x_{323}^{(3)} \\
\hat{y}_4^{(3)} &= a_{11}x_{411}^{(3)} + a_{12}x_{412}^{(3)} + a_{13}x_{413}^{(3)} + a_{21}x_{421}^{(3)} + a_{22}x_{422}^{(3)} + a_{23}x_{423}^{(3)}
\end{aligned} \tag{12}$$

サンプルスコアの列ベクトルを$\hat{\boldsymbol{y}}$, 行ベクトルを$\hat{\boldsymbol{y}}'$で表す. 具体例は次で示せる.

$$\hat{\boldsymbol{y}} = \begin{pmatrix} \hat{y}_1^{(1)} \\ \hat{y}_2^{(1)} \\ \hat{y}_3^{(1)} \\ \hat{y}_1^{(2)} \\ \hat{y}_2^{(2)} \\ \hat{y}_1^{(3)} \\ \hat{y}_2^{(3)} \\ \hat{y}_3^{(3)} \\ \hat{y}_4^{(3)} \end{pmatrix} \tag{13}$$

$$\hat{\boldsymbol{y}}' = (\hat{y}_1^{(1)},\ \hat{y}_2^{(1)},\ \hat{y}_3^{(1)},\ \hat{y}_1^{(2)},\ \hat{y}_2^{(2)},\ \hat{y}_1^{(3)},\ \hat{y}_2^{(3)},\ \hat{y}_3^{(3)},\ \hat{y}_4^{(3)}) \tag{14}$$

モデル式の係数 a_{jk} の列ベクトルを$\boldsymbol{a}$, 行ベクトルを $\boldsymbol{a}'$ で表す. 具体例は次で示せる.

$$\boldsymbol{a} = \begin{pmatrix} a_{11} \\ a_{12} \\ a_{13} \\ a_{21} \\ a_{22} \\ a_{23} \end{pmatrix} \tag{15}$$

$$\boldsymbol{a}' = (a_{11},\ a_{12},\ a_{13},\ a_{21},\ a_{22},\ a_{23}) \tag{16}$$

式(12)は次で示せる.

$$\hat{\boldsymbol{y}} = \begin{pmatrix} \hat{y}_1^{(1)} \\ \hat{y}_2^{(1)} \\ \hat{y}_3^{(1)} \\ \hat{y}_1^{(2)} \\ \hat{y}_2^{(2)} \\ \hat{y}_1^{(3)} \\ \hat{y}_2^{(3)} \\ \hat{y}_3^{(3)} \\ \hat{y}_4^{(3)} \end{pmatrix} = \begin{pmatrix} a_{11}x_{111}^{(1)} + a_{12}x_{112}^{(1)} + a_{13}x_{113}^{(1)} + a_{21}x_{121}^{(1)} + a_{22}x_{122}^{(1)} + a_{23}x_{123}^{(1)} \\ a_{11}x_{211}^{(1)} + a_{12}x_{212}^{(1)} + a_{13}x_{213}^{(1)} + a_{21}x_{221}^{(1)} + a_{22}x_{222}^{(1)} + a_{23}x_{223}^{(1)} \\ a_{11}x_{311}^{(1)} + a_{12}x_{312}^{(1)} + a_{13}x_{313}^{(1)} + a_{21}x_{321}^{(1)} + a_{22}x_{322}^{(1)} + a_{23}x_{323}^{(1)} \\ a_{11}x_{111}^{(2)} + a_{12}x_{112}^{(2)} + a_{13}x_{113}^{(2)} + a_{21}x_{121}^{(2)} + a_{22}x_{122}^{(2)} + a_{23}x_{123}^{(2)} \\ a_{11}x_{211}^{(2)} + a_{12}x_{212}^{(2)} + a_{13}x_{213}^{(2)} + a_{21}x_{221}^{(2)} + a_{22}x_{222}^{(2)} + a_{23}x_{223}^{(2)} \\ a_{11}x_{111}^{(3)} + a_{12}x_{112}^{(3)} + a_{13}x_{113}^{(3)} + a_{21}x_{121}^{(3)} + a_{22}x_{122}^{(3)} + a_{23}x_{123}^{(3)} \\ a_{11}x_{211}^{(3)} + a_{12}x_{212}^{(3)} + a_{13}x_{213}^{(3)} + a_{21}x_{221}^{(3)} + a_{22}x_{222}^{(3)} + a_{23}x_{223}^{(3)} \\ a_{11}x_{311}^{(3)} + a_{12}x_{312}^{(3)} + a_{13}x_{313}^{(3)} + a_{21}x_{321}^{(3)} + a_{22}x_{322}^{(3)} + a_{23}x_{323}^{(3)} \\ a_{11}x_{411}^{(3)} + a_{12}x_{412}^{(3)} + a_{13}x_{413}^{(3)} + a_{21}x_{421}^{(3)} + a_{22}x_{422}^{(3)} + a_{23}x_{423}^{(3)} \end{pmatrix} \tag{17}$$

この式の右辺は行列の掛け算で示せる.

$$
\begin{pmatrix}
x^{(1)}_{111} & x^{(1)}_{112} & x^{(1)}_{113} & x^{(1)}_{121} & x^{(1)}_{122} & x^{(1)}_{123} \\
x^{(1)}_{211} & x^{(1)}_{212} & x^{(1)}_{213} & x^{(1)}_{221} & x^{(1)}_{222} & x^{(1)}_{223} \\
x^{(1)}_{311} & x^{(1)}_{312} & x^{(1)}_{313} & x^{(1)}_{321} & x^{(1)}_{322} & x^{(1)}_{323} \\
x^{(2)}_{111} & x^{(2)}_{112} & x^{(2)}_{113} & x^{(2)}_{121} & x^{(2)}_{122} & x^{(2)}_{123} \\
x^{(2)}_{211} & x^{(2)}_{212} & x^{(2)}_{213} & x^{(2)}_{221} & x^{(2)}_{222} & x^{(2)}_{223} \\
x^{(3)}_{111} & x^{(3)}_{112} & x^{(3)}_{113} & x^{(3)}_{121} & x^{(3)}_{122} & x^{(3)}_{123} \\
x^{(3)}_{211} & x^{(3)}_{212} & x^{(3)}_{213} & x^{(3)}_{221} & x^{(3)}_{222} & x^{(3)}_{223} \\
x^{(3)}_{311} & x^{(3)}_{312} & x^{(3)}_{313} & x^{(3)}_{321} & x^{(3)}_{322} & x^{(3)}_{323} \\
x^{(3)}_{411} & x^{(3)}_{412} & x^{(3)}_{413} & x^{(3)}_{421} & x^{(3)}_{422} & x^{(3)}_{423}
\end{pmatrix}
\begin{pmatrix}
a_{11} \\ a_{12} \\ a_{13} \\ a_{21} \\ a_{22} \\ a_{23}
\end{pmatrix}
\tag{18}
$$

したがって, 数量化 2 類のモデル式は式(19)は次で示せる.

$$
\hat{\boldsymbol{y}} = X\boldsymbol{a}
\tag{19}
$$

式(12)は, 次でも示せる.

$$
\begin{aligned}
\hat{\boldsymbol{y}}' = (\, & \hat{y}^{(1)}_1, \hat{y}^{(1)}_2, \hat{y}^{(1)}_3, \hat{y}^{(2)}_1, \hat{y}^{(2)}_2, \hat{y}^{(3)}_1, \hat{y}^{(3)}_2, \hat{y}^{(3)}_3, \hat{y}^{(3)}_4) \\
= (& a_{11}x^{(1)}_{111} + a_{12}x^{(1)}_{112} + a_{13}x^{(1)}_{113} + a_{21}x^{1)}_{121} + a_{22}x^{(1)}_{122} + a_{23}x^{(1)}_{123}, \\
& a_{21}x^{(1)}_{211} + a_{12}x^{(1)}_{212} + a_{13}x^{(1)}_{213} + a_{21}x^{(1)}_{221} + a_{22}x^{(1)}_{222} + a_{23}x^{(1)}_{223}, \\
& a_{31}x^{(1)}_{311} + a_{12}x^{(1)}_{312} + a_{13}x^{(1)}_{313} + a_{21}x^{(1)}_{321} + a_{22}x^{(1)}_{322} + a_{23}x^{(1)}_{323}, \\
& a_{11}x^{(2)}_{111} + a_{12}x^{(2)}_{112} + a_{13}x^{(2)}_{113} + a_{21}x^{(2)}_{121} + a_{22}x^{(2)}_{122} + a_{23}x^{(2)}_{123}, \\
& a_{21}x^{(2)}_{211} + a_{12}x^{(2)}_{212} + a_{13}x^{(2)}_{213} + a_{21}x^{(2)}_{221} + a_{22}x^{(2)}_{222} + a_{23}x^{(2)}_{223}, \\
& a_{11}x^{(3)}_{111} + a_{12}x^{(3)}_{112} + a_{13}x^{(3)}_{113} + a_{21}x^{(3)}_{121} + a_{22}x^{(3)}_{122} + a_{23}x^{(3)}_{123}, \\
& a_{21}x^{(3)}_{211} + a_{12}x^{(3)}_{212} + a_{13}x^{(3)}_{213} + a_{21}x^{(3)}_{221} + a_{22}x^{(3)}_{222} + a_{23}x^{(3)}_{223}, \\
& a_{31}x^{(3)}_{311} + a_{12}x^{(3)}_{312} + a_{13}x^{(3)}_{313} + a_{21}x^{(3)}_{321} + a_{22}x^{(3)}_{322} + a_{23}x^{(3)}_{323}, \\
& a_{41}x^{(3)}_{411} + a_{12}x^{(3)}_{412} + a_{13}x^{(3)}_{413} + a_{21}x^{(3)}_{421} + a_{22}x^{(3)}_{422} + a_{23}x^{(3)}_{423})
\end{aligned}
\tag{20}
$$

この式の右辺は行列の掛け算で与えられる.

$$
(a_{11}, a_{12}, a_{13}, a_{21}, a_{22}, a_{23})
\begin{pmatrix}
x^{(1)}_{111} & x^{(1)}_{211} & x^{(1)}_{311} & x^{(2)}_{111} & x^{(2)}_{211} & x^{(3)}_{111} & x^{(3)}_{211} & x^{(3)}_{311} & x^{(3)}_{411} \\
x^{(1)}_{112} & x^{(1)}_{212} & x^{(1)}_{312} & x^{(2)}_{112} & x^{(2)}_{212} & x^{(3)}_{112} & x^{(3)}_{212} & x^{(3)}_{312} & x^{(3)}_{412} \\
x^{(1)}_{113} & x^{(1)}_{213} & x^{(1)}_{313} & x^{(2)}_{113} & x^{(2)}_{213} & x^{(3)}_{113} & x^{(3)}_{213} & x^{(3)}_{313} & x^{(3)}_{413} \\
x^{(1)}_{121} & x^{(1)}_{221} & x^{(1)}_{321} & x^{(2)}_{121} & x^{(2)}_{221} & x^{(3)}_{121} & x^{(3)}_{221} & x^{(3)}_{321} & x^{(3)}_{421} \\
x^{(1)}_{122} & x^{(1)}_{222} & x^{(1)}_{322} & x^{(2)}_{122} & x^{(2)}_{222} & x^{(3)}_{122} & x^{(3)}_{222} & x^{(3)}_{322} & x^{(3)}_{422} \\
x^{(1)}_{123} & x^{(1)}_{223} & x^{(1)}_{323} & x^{(2)}_{123} & x^{(2)}_{223} & x^{(3)}_{123} & x^{(3)}_{223} & x^{(3)}_{323} & x^{(3)}_{423}
\end{pmatrix}
\tag{21}
$$

したがって数量化2類のモデル式は式(22)でも示せる.

$$\hat{\boldsymbol{y}}' = \boldsymbol{a}'X' \tag{22}$$

1.7 サンプルスコアの全体平均

サンプルスコアの全体平均を $\bar{\hat{y}}$ で表す. 全体平均は次式で示せ, 各々について (G－1) 個与えられる.

$$\bar{\hat{y}} = \sum_{j=1}^{Q} \sum_{k=1}^{c_j} a_{jk} \bar{x}_{jk} \tag{23}$$

具体例は次で示せ, 各々について2つ(G－1＝3－1)与えられる.

$$\bar{\hat{y}} = a_{11}\bar{x}_{11} + a_{12}\bar{x}_{12} + a_{13}\bar{x}_{13} + a_{21}\bar{x}_{21} + a_{22}\bar{x}_{22} + a_{23}\bar{x}_{23} \tag{24}$$

サンプルスコアの全体平均の列ベクトルを $\bar{\hat{\boldsymbol{y}}}$, 行ベクトルを $\bar{\hat{\boldsymbol{y}}}'$ で表す.
具体例は次で示せる.

$$\bar{\hat{\boldsymbol{y}}} = \begin{pmatrix} \bar{\hat{y}} \\ \bar{\hat{y}} \\ \bar{\hat{y}} \\ \bar{\hat{y}} \\ \bar{\hat{y}} \\ \bar{\hat{y}} \\ \bar{\hat{y}} \\ \bar{\hat{y}} \\ \bar{\hat{y}} \end{pmatrix} \tag{25}$$

$$\bar{\hat{\boldsymbol{y}}}' = (\bar{\hat{y}},\ \bar{\hat{y}},\ \bar{\hat{y}},\ \bar{\hat{y}},\ \bar{\hat{y}},\ \bar{\hat{y}},\ \bar{\hat{y}},\ \bar{\hat{y}},\ \bar{\hat{y}}) \tag{26}$$

式(24)のサンプルスコアの全体平均 $\bar{\hat{y}}$ は

$$\begin{aligned} \bar{\hat{y}} &= a_{11}\bar{x}_{11} + a_{12}\bar{x}_{12} + a_{13}\bar{x}_{13} + a_{21}\bar{x}_{21} + a_{22}\bar{x}_{22} + a_{23}\bar{x}_{23} \\ &= (\bar{x}_{11},\ \bar{x}_{12},\ \bar{x}_{13},\ \bar{x}_{21},\ \bar{x}_{22},\ \bar{x}_{23}) \begin{pmatrix} a_{11} \\ a_{12} \\ a_{13} \\ a_{21} \\ a_{22} \\ a_{23} \end{pmatrix} \end{aligned}$$

で表せるので

$$\bar{\hat{y}} = \bar{\boldsymbol{x}}'\boldsymbol{a} \tag{27}$$

で示せる.

式(24)のサンプルスコアの全体平均 $\bar{\hat{y}}$ は

$$\begin{aligned}\bar{\hat{y}} &= a_{11}\bar{x}_{11} + a_{12}\bar{x}_{12} + a_{13}\bar{x}_{13} + a_{21}\bar{x}_{21} + a_{22}\bar{x}_{22} + a_{23}\bar{x}_{23} \\ &= (a_{11},\ a_{12},\ a_{13},\ a_{21},\ a_{22},\ a_{23})\begin{pmatrix}\bar{x}_{11}\\ \bar{x}_{12}\\ \bar{x}_{13}\\ \bar{x}_{21}\\ \bar{x}_{22}\\ \bar{x}_{23}\end{pmatrix}\end{aligned}$$

でも表せるので

$$\bar{\hat{y}} = \boldsymbol{a}'\,\bar{\boldsymbol{x}} \tag{28}$$

で示せる.

式(25)の $\bar{\hat{y}}$ は式(27)より，次式で示せる.

$$\bar{\hat{\boldsymbol{y}}} = \begin{pmatrix}\bar{\hat{y}}\\ \bar{\hat{y}}\\ \bar{\hat{y}}\\ \bar{\hat{y}}\\ \bar{\hat{y}}\\ \bar{\hat{y}}\\ \bar{\hat{y}}\\ \bar{\hat{y}}\\ \bar{\hat{y}}\end{pmatrix} = \begin{pmatrix}\bar{\boldsymbol{x}}'\boldsymbol{a}\\ \bar{\boldsymbol{x}}'\boldsymbol{a}\\ \bar{\boldsymbol{x}}'\boldsymbol{a}\\ \bar{\boldsymbol{x}}'\boldsymbol{a}\\ \bar{\boldsymbol{x}}'\boldsymbol{a}\\ \bar{\boldsymbol{x}}'\boldsymbol{a}\\ \bar{\boldsymbol{x}}'\boldsymbol{a}\\ \bar{\boldsymbol{x}}'\boldsymbol{a}\\ \bar{\boldsymbol{x}}'\boldsymbol{a}\end{pmatrix} \tag{29}$$

式(26)の $\bar{\hat{\boldsymbol{y}}}'$ は式(28)より，次式で示せる.

$$\bar{\hat{\boldsymbol{y}}}' = (\bar{\hat{y}},\ \bar{\hat{y}},\ \bar{\hat{y}},\ \bar{\hat{y}},\ \bar{\hat{y}},\ \bar{\hat{y}},\ \bar{\hat{y}},\ \bar{\hat{y}},\ \bar{\hat{y}}) = (\boldsymbol{a}'\bar{\boldsymbol{x}}, \boldsymbol{a}'\bar{\boldsymbol{x}}, \boldsymbol{a}'\bar{\boldsymbol{x}}, \boldsymbol{a}'\bar{\boldsymbol{x}}, \boldsymbol{a}'\bar{\boldsymbol{x}}, \boldsymbol{a}'\bar{\boldsymbol{x}}, \boldsymbol{a}'\bar{\boldsymbol{x}}, \boldsymbol{a}'\bar{\boldsymbol{x}}, \boldsymbol{a}'\bar{\boldsymbol{x}})$$

で示せる. (30)

1.8 サンプルスコアの群別平均

サンプルスコアの群別平均を$\bar{\hat{y}}^{(g)}$で表す．群別平均は次式で示せ，各々について（G−1）個与えられる．

$$\bar{\hat{y}}^{(g)}=\sum_{j=1}^{Q}\sum_{k=1}^{c_j}a_{jk}\bar{x}_{jk}^{(g)} \tag{31}$$

具体例は次で示せ，各々について2（G−1＝3−1）つ与えられる．

$$\begin{aligned}\bar{\hat{y}}^{(1)}&=a_{11}\bar{x}_{11}^{(1)}+a_{12}\bar{x}_{12}^{(1)}+a_{13}\bar{x}_{13}^{(1)}+a_{21}\bar{x}_{21}^{(1)}+a_{22}\bar{x}_{22}^{(1)}+a_{23}\bar{x}_{23}^{(1)}\\ \bar{\hat{y}}^{(2)}&=a_{11}\bar{x}_{11}^{(2)}+a_{12}\bar{x}_{12}^{(2)}+a_{13}\bar{x}_{13}^{(2)}+a_{21}\bar{x}_{21}^{(2)}+a_{22}\bar{x}_{22}^{(2)}+a_{23}\bar{x}_{23}^{(2)}\\ \bar{\hat{y}}^{(3)}&=a_{11}\bar{x}_{11}^{(3)}+a_{12}\bar{x}_{12}^{(3)}+a_{13}\bar{x}_{13}^{(3)}+a_{21}\bar{x}_{21}^{(3)}+a_{22}\bar{x}_{22}^{(3)}+a_{23}\bar{x}_{23}^{(3)}\end{aligned} \tag{32}$$

サンプルスコアの群別平均の列ベクトルを$\bar{\hat{\boldsymbol{y}}}^{(\bullet)}$，行ベクトルを$(\bar{\hat{\boldsymbol{y}}}^{(\bullet)})'$で表す．具体例は次で示せる．

$$\bar{\hat{\boldsymbol{y}}}^{(\bullet)}=\begin{pmatrix}\bar{\hat{y}}^{(1)}\\ \bar{\hat{y}}^{(1)}\\ \bar{\hat{y}}^{(1)}\\ \bar{\hat{y}}^{(2)}\\ \bar{\hat{y}}^{(2)}\\ \bar{\hat{y}}^{(3)}\\ \bar{\hat{y}}^{(3)}\\ \bar{\hat{y}}^{(3)}\\ \bar{\hat{y}}^{(3)}\end{pmatrix} \tag{33}$$

$$(\bar{\hat{\boldsymbol{y}}}^{(g)})'=(\bar{\hat{y}}^{(1)},\ \bar{\hat{y}}^{(1)},\ \bar{\hat{y}}^{(1)},\ \bar{\hat{y}}^{(2)},\ \bar{\hat{y}}^{(2)},\ \bar{\hat{y}}^{(3)},\ \bar{\hat{y}}^{(3)},\ \bar{\hat{y}}^{(3)},\ \bar{\hat{y}}^{(3)}) \tag{34}$$

式(32)の群1のサンプルスコアの平均$\bar{\hat{y}}^{(1)}$は

$$\begin{aligned}\bar{\hat{y}}^{(1)}&=a_{11}\bar{x}_{11}^{(1)}+a_{12}\bar{x}_{12}^{(1)}+a_{13}\bar{x}_{13}^{(1)}+a_{21}\bar{x}_{21}^{(1)}+a_{22}\bar{x}_{22}^{(1)}+a_{23}\bar{x}_{23}^{(1)}\\ &=(\bar{x}_{11}^{(1)},\ \bar{x}_{12}^{(1)},\ \bar{x}_{13}^{(1)},\ \bar{x}_{21}^{(1)},\ \bar{x}_{22}^{(1)},\ \bar{x}_{23}^{(1)})\begin{pmatrix}a_{11}\\ a_{12}\\ a_{13}\\ a_{21}\\ a_{22}\\ a_{23}\end{pmatrix}\end{aligned}$$

で表せるので

$$\bar{\hat{y}}^{(1)} = (\bar{\boldsymbol{x}}^{(1)})'\boldsymbol{a} \tag{35}$$

で示せる．

同様に，式(32)における群２，３のサンプルスコアの平均$\bar{\hat{y}}^{(2)}$，$\bar{\hat{y}}^{(3)}$は

$$\bar{\hat{y}}^{(2)} = (\bar{\boldsymbol{x}}^{(2)})'\boldsymbol{a} \tag{36}$$

$$\bar{\hat{y}}^{(3)} = (\bar{\boldsymbol{x}}^{(3)})'\boldsymbol{a} \tag{37}$$

で示せる．

(32)式における群１のサンプルスコアの平均$\bar{\hat{y}}^{(1)}$は

$$\begin{aligned}\bar{\hat{y}}^{(1)} &= a_{11}\bar{x}_{11}^{(1)} + a_{12}\bar{x}_{12}^{(1)} + a_{13}\bar{x}_{13}^{(1)} + a_{21}\bar{x}_{21}^{(1)} + a_{22}\bar{x}_{22}^{(1)} + a_{23}\bar{x}_{23}^{(1)} \\ &= (a_{11}, a_{12}, a_{13}, a_{21}, a_{22}, a_{23})\begin{pmatrix} \bar{x}_{11}^{(1)} \\ \bar{x}_{12}^{(1)} \\ \bar{x}_{13}^{(1)} \\ \bar{x}_{21}^{(1)} \\ \bar{x}_{22}^{(1)} \\ \bar{x}_{23}^{(1)} \end{pmatrix}\end{aligned}$$

で表せるので

$$\bar{\hat{y}}^{(1)} = \boldsymbol{a}'\bar{\boldsymbol{x}}^{(1)} \tag{38}$$

で示せる．

同様に，式(32)における群２，３のサンプルスコアの平均$\bar{\hat{y}}^{(2)}$，$\bar{\hat{y}}^{(3)}$は

$$\bar{\hat{y}}^{(2)} = \boldsymbol{a}'\bar{\boldsymbol{x}}^{(2)} \tag{39}$$

$$\bar{\hat{y}}^{(3)} = \boldsymbol{a}'\bar{\boldsymbol{x}}^{(3)} \tag{40}$$

で示せる．

式(33)の$\bar{\hat{y}}^{(\bullet)}$は式(35)，式(36)，式(37)より，次式で示せる．

$$\bar{\hat{\boldsymbol{y}}}^{(\bullet)} = \begin{pmatrix} \bar{\hat{y}}^{(1)} \\ \bar{\hat{y}}^{(1)} \\ \bar{\hat{y}}^{(1)} \\ \bar{\hat{y}}^{(2)} \\ \bar{\hat{y}}^{(2)} \\ \bar{\hat{y}}^{(3)} \\ \bar{\hat{y}}^{(3)} \\ \bar{\hat{y}}^{(3)} \\ \bar{\hat{y}}^{(3)} \end{pmatrix} = \begin{pmatrix} (\bar{\boldsymbol{x}}^{(1)})'\boldsymbol{a} \\ (\bar{\boldsymbol{x}}^{(1)})'\boldsymbol{a} \\ (\bar{\boldsymbol{x}}^{(1)})'\boldsymbol{a} \\ (\bar{\boldsymbol{x}}^{(2)})'\boldsymbol{a} \\ (\bar{\boldsymbol{x}}^{(2)})'\boldsymbol{a} \\ (\bar{\boldsymbol{x}}^{(3)})'\boldsymbol{a} \\ (\bar{\boldsymbol{x}}^{(3)})'\boldsymbol{a} \\ (\bar{\boldsymbol{x}}^{(3)})'\boldsymbol{a} \\ (\bar{\boldsymbol{x}}^{(3)})'\boldsymbol{a} \end{pmatrix} \tag{41}$$

式(33)の $\bar{\boldsymbol{y}}^{(\bullet)}$ は式(38)，式(39)，式(40)よりで次式で示せる．

$$(\bar{\boldsymbol{y}}^{(\bullet)})' = (\bar{y}^{(1)},\ \bar{y}^{(1)},\ \bar{y}^{(1)},\ \bar{y}^{(2)},\ \bar{y}^{(2)},\ \bar{y}^{(3)},\ \bar{y}^{(3)},\ \bar{y}^{(3)},\ \bar{y}^{(3)}) \tag{42}$$
$$= (\boldsymbol{a}'\bar{\boldsymbol{x}}^{(1)},\ \boldsymbol{a}'\bar{\boldsymbol{x}}^{(1)},\ \boldsymbol{a}'\bar{\boldsymbol{x}}^{(1)},\ \boldsymbol{a}'\bar{\boldsymbol{x}}^{(1)},\ \boldsymbol{a}'\bar{\boldsymbol{x}}^{(1)},\ \boldsymbol{a}'\bar{\boldsymbol{x}}^{(1)},\ \boldsymbol{a}'\bar{\boldsymbol{x}}^{(1)},\ \boldsymbol{a}'\bar{\boldsymbol{x}}^{(1)},\ \boldsymbol{a}'\bar{\boldsymbol{x}}^{(1)})$$

1.9 サンプルスコアの偏差

サンプルスコア $\hat{y}_i^{(g)}$ からサンプルスコアの全体平均 $\bar{\bar{y}}$ を引いた偏差は

$$\hat{y}_i^{(g)} - \bar{\bar{y}} = \sum_{j=1}^{Q}\sum_{k=1}^{c_j} a_{jk}\, x_{ijk}^{(g)} - \sum_{j=1}^{Q}\sum_{k=1}^{c_j} a_{jk}\, \bar{x}_{jk} = \sum_{j=1}^{Q}\sum_{k=1}^{c_j} a_{jk}\left(x_{ijk}^{(g)} - \bar{x}_{jk}\right) \tag{43}$$

で示せる．

式(43)は式(13)と式(25)，式(19)と式(29)より

$$\hat{\boldsymbol{y}} - \bar{\bar{\boldsymbol{y}}} = \begin{pmatrix} \hat{y}_1^{(1)} \\ \hat{y}_2^{(1)} \\ \hat{y}_3^{(1)} \\ \hat{y}_1^{(2)} \\ \hat{y}_2^{(2)} \\ \hat{y}_1^{(3)} \\ \hat{y}_2^{(3)} \\ \hat{y}_3^{(3)} \\ \hat{y}_4^{(3)} \end{pmatrix} - \begin{pmatrix} \bar{\bar{y}} \\ \bar{\bar{y}} \\ \bar{\bar{y}} \\ \bar{\bar{y}} \\ \bar{\bar{y}} \\ \bar{\bar{y}} \\ \bar{\bar{y}} \\ \bar{\bar{y}} \\ \bar{\bar{y}} \end{pmatrix} = X\boldsymbol{a} - \begin{pmatrix} \bar{\boldsymbol{x}}'\boldsymbol{a} \\ \bar{\boldsymbol{x}}'\boldsymbol{a} \\ \bar{\boldsymbol{x}}'\boldsymbol{a} \\ \bar{\boldsymbol{x}}'\boldsymbol{a} \\ \bar{\boldsymbol{x}}'\boldsymbol{a} \\ \bar{\boldsymbol{x}}'\boldsymbol{a} \\ \bar{\boldsymbol{x}}'\boldsymbol{a} \\ \bar{\boldsymbol{x}}'\boldsymbol{a} \\ \bar{\boldsymbol{x}}'\boldsymbol{a} \end{pmatrix} = (X - \boldsymbol{1}_n\bar{\boldsymbol{x}}')\boldsymbol{a} = \tilde{X}\boldsymbol{a} \tag{44}$$

で示せる．ここに，$\boldsymbol{1}_n$ は要素がすべて1である n 次元列ベクトルである．

この式 が成立することを，例題で確認してみる．式(12)，式(24)より

$$\hat{\boldsymbol{y}} - \bar{\bar{\boldsymbol{y}}} = \begin{pmatrix} \hat{y}_1^{(1)} \\ \hat{y}_2^{(1)} \\ \hat{y}_3^{(1)} \\ \hat{y}_1^{(2)} \\ \hat{y}_2^{(2)} \\ \hat{y}_1^{(3)} \\ \hat{y}_2^{(3)} \\ \hat{y}_3^{(3)} \\ \hat{y}_4^{(3)} \end{pmatrix} - \begin{pmatrix} \bar{\bar{y}} \\ \bar{\bar{y}} \\ \bar{\bar{y}} \\ \bar{\bar{y}} \\ \bar{\bar{y}} \\ \bar{\bar{y}} \\ \bar{\bar{y}} \\ \bar{\bar{y}} \\ \bar{\bar{y}} \end{pmatrix}$$

$$
=\begin{pmatrix}
a_{11}x_{111}^{(1)}+a_{12}x_{112}^{(1)}+a_{13}x_{113}^{(1)}+a_{21}x_{121}^{(1)}+a_{22}x_{122}^{(1)}+a_{23}x_{123}^{(1)} \\
a_{11}x_{211}^{(1)}+a_{12}x_{212}^{(1)}+a_{13}x_{213}^{(1)}+a_{21}x_{221}^{(1)}+a_{22}x_{222}^{(1)}+a_{23}x_{223}^{(1)} \\
a_{11}x_{311}^{(1)}+a_{12}x_{312}^{(1)}+a_{13}x_{313}^{(1)}+a_{21}x_{321}^{(1)}+a_{22}x_{322}^{(1)}+a_{23}x_{323}^{(1)} \\
a_{11}x_{111}^{(2)}+a_{12}x_{112}^{(2)}+a_{13}x_{113}^{(2)}+a_{21}x_{121}^{(2)}+a_{22}x_{122}^{(2)}+a_{23}x_{123}^{(2)} \\
a_{11}x_{211}^{(2)}+a_{12}x_{212}^{(2)}+a_{13}x_{213}^{(2)}+a_{21}x_{221}^{(2)}+a_{22}x_{222}^{(2)}+a_{23}x_{223}^{(2)} \\
a_{11}x_{111}^{(3)}+a_{12}x_{112}^{(3)}+a_{13}x_{113}^{(3)}+a_{21}x_{121}^{(3)}+a_{22}x_{122}^{(3)}+a_{23}x_{123}^{(3)} \\
a_{11}x_{211}^{(3)}+a_{12}x_{212}^{(3)}+a_{13}x_{213}^{(3)}+a_{21}x_{221}^{(3)}+a_{22}x_{222}^{(3)}+a_{23}x_{223}^{(3)} \\
a_{11}x_{311}^{(3)}+a_{12}x_{312}^{(3)}+a_{13}x_{313}^{(3)}+a_{21}x_{321}^{(3)}+a_{22}x_{322}^{(3)}+a_{23}x_{323}^{(3)} \\
a_{11}x_{411}^{(3)}+a_{12}x_{412}^{(3)}+a_{13}x_{413}^{(3)}+a_{21}x_{421}^{(3)}+a_{22}x_{422}^{(3)}+a_{23}x_{423}^{(3)}
\end{pmatrix}
-\begin{pmatrix}
a_{11}\bar{x}_{11}+a_{12}\bar{x}_{12}+a_{13}\bar{x}_{13}+a_{21}\bar{x}_{21}+a_{22}\bar{x}_{22}+a_{23}\bar{x}_{23} \\
a_{11}\bar{x}_{11}+a_{12}\bar{x}_{12}+a_{13}\bar{x}_{13}+a_{21}\bar{x}_{21}+a_{22}\bar{x}_{22}+a_{23}\bar{x}_{23} \\
a_{11}\bar{x}_{11}+a_{12}\bar{x}_{12}+a_{13}\bar{x}_{13}+a_{21}\bar{x}_{21}+a_{22}\bar{x}_{22}+a_{23}\bar{x}_{23} \\
a_{11}\bar{x}_{11}+a_{12}\bar{x}_{12}+a_{13}\bar{x}_{13}+a_{21}\bar{x}_{21}+a_{22}\bar{x}_{22}+a_{23}\bar{x}_{23} \\
a_{11}\bar{x}_{11}+a_{12}\bar{x}_{12}+a_{13}\bar{x}_{13}+a_{21}\bar{x}_{21}+a_{22}\bar{x}_{22}+a_{23}\bar{x}_{23} \\
a_{11}\bar{x}_{11}+a_{12}\bar{x}_{12}+a_{13}\bar{x}_{13}+a_{21}\bar{x}_{21}+a_{22}\bar{x}_{22}+a_{23}\bar{x}_{23} \\
a_{11}\bar{x}_{11}+a_{12}\bar{x}_{12}+a_{13}\bar{x}_{13}+a_{21}\bar{x}_{21}+a_{22}\bar{x}_{22}+a_{23}\bar{x}_{23} \\
a_{11}\bar{x}_{11}+a_{12}\bar{x}_{12}+a_{13}\bar{x}_{13}+a_{21}\bar{x}_{21}+a_{22}\bar{x}_{22}+a_{23}\bar{x}_{23} \\
a_{11}\bar{x}_{11}+a_{12}\bar{x}_{12}+a_{13}\bar{x}_{13}+a_{21}\bar{x}_{21}+a_{22}\bar{x}_{22}+a_{23}\bar{x}_{23}
\end{pmatrix}
$$

$$
=\begin{pmatrix}
a_{11}(x_{111}^{(1)}-\bar{x}_{111})+a_{12}(x_{112}^{(1)}-\bar{x}_{12})+a_{13}(x_{113}^{(1)}-\bar{x}_{13})+a_{21}(x_{121}^{(1)}-\bar{x}_{21})+a_{22}(x_{122}^{(1)}-\bar{x}_{22})+a_{23}(x_{123}^{(1)}-\bar{x}_{23}) \\
a_{11}(x_{211}^{(1)}-\bar{x}_{211})+a_{12}(x_{212}^{(1)}-\bar{x}_{12})+a_{13}(x_{213}^{(1)}-\bar{x}_{13})+a_{21}(x_{221}^{(1)}-\bar{x}_{21})+a_{22}(x_{222}^{(1)}-\bar{x}_{22})+a_{23}(x_{223}^{(1)}-\bar{x}_{23}) \\
a_{11}(x_{311}^{(1)}-\bar{x}_{311})+a_{12}(x_{312}^{(1)}-\bar{x}_{12})+a_{13}(x_{313}^{(1)}-\bar{x}_{13})+a_{21}(x_{321}^{(1)}-\bar{x}_{21})+a_{22}(x_{322}^{(1)}-\bar{x}_{22})+a_{23}(x_{323}^{(1)}-\bar{x}_{23}) \\
a_{11}(x_{111}^{(2)}-\bar{x}_{111})+a_{12}(x_{112}^{(2)}-\bar{x}_{12})+a_{13}(x_{113}^{(2)}-\bar{x}_{13})+a_{21}(x_{121}^{(2)}-\bar{x}_{21})+a_{22}(x_{122}^{(2)}-\bar{x}_{22})+a_{23}(x_{123}^{(2)}-\bar{x}_{23}) \\
a_{11}(x_{211}^{(2)}-\bar{x}_{211})+a_{12}(x_{212}^{(2)}-\bar{x}_{12})+a_{13}(x_{213}^{(2)}-\bar{x}_{13})+a_{21}(x_{221}^{(2)}-\bar{x}_{21})+a_{22}(x_{222}^{(2)}-\bar{x}_{22})+a_{23}(x_{223}^{(2)}-\bar{x}_{23}) \\
a_{11}(x_{111}^{(3)}-\bar{x}_{111})+a_{12}(x_{112}^{(3)}-\bar{x}_{12})+a_{13}(x_{113}^{(3)}-\bar{x}_{13})+a_{21}(x_{121}^{(3)}-\bar{x}_{21})+a_{22}(x_{122}^{(3)}-\bar{x}_{22})+a_{23}(x_{123}^{(3)}-\bar{x}_{23}) \\
a_{11}(x_{211}^{(3)}-\bar{x}_{211})+a_{12}(x_{212}^{(3)}-\bar{x}_{12})+a_{13}(x_{213}^{(3)}-\bar{x}_{13})+a_{21}(x_{221}^{(3)}-\bar{x}_{21})+a_{22}(x_{222}^{(3)}-\bar{x}_{22})+a_{23}(x_{223}^{(3)}-\bar{x}_{23}) \\
a_{11}(x_{311}^{(3)}-\bar{x}_{311})+a_{12}(x_{312}^{(3)}-\bar{x}_{12})+a_{13}(x_{313}^{(3)}-\bar{x}_{13})+a_{21}(x_{321}^{(3)}-\bar{x}_{21})+a_{22}(x_{322}^{(3)}-\bar{x}_{22})+a_{23}(x_{323}^{(3)}-\bar{x}_{23}) \\
a_{11}(x_{411}^{(3)}-\bar{x}_{411})+a_{12}(x_{412}^{(3)}-\bar{x}_{12})+a_{13}(x_{413}^{(3)}-\bar{x}_{13})+a_{21}(x_{421}^{(3)}-\bar{x}_{21})+a_{22}(x_{422}^{(3)}-\bar{x}_{22})+a_{23}(x_{423}^{(3)}-\bar{x}_{23})
\end{pmatrix}
$$

$$
=\begin{pmatrix}
x_{111}^{(1)}-\bar{x}_{11} & x_{112}^{(1)}-\bar{x}_{12} & x_{113}^{(1)}-\bar{x}_{13} & x_{121}^{(1)}-\bar{x}_{21} & x_{122}^{(1)}-\bar{x}_{22} & x_{123}^{(1)}-\bar{x}_{23} \\
x_{211}^{(1)}-\bar{x}_{11} & x_{212}^{(1)}-\bar{x}_{12} & x_{213}^{(1)}-\bar{x}_{13} & x_{221}^{(1)}-\bar{x}_{21} & x_{222}^{(1)}-\bar{x}_{22} & x_{223}^{(1)}-\bar{x}_{23} \\
x_{311}^{(1)}-\bar{x}_{11} & x_{312}^{(1)}-\bar{x}_{12} & x_{313}^{(1)}-\bar{x}_{13} & x_{321}^{(1)}-\bar{x}_{21} & x_{322}^{(1)}-\bar{x}_{22} & x_{323}^{(1)}-\bar{x}_{23} \\
x_{111}^{(2)}-\bar{x}_{11} & x_{112}^{(2)}-\bar{x}_{12} & x_{113}^{(2)}-\bar{x}_{13} & x_{121}^{(2)}-\bar{x}_{21} & x_{122}^{(2)}-\bar{x}_{22} & x_{123}^{(2)}-\bar{x}_{23} \\
x_{211}^{(2)}-\bar{x}_{11} & x_{212}^{(2)}-\bar{x}_{12} & x_{213}^{(2)}-\bar{x}_{13} & x_{221}^{(2)}-\bar{x}_{21} & x_{222}^{(2)}-\bar{x}_{22} & x_{223}^{(2)}-\bar{x}_{23} \\
x_{111}^{(3)}-\bar{x}_{11} & x_{112}^{(3)}-\bar{x}_{12} & x_{113}^{(3)}-\bar{x}_{13} & x_{121}^{(3)}-\bar{x}_{21} & x_{122}^{(3)}-\bar{x}_{22} & x_{123}^{(3)}-\bar{x}_{23} \\
x_{211}^{(3)}-\bar{x}_{11} & x_{212}^{(3)}-\bar{x}_{12} & x_{213}^{(3)}-\bar{x}_{13} & x_{221}^{(3)}-\bar{x}_{21} & x_{222}^{(3)}-\bar{x}_{22} & x_{223}^{(3)}-\bar{x}_{23} \\
x_{311}^{(3)}-\bar{x}_{11} & x_{312}^{(3)}-\bar{x}_{12} & x_{313}^{(3)}-\bar{x}_{13} & x_{321}^{(3)}-\bar{x}_{21} & x_{322}^{(3)}-\bar{x}_{22} & x_{323}^{(3)}-\bar{x}_{23} \\
x_{411}^{(3)}-\bar{x}_{11} & x_{412}^{(3)}-\bar{x}_{12} & x_{413}^{(3)}-\bar{x}_{13} & x_{421}^{(3)}-\bar{x}_{21} & x_{422}^{(3)}-\bar{x}_{22} & x_{423}^{(3)}-\bar{x}_{23}
\end{pmatrix}
\begin{pmatrix} a_{11} \\ a_{12} \\ a_{13} \\ a_{21} \\ a_{22} \\ a_{23} \end{pmatrix}
$$

となり，式(7)から

$$\hat{\boldsymbol{y}}-\bar{\hat{\boldsymbol{y}}}=\tilde{\mathrm{X}}\boldsymbol{a} \tag{45}$$

が示せる．同様に

$$\hat{\boldsymbol{y}}'-\bar{\hat{\boldsymbol{y}}}'=(\hat{\boldsymbol{y}}-\bar{\hat{\boldsymbol{y}}})'=\boldsymbol{a}'\tilde{\mathrm{X}} \tag{46}$$

が示せる．

1.10 サンプルスコアの全体変動

サンプルスコアの全体変動を $s_{\hat{y}}^2$ とすると，$s_{\hat{y}}^2$ は

$$s_{\hat{y}}^2=\sum_{g=1}^{G}\sum_{i=1}^{n_g}(\hat{y}_i^{(g)}-\bar{\hat{y}})^2 \tag{47}$$

で示せ，ベクトルで表すと

$$s_{\hat{y}}^2=(\hat{\boldsymbol{y}}-\bar{\hat{\boldsymbol{y}}})'(\hat{\boldsymbol{y}}-\bar{\hat{\boldsymbol{y}}}) \tag{48}$$

となる．

式(47)が成り立つことを例題で確認してみる．

$$\begin{aligned}s_{\hat{y}}^2&=\sum_{g=1}^{G}\sum_{i=1}^{n_g}(\hat{y}_i^{(g)}-\bar{\hat{y}})^2\\&=(\hat{y}_1^{(1)}-\bar{\hat{y}})^2+(\hat{y}_2^{(1)}-\bar{\hat{y}})^2+(\hat{y}_3^{(1)}-\bar{\hat{y}})^2+(\hat{y}_1^{(2)}-\bar{\hat{y}})^2+(\hat{y}_2^{(2)}-\bar{\hat{y}})^2\\&\quad+(\hat{y}_1^{(3)}-\bar{\hat{y}})^2+(\hat{y}_2^{(3)}-\bar{\hat{y}})^2+(\hat{y}_3^{(3)}-\bar{\hat{y}})^2+(\hat{y}_4^{(3)}-\bar{\hat{y}})^2\\&=(\hat{y}_1^{(1)}-\bar{\hat{y}},\ \hat{y}_2^{(1)}-\bar{\hat{y}},\ \hat{y}_3^{(1)}-\bar{\hat{y}},\ \hat{y}_1^{(2)}-\bar{\hat{y}},\ \hat{y}_2^{(2)}-\bar{\hat{y}},\\&\qquad\hat{y}_1^{(3)}-\bar{\hat{y}},\ \hat{y}_2^{(3)}-\bar{\hat{y}},\ \hat{y}_3^{(3)}-\bar{\hat{y}},\ \hat{y}_4^{(3)}-\bar{\hat{y}})\begin{pmatrix}\bar{\hat{y}}_1^{(1)}-\bar{\hat{y}}\\\bar{\hat{y}}_2^{(1)}-\bar{\hat{y}}\\\bar{\hat{y}}_3^{(1)}-\bar{\hat{y}}\\\bar{\hat{y}}_1^{(2)}-\bar{\hat{y}}\\\bar{\hat{y}}_2^{(2)}-\bar{\hat{y}}\\\bar{\hat{y}}_1^{(3)}-\bar{\hat{y}}\\\bar{\hat{y}}_2^{(3)}-\bar{\hat{y}}\\\bar{\hat{y}}_3^{(3)}-\bar{\hat{y}}\\\bar{\hat{y}}_4^{(3)}-\bar{\hat{y}}\end{pmatrix}\end{aligned} \tag{49}$$

で示せ，式(14)と式(26)，式(13)と式(25)より

$$s_{\hat{y}}^2=(\hat{\boldsymbol{y}}'-\bar{\hat{\boldsymbol{y}}}')(\hat{\boldsymbol{y}}-\bar{\hat{\boldsymbol{y}}})=(\hat{\boldsymbol{y}}-\bar{\hat{\boldsymbol{y}}})'(\hat{\boldsymbol{y}}-\bar{\hat{\boldsymbol{y}}}) \tag{50}$$

となる．

サンプルスコアの全体変動 $s_{\hat{y}}^2$ を説明変数のダミー変数データで表すと

$$s_{\hat{y}}^2=\sum_{g=1}^{G}\sum_{i=1}^{n_{(g)}}(\hat{y}_i^{(g)}-\bar{\hat{y}})^2=\sum_{g=1}^{G}\sum_{i=1}^{n_{(g)}}\sum_{j=1}^{Q}\sum_{k=1}^{c_j}\left\{a_{jk}\,(x_{ijk}^{(g)}-\bar{x}_{jk})\right\}^2 \tag{51}$$

となる．式(45)，式(44)より，サンプルスコアの全体変動 $s_{\hat{y}}^2$ は

と表せ，

$$s_{\hat{y}}^2=\boldsymbol{a}'T\boldsymbol{a} \tag{52}$$

で示せる．ここに，T は表1.2(4)のダミー変数の全体変動行列であって

$$T=\tilde{\mathrm{X}}'\tilde{\mathrm{X}} \tag{53}$$

である．

1.11　サンプルスコアにおける群別平均と全体平均の差

サンプルスコアの群別平均 $\bar{\hat{y}}^{(g)}$ からサンプルスコアの全体平均 $\bar{\hat{y}}$ を引いた式は

$$\bar{\hat{y}}^{(g)}-\bar{\hat{y}}=\sum_{j=1}^{Q}\sum_{k=1}^{c_j}a_{jk}\bar{x}_{jk}^{(g)}-\sum_{j=1}^{Q}\sum_{k=1}^{c_j}a_{jk}\bar{x}_{jk}=\sum_{j=1}^{Q}\sum_{k=1}^{c_j}a_{jk}\left(\bar{x}_{jk}^{(g)}-\bar{x}_{jk}\right) \tag{54}$$

で示せる．

式(54)は式(41)，式(29)より

$$\bar{\hat{\boldsymbol{y}}}^{(\bullet)}-\bar{\hat{\boldsymbol{y}}}=\begin{pmatrix}\bar{\hat{y}}^{(1)}\\ \bar{\hat{y}}^{(1)}\\ \bar{\hat{y}}^{(1)}\\ \bar{\hat{y}}^{(2)}\\ \bar{\hat{y}}^{(2)}\\ \bar{\hat{y}}^{(3)}\\ \bar{\hat{y}}^{(3)}\\ \bar{\hat{y}}^{(3)}\\ \bar{\hat{y}}^{(3)}\end{pmatrix}-\begin{pmatrix}\bar{\hat{y}}\\ \bar{\hat{y}}\\ \bar{\hat{y}}\\ \bar{\hat{y}}\\ \bar{\hat{y}}\\ \bar{\hat{y}}\\ \bar{\hat{y}}\\ \bar{\hat{y}}\\ \bar{\hat{y}}\end{pmatrix}=\begin{pmatrix}(\bar{\boldsymbol{x}}^{(1)})'\boldsymbol{a}\\ (\bar{\boldsymbol{x}}^{(1)})'\boldsymbol{a}\\ (\bar{\boldsymbol{x}}^{(1)})'\boldsymbol{a}\\ (\bar{\boldsymbol{x}}^{(2)})'\boldsymbol{a}\\ (\bar{\boldsymbol{x}}^{(2)})'\boldsymbol{a}\\ (\bar{\boldsymbol{x}}^{(3)})'\boldsymbol{a}\\ (\bar{\boldsymbol{x}}^{(3)})'\boldsymbol{a}\\ (\bar{\boldsymbol{x}}^{(3)})'\boldsymbol{a}\\ (\bar{\boldsymbol{x}}^{(3)})'\boldsymbol{a}\end{pmatrix}-\begin{pmatrix}(\bar{\boldsymbol{x}})'\boldsymbol{a}\\ (\bar{\boldsymbol{x}})'\boldsymbol{a}\\ (\bar{\boldsymbol{x}})'\boldsymbol{a}\\ (\bar{\boldsymbol{x}})'\boldsymbol{a}\\ (\bar{\boldsymbol{x}})'\boldsymbol{a}\\ (\bar{\boldsymbol{x}})'\boldsymbol{a}\\ (\bar{\boldsymbol{x}})'\boldsymbol{a}\\ (\bar{\boldsymbol{x}})'\boldsymbol{a}\\ (\bar{\boldsymbol{x}})'\boldsymbol{a}\end{pmatrix}=\begin{pmatrix}(\bar{\boldsymbol{x}}^{(1)}-\bar{\boldsymbol{x}})'\\ (\bar{\boldsymbol{x}}^{(1)}-\bar{\boldsymbol{x}})'\\ (\bar{\boldsymbol{x}}^{(1)}-\bar{\boldsymbol{x}})'\\ (\bar{\boldsymbol{x}}^{(2)}-\bar{\boldsymbol{x}})'\\ (\bar{\boldsymbol{x}}^{(2)}-\bar{\boldsymbol{x}})'\\ (\bar{\boldsymbol{x}}^{(3)}-\bar{\boldsymbol{x}})'\\ (\bar{\boldsymbol{x}}^{(3)}-\bar{\boldsymbol{x}})'\\ (\bar{\boldsymbol{x}}^{(3)}-\bar{\boldsymbol{x}})'\\ (\bar{\boldsymbol{x}}^{(3)}-\bar{\boldsymbol{x}})'\end{pmatrix}\boldsymbol{a} \tag{55}$$

で示せる．この式が成立することを，例題で確認してみる，式(32)と式(24)より

$$\bar{\hat{\boldsymbol{y}}}^{(g)}-\bar{\hat{\boldsymbol{y}}}=\begin{pmatrix}\bar{\hat{y}}^{(1)}\\ \bar{\hat{y}}^{(1)}\\ \bar{\hat{y}}^{(1)}\\ \bar{\hat{y}}^{(2)}\\ \bar{\hat{y}}^{(2)}\\ \bar{\hat{y}}^{(3)}\\ \bar{\hat{y}}^{(3)}\\ \bar{\hat{y}}^{(3)}\\ \bar{\hat{y}}^{(3)}\end{pmatrix}-\begin{pmatrix}\bar{\hat{y}}\\ \bar{\hat{y}}\\ \bar{\hat{y}}\\ \bar{\hat{y}}\\ \bar{\hat{y}}\\ \bar{\hat{y}}\\ \bar{\hat{y}}\\ \bar{\hat{y}}\\ \bar{\hat{y}}\end{pmatrix}$$

$$
=\begin{pmatrix}
a_{11}\bar{x}_{11}^{(1)}+a_{12}\bar{x}_{12}^{(1)}+a_{13}\bar{x}_{13}^{(1)}+a_{21}\bar{x}_{21}^{(1)}+a_{22}\bar{x}_{22}^{(1)}+a_{23}\bar{x}_{23}^{(1)}\\
a_{11}\bar{x}_{11}^{(1)}+a_{12}\bar{x}_{12}^{(1)}+a_{13}\bar{x}_{13}^{(1)}+a_{21}\bar{x}_{21}^{(1)}+a_{22}\bar{x}_{22}^{(1)}+a_{23}\bar{x}_{23}^{(1)}\\
a_{11}\bar{x}_{11}^{(1)}+a_{12}\bar{x}_{12}^{(1)}+a_{13}\bar{x}_{13}^{(1)}+a_{21}\bar{x}_{21}^{(1)}+a_{22}\bar{x}_{22}^{(1)}+a_{23}\bar{x}_{23}^{(1)}\\
a_{11}\bar{x}_{11}^{(2)}+a_{12}\bar{x}_{12}^{(2)}+a_{13}\bar{x}_{13}^{(2)}+a_{21}\bar{x}_{21}^{(2)}+a_{22}\bar{x}_{22}^{(2)}+a_{23}\bar{x}_{23}^{(2)}\\
a_{11}\bar{x}_{11}^{(2)}+a_{12}\bar{x}_{12}^{(2)}+a_{13}\bar{x}_{13}^{(2)}+a_{21}\bar{x}_{21}^{(2)}+a_{22}\bar{x}_{22}^{(2)}+a_{23}\bar{x}_{23}^{(2)}\\
a_{11}\bar{x}_{11}^{(3)}+a_{12}\bar{x}_{12}^{(3)}+a_{13}\bar{x}_{13}^{(3)}+a_{21}\bar{x}_{21}^{(3)}+a_{22}\bar{x}_{22}^{(3)}+a_{23}\bar{x}_{23}^{(3)}\\
a_{11}\bar{x}_{11}^{(3)}+a_{12}\bar{x}_{12}^{(3)}+a_{13}\bar{x}_{13}^{(3)}+a_{21}\bar{x}_{21}^{(3)}+a_{22}\bar{x}_{22}^{(3)}+a_{23}\bar{x}_{23}^{(3)}\\
a_{11}\bar{x}_{11}^{(3)}+a_{12}\bar{x}_{12}^{(3)}+a_{13}\bar{x}_{13}^{(3)}+a_{21}\bar{x}_{21}^{(3)}+a_{22}\bar{x}_{22}^{(3)}+a_{23}\bar{x}_{23}^{(3)}\\
a_{11}\bar{x}_{11}^{(3)}+a_{12}\bar{x}_{12}^{(3)}+a_{13}\bar{x}_{13}^{(3)}+a_{21}\bar{x}_{21}^{(3)}+a_{22}\bar{x}_{22}^{(3)}+a_{23}\bar{x}_{23}^{(3)}
\end{pmatrix}
-
\begin{pmatrix}
a_{11}\bar{x}_{11}+a_{12}\bar{x}_{12}+a_{13}\bar{x}_{13}+a_{21}\bar{x}_{21}+a_{22}\bar{x}_{22}+a_{23}\bar{x}_{23}\\
a_{11}\bar{x}_{11}+a_{12}\bar{x}_{12}+a_{13}\bar{x}_{13}+a_{21}\bar{x}_{21}+a_{22}\bar{x}_{22}+a_{23}\bar{x}_{23}\\
a_{11}\bar{x}_{11}+a_{12}\bar{x}_{12}+a_{13}\bar{x}_{13}+a_{21}\bar{x}_{21}+a_{22}\bar{x}_{22}+a_{23}\bar{x}_{23}\\
a_{11}\bar{x}_{11}+a_{12}\bar{x}_{12}+a_{13}\bar{x}_{13}+a_{21}\bar{x}_{21}+a_{22}\bar{x}_{22}+a_{23}\bar{x}_{23}\\
a_{11}\bar{x}_{11}+a_{12}\bar{x}_{12}+a_{13}\bar{x}_{13}+a_{21}\bar{x}_{21}+a_{22}\bar{x}_{22}+a_{23}\bar{x}_{23}\\
a_{11}\bar{x}_{11}+a_{12}\bar{x}_{12}+a_{13}\bar{x}_{13}+a_{21}\bar{x}_{21}+a_{22}\bar{x}_{22}+a_{23}\bar{x}_{23}\\
a_{11}\bar{x}_{11}+a_{12}\bar{x}_{12}+a_{13}\bar{x}_{13}+a_{21}\bar{x}_{21}+a_{22}\bar{x}_{22}+a_{23}\bar{x}_{23}\\
a_{11}\bar{x}_{11}+a_{12}\bar{x}_{12}+a_{13}\bar{x}_{13}+a_{21}\bar{x}_{21}+a_{22}\bar{x}_{22}+a_{23}\bar{x}_{23}\\
a_{11}\bar{x}_{11}+a_{12}\bar{x}_{12}+a_{13}\bar{x}_{13}+a_{21}\bar{x}_{21}+a_{22}\bar{x}_{22}+a_{23}\bar{x}_{23}
\end{pmatrix}
$$

$$
=\begin{pmatrix}
a_{11}(\bar{x}_{11}^{(1)}-\bar{x}_{11})+a_{12}(\bar{x}_{12}^{(1)}-\bar{x}_{12})+a_{13}(\bar{x}_{13}^{(1)}-\bar{x}_{13})+a_{21}(\bar{x}_{21}^{(1)}-\bar{x}_{21})+a_{22}(\bar{x}_{22}^{(1)}-\bar{x}_{22})+a_{23}(\bar{x}_{23}^{(1)}-\bar{x}_{23})\\
a_{11}(\bar{x}_{11}^{(1)}-\bar{x}_{11})+a_{12}(\bar{x}_{12}^{(1)}-\bar{x}_{12})+a_{13}(\bar{x}_{13}^{(1)}-\bar{x}_{13})+a_{21}(\bar{x}_{21}^{(1)}-\bar{x}_{21})+a_{22}(\bar{x}_{22}^{(1)}-\bar{x}_{22})+a_{23}(\bar{x}_{23}^{(1)}-\bar{x}_{23})\\
a_{11}(\bar{x}_{11}^{(1)}-\bar{x}_{11})+a_{12}(\bar{x}_{12}^{(1)}-\bar{x}_{12})+a_{13}(\bar{x}_{13}^{(1)}-\bar{x}_{13})+a_{21}(\bar{x}_{21}^{(1)}-\bar{x}_{21})+a_{22}(\bar{x}_{22}^{(1)}-\bar{x}_{22})+a_{23}(\bar{x}_{23}^{(1)}-\bar{x}_{23})\\
a_{11}(\bar{x}_{11}^{(2)}-\bar{x}_{11})+a_{12}(\bar{x}_{12}^{(2)}-\bar{x}_{12})+a_{13}(\bar{x}_{13}^{(2)}-\bar{x}_{13})+a_{21}(\bar{x}_{21}^{(2)}-\bar{x}_{21})+a_{22}(\bar{x}_{22}^{(2)}-\bar{x}_{22})+a_{23}(\bar{x}_{23}^{(2)}-\bar{x}_{23})\\
a_{11}(\bar{x}_{11}^{(2)}-\bar{x}_{11})+a_{12}(\bar{x}_{12}^{(2)}-\bar{x}_{12})+a_{13}(\bar{x}_{13}^{(2)}-\bar{x}_{13})+a_{21}(\bar{x}_{21}^{(2)}-\bar{x}_{21})+a_{22}(\bar{x}_{22}^{(2)}-\bar{x}_{22})+a_{23}(\bar{x}_{23}^{(2)}-\bar{x}_{23})\\
a_{11}(\bar{x}_{11}^{(3)}-\bar{x}_{11})+a_{12}(\bar{x}_{12}^{(3)}-\bar{x}_{12})+a_{13}(\bar{x}_{13}^{(3)}-\bar{x}_{13})+a_{21}(\bar{x}_{21}^{(3)}-\bar{x}_{21})+a_{22}(\bar{x}_{22}^{(3)}-\bar{x}_{22})+a_{23}(\bar{x}_{23}^{(3)}-\bar{x}_{23})\\
a_{11}(\bar{x}_{11}^{(3)}-\bar{x}_{11})+a_{12}(\bar{x}_{12}^{(3)}-\bar{x}_{12})+a_{13}(\bar{x}_{13}^{(3)}-\bar{x}_{13})+a_{21}(\bar{x}_{21}^{(3)}-\bar{x}_{21})+a_{22}(\bar{x}_{22}^{(3)}-\bar{x}_{22})+a_{23}(\bar{x}_{23}^{(3)}-\bar{x}_{23})\\
a_{11}(\bar{x}_{11}^{(3)}-\bar{x}_{11})+a_{12}(\bar{x}_{12}^{(3)}-\bar{x}_{12})+a_{13}(\bar{x}_{13}^{(3)}-\bar{x}_{13})+a_{21}(\bar{x}_{21}^{(3)}-\bar{x}_{21})+a_{22}(\bar{x}_{22}^{(3)}-\bar{x}_{22})+a_{23}(\bar{x}_{23}^{(3)}-\bar{x}_{23})\\
a_{11}(\bar{x}_{11}^{(3)}-\bar{x}_{11})+a_{12}(\bar{x}_{12}^{(3)}-\bar{x}_{12})+a_{13}(\bar{x}_{13}^{(3)}-\bar{x}_{13})+a_{21}(\bar{x}_{21}^{(3)}-\bar{x}_{21})+a_{22}(\bar{x}_{22}^{(3)}-\bar{x}_{22})+a_{23}(\bar{x}_{23}^{(3)}-\bar{x}_{23})
\end{pmatrix}
$$

$$
=\left(\begin{pmatrix}
\bar{x}_{11}^{(1)} & \bar{x}_{12}^{(1)} & \bar{x}_{13}^{(1)} & \bar{x}_{21}^{(1)} & \bar{x}_{22}^{(1)} & \bar{x}_{23}^{(1)}\\
\bar{x}_{11}^{(1)} & \bar{x}_{12}^{(1)} & \bar{x}_{13}^{(1)} & \bar{x}_{21}^{(1)} & \bar{x}_{22}^{(1)} & \bar{x}_{23}^{(1)}\\
\bar{x}_{11}^{(1)} & \bar{x}_{12}^{(1)} & \bar{x}_{13}^{(1)} & \bar{x}_{21}^{(1)} & \bar{x}_{22}^{(1)} & \bar{x}_{23}^{(1)}\\
\bar{x}_{11}^{(2)} & \bar{x}_{12}^{(2)} & \bar{x}_{13}^{(2)} & \bar{x}_{21}^{(2)} & \bar{x}_{22}^{(2)} & \bar{x}_{23}^{(2)}\\
\bar{x}_{11}^{(2)} & \bar{x}_{12}^{(2)} & \bar{x}_{13}^{(2)} & \bar{x}_{21}^{(2)} & \bar{x}_{22}^{(2)} & \bar{x}_{23}^{(2)}\\
\bar{x}_{11}^{(3)} & \bar{x}_{12}^{(3)} & \bar{x}_{13}^{(3)} & \bar{x}_{21}^{(3)} & \bar{x}_{22}^{(3)} & \bar{x}_{23}^{(3)}\\
\bar{x}_{11}^{(3)} & \bar{x}_{12}^{(3)} & \bar{x}_{13}^{(3)} & \bar{x}_{21}^{(3)} & \bar{x}_{22}^{(3)} & \bar{x}_{23}^{(3)}\\
\bar{x}_{11}^{(3)} & \bar{x}_{12}^{(3)} & \bar{x}_{13}^{(3)} & \bar{x}_{21}^{(3)} & \bar{x}_{22}^{(3)} & \bar{x}_{23}^{(3)}\\
\bar{x}_{11}^{(3)} & \bar{x}_{12}^{(3)} & \bar{x}_{13}^{(3)} & \bar{x}_{21}^{(3)} & \bar{x}_{22}^{(3)} & \bar{x}_{23}^{(3)}
\end{pmatrix}
-
\begin{pmatrix}
\bar{x}_{11} & \bar{x}_{12} & \bar{x}_{13} & \bar{x}_{21} & \bar{x}_{22} & \bar{x}_{23}\\
\bar{x}_{11} & \bar{x}_{12} & \bar{x}_{13} & \bar{x}_{21} & \bar{x}_{22} & \bar{x}_{23}\\
\bar{x}_{11} & \bar{x}_{12} & \bar{x}_{13} & \bar{x}_{21} & \bar{x}_{22} & \bar{x}_{23}\\
\bar{x}_{11} & \bar{x}_{12} & \bar{x}_{13} & \bar{x}_{21} & \bar{x}_{22} & \bar{x}_{23}\\
\bar{x}_{11} & \bar{x}_{12} & \bar{x}_{13} & \bar{x}_{21} & \bar{x}_{22} & \bar{x}_{23}\\
\bar{x}_{11} & \bar{x}_{12} & \bar{x}_{13} & \bar{x}_{21} & \bar{x}_{22} & \bar{x}_{23}\\
\bar{x}_{11} & \bar{x}_{12} & \bar{x}_{13} & \bar{x}_{21} & \bar{x}_{22} & \bar{x}_{23}\\
\bar{x}_{11} & \bar{x}_{12} & \bar{x}_{13} & \bar{x}_{21} & \bar{x}_{22} & \bar{x}_{23}\\
\bar{x}_{11} & \bar{x}_{12} & \bar{x}_{13} & \bar{x}_{21} & \bar{x}_{22} & \bar{x}_{23}
\end{pmatrix}\right)
\begin{pmatrix}
a_{11}\\ a_{12}\\ a_{13}\\ a_{21}\\ a_{22}\\ a_{23}
\end{pmatrix}
$$

となる．式(6)，式(4)，式(15)から

$$\bar{\boldsymbol{y}}^{(\bullet)}-\bar{\boldsymbol{y}}=\begin{pmatrix}\bar{\boldsymbol{x}}^{(1)\prime}-\bar{\boldsymbol{x}}'\\\bar{\boldsymbol{x}}^{(1)\prime}-\bar{\boldsymbol{x}}'\\\bar{\boldsymbol{x}}^{(1)\prime}-\bar{\boldsymbol{x}}'\\\bar{\boldsymbol{x}}^{(1)\prime}-\bar{\boldsymbol{x}}'\\\bar{\boldsymbol{x}}^{(1)\prime}-\bar{\boldsymbol{x}}'\\\bar{\boldsymbol{x}}^{(1)\prime}-\bar{\boldsymbol{x}}'\\\bar{\boldsymbol{x}}^{(1)\prime}-\bar{\boldsymbol{x}}'\\\bar{\boldsymbol{x}}^{(1)\prime}-\bar{\boldsymbol{x}}'\\\bar{\boldsymbol{x}}^{(1)\prime}-\bar{\boldsymbol{x}}'\end{pmatrix}\boldsymbol{a}=\begin{pmatrix}(\bar{\boldsymbol{x}}^{(1)}-\bar{\boldsymbol{x}})'\\(\bar{\boldsymbol{x}}^{(1)}-\bar{\boldsymbol{x}})'\\(\bar{\boldsymbol{x}}^{(1)}-\bar{\boldsymbol{x}})'\\(\bar{\boldsymbol{x}}^{(1)}-\bar{\boldsymbol{x}})'\\(\bar{\boldsymbol{x}}^{(1)}-\bar{\boldsymbol{x}})'\\(\bar{\boldsymbol{x}}^{(1)}-\bar{\boldsymbol{x}})'\\(\bar{\boldsymbol{x}}^{(1)}-\bar{\boldsymbol{x}})'\\(\bar{\boldsymbol{x}}^{(1)}-\bar{\boldsymbol{x}})'\\(\bar{\boldsymbol{x}}^{(1)}-\bar{\boldsymbol{x}})'\end{pmatrix}\boldsymbol{a} \tag{56}$$

となる．同様に

$$\bar{\boldsymbol{y}}^{(\bullet)\prime}-\bar{\boldsymbol{y}}'=\boldsymbol{a}'(\bar{\boldsymbol{x}}^{(1)}-\bar{\boldsymbol{x}},\ \bar{\boldsymbol{x}}^{(1)}-\bar{\boldsymbol{x}},\ \bar{\boldsymbol{x}}^{(1)}-\bar{\boldsymbol{x}},\ \bar{\boldsymbol{x}}^{(2)}-\bar{\boldsymbol{x}},\ \bar{\boldsymbol{x}}^{(2)}-\bar{\boldsymbol{x}},\ \bar{\boldsymbol{x}}^{(3)}-\bar{\boldsymbol{x}},\ \bar{\boldsymbol{x}}^{(3)}-\bar{\boldsymbol{x}},\ \bar{\boldsymbol{x}}^{(3)}-\bar{\boldsymbol{x}},\ \bar{\boldsymbol{x}}^{(3)}-\bar{\boldsymbol{x}})$$

が示せる．(57)

1.12　サンプルスコアの群間変動

サンプルスコアの群間変動をs_b^2とすると，s_b^2は

$$s_b^2=\sum_{g=1}^{G}\sum_{i=1}^{n_g}(\bar{\hat{y}}^{(g)}-\bar{\hat{y}})^2 \tag{58}$$

で示せ，これをベクトルで表すと

$$=(\bar{\hat{\boldsymbol{y}}}^{(\bullet)}-\bar{\hat{\boldsymbol{y}}})'(\bar{\hat{\boldsymbol{y}}}^{(\bullet)}-\bar{\hat{\boldsymbol{y}}}) \tag{59}$$

となる．

この式が成り立つことを例題で確認してみる．

$$s_{\hat{y}}^2=\sum_{g=1}^{G}\sum_{i=1}^{n_g}(\bar{\hat{y}}^{(g)}-\bar{\hat{y}})^2$$

$$=(\bar{\hat{y}}^{(1)}-\bar{\hat{y}})^2+(\bar{\hat{y}}^{(1)}-\bar{\hat{y}})^2+(\bar{\hat{y}}^{(1)}-\bar{\hat{y}})^2+(\bar{\hat{y}}^{(2)}-\bar{\hat{y}})^2+(\bar{\hat{y}}^{(2)}-\bar{\hat{y}})^2$$
$$+(\bar{\hat{y}}^{(3)}-\bar{\hat{y}})^2+(\bar{\hat{y}}^{(3)}-\bar{\hat{y}})^2+(\bar{\hat{y}}^{(3)}-\bar{\hat{y}})^2+(\bar{\hat{y}}^{(3)}-\bar{\hat{y}})^2$$

$$
=(\bar{\hat{y}}^{(1)}-\bar{\hat{y}}, \bar{\hat{y}}^{(1)}-\bar{\hat{y}}, \bar{\hat{y}}^{(1)}-\bar{\hat{y}}, \bar{\hat{y}}^{(2)}-\bar{\hat{y}}, \bar{\hat{y}}^{(2)}-\bar{\hat{y}}, \bar{\hat{y}}^{(3)}-\bar{\hat{y}}, \bar{\hat{y}}^{(3)}-\bar{\hat{y}}, \bar{\hat{y}}^{(3)}-\bar{\hat{y}}, \bar{\hat{y}}^{(3)}-\bar{\hat{y}})
\begin{pmatrix}
\bar{\hat{y}}^{(1)}-\bar{\hat{y}} \\
\bar{\hat{y}}^{(1)}-\bar{\hat{y}} \\
\bar{\hat{y}}^{(1)}-\bar{\hat{y}} \\
\bar{\hat{y}}^{(1)}-\bar{\hat{y}} \\
\bar{\hat{y}}^{(1)}-\bar{\hat{y}} \\
\bar{\hat{y}}^{(1)}-\bar{\hat{y}} \\
\bar{\hat{y}}^{(1)}-\bar{\hat{y}} \\
\bar{\hat{y}}^{(1)}-\bar{\hat{y}} \\
\bar{\hat{y}}^{(1)}-\bar{\hat{y}}
\end{pmatrix}
\tag{60}
$$

で示せ．式(34)と式(26)，式(33)と式(25)より

$$
s_{\hat{y}}^2=((\bar{\hat{\boldsymbol{y}}}^{(\bullet)})'-\bar{\hat{\boldsymbol{y}}}')(\bar{\hat{\boldsymbol{y}}}^{(\bullet)}-\bar{\hat{\boldsymbol{y}}})=(\bar{\hat{\boldsymbol{y}}}^{(\bullet)}-\bar{\hat{\boldsymbol{y}}})'(\bar{\hat{\boldsymbol{y}}}^{(\bullet)}-\bar{\hat{\boldsymbol{y}}}) \tag{61}
$$

となる．

サンプルスコアの全体変動 $s_{\hat{y}}^2$ を説明変数のダミー変換データで表すと

$$
s_b^2=\sum_{g=1}^{G}\sum_{i=1}^{n_g}(\bar{\hat{y}}^{(g)}-\bar{\hat{y}})^2=\sum_{g=1}^{G}n_g(\bar{\hat{y}}^{(g)}-\bar{\hat{y}})^2=\sum_{g=1}^{G}n_g\left(\sum_{j=1}^{Q}\sum_{k=1}^{c_j}a_{jk}\left(\bar{x}_{jk}^{(g)}-\bar{x}_{jk}\right)\right)^2 \tag{62}
$$

となる．

式(42)と式(30)，式(41)と式(29)より，サンプルスコアの群間変動 s_b^2 は

$$
s_b^2=(\bar{\hat{\boldsymbol{y}}}^{(\bullet)})-\bar{\hat{\boldsymbol{y}}})'(\bar{\hat{\boldsymbol{y}}}^{(\bullet)}-\bar{\hat{\boldsymbol{y}}})=((\bar{\hat{\boldsymbol{y}}}^{(\bullet)})'-\bar{\hat{\boldsymbol{y}}}')(\bar{\hat{\boldsymbol{y}}}^{(\bullet)}-\bar{\hat{\boldsymbol{y}}})
$$

$$
=\boldsymbol{a}'(\bar{\boldsymbol{x}}^{(1)}-\bar{\boldsymbol{x}}, \bar{\boldsymbol{x}}^{(1)}-\bar{\boldsymbol{x}}, \bar{\boldsymbol{x}}^{(1)}-\bar{\boldsymbol{x}}, \bar{\boldsymbol{x}}^{(2)}-\bar{\boldsymbol{x}}, \bar{\boldsymbol{x}}^{(2)}-\bar{\boldsymbol{x}}', \bar{\boldsymbol{x}}^{(3)}-\bar{\boldsymbol{x}}, \bar{\boldsymbol{x}}^{(3)}-\bar{\boldsymbol{x}}, \bar{\boldsymbol{x}}^{(3)}-\bar{\boldsymbol{x}}, \bar{\boldsymbol{x}}^{(3)}-\bar{\boldsymbol{x}})
\begin{pmatrix}
(\bar{\boldsymbol{x}}^{(1)}-\bar{\boldsymbol{x}})' \\
(\bar{\boldsymbol{x}}^{(1)}-\bar{\boldsymbol{x}})' \\
(\bar{\boldsymbol{x}}^{(1)}-\bar{\boldsymbol{x}})' \\
(\bar{\boldsymbol{x}}^{(2)}-\bar{\boldsymbol{x}})' \\
(\bar{\boldsymbol{x}}^{(2)}-\bar{\boldsymbol{x}})' \\
(\bar{\boldsymbol{x}}^{(3)}-\bar{\boldsymbol{x}})' \\
(\bar{\boldsymbol{x}}^{(3)}-\bar{\boldsymbol{x}})' \\
(\bar{\boldsymbol{x}}^{(3)}-\bar{\boldsymbol{x}})' \\
(\bar{\boldsymbol{x}}^{(3)}-\bar{\boldsymbol{x}})'
\end{pmatrix}
\boldsymbol{a}
\tag{63}
$$

となり

$$
s_b^2=a'Ba
$$

で示せる．

ここに，B は表1.2(4)のデータから表1.3(2)の全体平均を引いた偏差データの群間変動行列であって

$$B=(\bar{\boldsymbol{x}}^{(1)}-\bar{\boldsymbol{x}},\bar{\boldsymbol{x}}^{(1)}-\bar{\boldsymbol{x}},\bar{\boldsymbol{x}}^{(1)}-\bar{\boldsymbol{x}},\bar{\boldsymbol{x}}^{(2)}-\bar{\boldsymbol{x}},\bar{\boldsymbol{x}}^{(2)}-\bar{\boldsymbol{x}},\bar{\boldsymbol{x}}^{(3)}-\bar{\boldsymbol{x}},\bar{\boldsymbol{x}}^{(3)}-\bar{\boldsymbol{x}},\bar{\boldsymbol{x}}^{(3)}-\bar{\boldsymbol{x}},\bar{\boldsymbol{x}}^{(3)}-\bar{\boldsymbol{x}})\begin{pmatrix}(\bar{\boldsymbol{x}}^{(1)}-\bar{\boldsymbol{x}})'\\(\bar{\boldsymbol{x}}^{(1)}-\bar{\boldsymbol{x}})'\\(\bar{\boldsymbol{x}}^{(1)}-\bar{\boldsymbol{x}})'\\(\bar{\boldsymbol{x}}^{(2)}-\bar{\boldsymbol{x}})'\\(\bar{\boldsymbol{x}}^{(2)}-\bar{\boldsymbol{x}})'\\(\bar{\boldsymbol{x}}^{(3)}-\bar{\boldsymbol{x}})'\\(\bar{\boldsymbol{x}}^{(3)}-\bar{\boldsymbol{x}})'\\(\bar{\boldsymbol{x}}^{(3)}-\bar{\boldsymbol{x}})'\\(\bar{\boldsymbol{x}}^{(3)}-\bar{\boldsymbol{x}})'\end{pmatrix} \tag{64}$$

である．

1.13　サンプルスコアの群内変動

サンプルスコアの群内変動をs_w^2とすると．

$$s_w^2=\sum_{g=1}^{G}\sum_{i=1}^{n_g}(\hat{y}_i^{(g)}-\bar{\hat{y}}^{(g)})^2=\sum_{g=1}^{G}\sum_{i=1}^{n_g}\left(\sum_{j=1}^{Q}\sum_{k=1}^{c_j}a_{jk}\left(x_{ijk}^{(g)}-\bar{x}_{jk}^{(g)}\right)\right)^2 \tag{65}$$

で示せる．

全体変動，群間変動，群内変動は(G−1)個与えられる．

全体変動は群間変動と群内変動の和で示せ

$$s_{\hat{y}}^2=s_b^2+s_w^2 \tag{66}$$

である．

1.14　相関比

相関比 η^2 は

$$相関比\,\eta^2=\frac{群間変動}{全体変動}=\frac{s_b^2}{s_{\hat{y}}^2} \tag{67}$$

で与えられる．

モデル式の係数であるカテゴリースコア a_{jk}（ベクトルで示すと $\boldsymbol{a}$）は，サンプルスコアと群との関係を示す相関比が最大になるように定められる．

相関比 η^2 を最大にするカテゴリースコア $\boldsymbol{a}$ は，η^2 を $\boldsymbol{a}$ で編微分した式を 0 とおき，この方程式を解法すれば求められる．

$$\frac{\partial \eta^2}{\partial \boldsymbol{a}} = \frac{\partial \frac{s_b^2}{s_{\hat{y}}^2}}{\partial \boldsymbol{a}} = 0 \tag{68}$$

商の編微分は，次の示す商の微分公式を適用できる．

$$\left(\frac{u}{v}\right)' = \frac{uv' - u'v}{v^2}$$

(68)式は

$$\left(s_b^2 \frac{\partial s_{\hat{y}}^2}{\partial \boldsymbol{a}} - s_{\hat{y}}^2 \frac{\partial s_b^2}{\partial \boldsymbol{a}}\right) \cdot \frac{1}{(s_{\hat{y}}^2)^2} = 0$$

となり，式を整理すると

$$s_b^2 \frac{\partial s_{\hat{y}}^2}{\partial \boldsymbol{a}} - s_{\hat{y}}^2 \frac{\partial s_b^2}{\partial \boldsymbol{a}}$$

$$\frac{\partial s_b^2}{\partial \boldsymbol{a}} = \frac{s_b^2}{s_{\hat{y}}^2} \cdot \frac{\partial s_{\hat{y}}^2}{\partial \boldsymbol{a}}$$

$$\frac{\partial s_b^2}{\partial \boldsymbol{a}} = \eta^2 \frac{\partial s_{\hat{y}}^2}{\partial \boldsymbol{a}}$$

である．式(52)，式(63)を代入すると

$$\frac{\partial \boldsymbol{a'Ba}}{\partial \boldsymbol{a}} = \eta^2 \frac{\partial \boldsymbol{a'Ta}}{\partial \boldsymbol{a}}$$

となり，編微分した結果は

$$B\boldsymbol{a} = \eta^2 T\boldsymbol{a}, \qquad (B - \eta^2 T)\,\boldsymbol{a} = 0$$

で示せる．両辺に T の逆行列を掛けると　　(69)

$$(T^{-1}B - \eta^2 I)\boldsymbol{a} = 0$$

で示せる．ここに，I は単位行列である．

式(69)は　η^2 を固有値，$\boldsymbol{a}$ を固有ベクトルとする固有方程式である．表1.2.(4)に示すように，各個体が各々の説明変数に対して，必ずひとつ

だけのカテゴリーに反応するので，ダミー変数の間に

$$\sum_{k=1}^{c_j} x_{ijk}^{(g)} = 1 \tag{70}$$

の関係が成り立ち，このままでは式(69)の固有方程式は解法できない．式(52)の行列 T，式(63)の行列 B において，各説明変数の任意のカテゴリー（ここでは各説明変数の末尾カテゴリー）を除外した行列を与えれば，式(69)の固有方程式は解法でき，相関比 η^2 は $T^{-1}B$ の固有値として導くことができる．詳しくは第4部第2章を参照されたい．

各説明変数の末尾カテゴリーを除外したダミー変数の総数 p は，説明変数個数を Q とすると，

$$p = \sum_{j=1}^{Q} c_j - Q \tag{71}$$

で示せる．群数を G とすると，固有方程式において固有値（相関比）の次元数（軸数）m は，

$$m = min(G-1, p) \tag{72}$$

で与えられる．

具体例は，$G-1=3-1=2$，$Q=3$，$p=c_1+c_2-Q=3+3-2=4$ で，軸数は $m=min(2,\ 4)=2$ となる．

1.15　カテゴリースコア

固有ベクトルは各々の固有値に対応して与えられる．なお，除外した末尾カテゴリーの固有ベクトルは0とする．

固有ベクトルの長さは，サンプルスコアの分散が1，すなわちサンプルスコアの全体変動 s_y^2 が n となるように定めることにする．

$$s_y^2 = \boldsymbol{a}'T\boldsymbol{a} = n \tag{73}$$

求められた p 個の固有ベクトルと，除外した Q 個の末尾カテゴリーの係数0とが，モデル式の係数 a_{jk} となる．係数 a_{jk} を解釈するには，説明変数内の固有ベクトルの平均がゼロ，すなわち

$$\sum_{k=1}^{c_j} n_{jk} b_{jk} = 0 \tag{74}$$

を満たすような固有ベクトルを求めればよい．ここに，n_{jk} は j 番目説明変数 k 番目カテゴリーに反応した個体数である． このような b_{jk} は

$$b_{jk} = a_{jk} - \frac{1}{n}\sum_{k=1}^{c_j} n_{jk}\, a_{jk} \tag{75}$$

として与えられ，カテゴリースコアと呼ばれる．

1.16　具体例における相関比の算出

表1.2(3)で示した具体例について相関比を算出する．

ダミー変数データの行列 X と転置行列 X' を示す．ただし，各説明変数の末尾カテゴリーの列を除外した行列とする．

※参照　表1.2(4)　式(1)，式(2)

$$X = \begin{pmatrix} 0 & 1 & 0 & 1 \\ 0 & 1 & 0 & 0 \\ 0 & 0 & 0 & 0 \\ 0 & 0 & 1 & 0 \\ 0 & 0 & 0 & 1 \\ 1 & 0 & 1 & 0 \\ 1 & 0 & 0 & 1 \\ 1 & 0 & 0 & 0 \\ 0 & 1 & 1 & 0 \end{pmatrix} \quad X' = \begin{pmatrix} 0 & 0 & 0 & 0 & 0 & 1 & 1 & 1 & 0 \\ 1 & 1 & 0 & 0 & 0 & 0 & 0 & 0 & 1 \\ 0 & 0 & 0 & 1 & 0 & 1 & 0 & 0 & 1 \\ 1 & 0 & 0 & 0 & 1 & 0 & 1 & 0 & 0 \end{pmatrix} \tag{76}$$

ダミー変数データの平均の列ベクトル $\overline{x}$ と行ベクトル $\overline{x}$ を示す．

※参照　表1.3(2)　式(3)，(4)

$$\overline{\boldsymbol{x}} = \begin{pmatrix} 0.33 \\ 0.33 \\ 0.33 \\ 0.33 \end{pmatrix} \qquad \overline{\boldsymbol{x}}' = (0.33, 0.33, 0.33, 0.33) \tag{77}$$

ダミー変数における，データから平均を引いた偏差データの行列 $\tilde{X}$ と転置行列 $\tilde{X}'$ を示す．
※参照　式(7)，式(8)

$$\tilde{X}=\begin{pmatrix} -0.33 & 0.67 & -0.33 & 0.67 \\ -0.33 & 0.67 & -0.33 & -0.33 \\ -0.33 & -0.33 & -0.33 & -0.33 \\ -0.33 & -0.33 & 0.67 & -0.33 \\ -0.33 & -0.33 & -0.33 & 0.67 \\ 0.67 & -0.33 & 0.67 & -0.33 \\ 0.67 & -0.33 & -0.33 & 0.67 \\ 0.67 & -0.33 & -0.33 & -0.33 \\ -0.33 & 0.67 & 0.67 & -0.33 \end{pmatrix} \tag{78}$$

$$\tilde{X}'=\begin{pmatrix} -0.33 & -0.33 & -0.33 & -0.33 & -0.33 & 0.67 & 0.67 & 0.67 & -0.33 \\ 0.67 & 0.67 & -0.33 & -0.33 & -0.33 & -0.33 & -0.33 & -0.33 & 0.67 \\ -0.33 & -0.33 & -0.33 & 0.67 & -0.33 & 0.67 & -0.33 & -0.33 & 0.67 \\ 0.67 & -0.33 & -0.33 & -0.33 & 0.67 & -0.33 & 0.67 & -0.33 & -0.33 \end{pmatrix} \tag{79}$$

ダミー変数データの全体変動行列 T を示す．
※参照　式(53)

$$T=\tilde{X}'\tilde{X}=\begin{pmatrix} 2.00 & -1.00 & 0.00 & 0.00 \\ -1.00 & 2.00 & 0.00 & 0.00 \\ 0.00 & 0.00 & 2.00 & -1.00 \\ 0.00 & 0.00 & -1.00 & 2.00 \end{pmatrix} \tag{80}$$

ダミー変数データの群別平均の行ベクトルと列ベクトルを示す．
※参照　式(5)，式(6)

$$(\bar{\boldsymbol{x}}^{(1)})'=(0.000,\ 0.667,\ 0.000,\ 0.333) \qquad \bar{\boldsymbol{x}}^{(1)}=\begin{pmatrix} 0.000 \\ 0.667 \\ 0.000 \\ 0.333 \end{pmatrix} \tag{81}$$

$$(\bar{\boldsymbol{x}}^{(2)})'=(0.000,\ 0.000,\ 0.500,\ 0.500) \qquad \bar{\boldsymbol{x}}^{(2)}=\begin{pmatrix} 0.000 \\ 0.000 \\ 0.500 \\ 0.500 \end{pmatrix} \tag{82}$$

$$(\bar{\boldsymbol{x}}^{(3)})' = (0.750,\ 0.250,\ 0.500,\ 0.250) \quad \bar{\boldsymbol{x}}^{(3)} = \begin{pmatrix} 0.750 \\ 0.250 \\ 0.500 \\ 0.250 \end{pmatrix} \tag{83}$$

ダミー変数データの（群別平均－全体平均）の行ベクトルと列ベクトルを示す．

$$(\bar{\boldsymbol{x}}^{(1)} - \bar{\boldsymbol{x}})' = (-0.333,\ 0.333,\ -0.333,\ 0.000) \quad \bar{\boldsymbol{x}}^{(1)} - \bar{\boldsymbol{x}} = \begin{pmatrix} -0.333 \\ 0.333 \\ -0.333 \\ 0.000 \end{pmatrix} \tag{84}$$

$$(\bar{\boldsymbol{x}}^{(2)} - \bar{\boldsymbol{x}})' = (-0.333,\ -0.333,\ 0.167,\ 0.167) \quad \bar{\boldsymbol{x}}^{(2)} - \bar{\boldsymbol{x}} = \begin{pmatrix} -0.333 \\ -0.333 \\ 0.167 \\ 0.167 \end{pmatrix} \tag{85}$$

$$(\bar{\boldsymbol{x}}^{(3)} - \bar{\boldsymbol{x}})' = (0.417,\ -0.083,\ 0.167,\ -0.083) \quad \bar{\boldsymbol{x}}^{(3)} - \bar{\boldsymbol{x}} = \begin{pmatrix} 0.417 \\ -0.083 \\ 0.167 \\ -0.083 \end{pmatrix} \tag{86}$$

ダミー変換データの（群別平均－全体平均）の群間行列 B を示す．

※参照　式(64)

$$B = (\bar{\boldsymbol{x}}^{(1)} - \bar{\boldsymbol{x}},\ \bar{\boldsymbol{x}}^{(1)} - \bar{\boldsymbol{x}},\ \bar{\boldsymbol{x}}^{(1)} - \bar{\boldsymbol{x}},\ \bar{\boldsymbol{x}}^{(2)} - \bar{\boldsymbol{x}},\ \bar{\boldsymbol{x}}^{(2)} - \bar{\boldsymbol{x}},\ \bar{\boldsymbol{x}}^{(3)} - \bar{\boldsymbol{x}},\ \bar{\boldsymbol{x}}^{(3)} - \bar{\boldsymbol{x}},\ \bar{\boldsymbol{x}}^{(3)} - \bar{\boldsymbol{x}},\ \bar{\boldsymbol{x}}^{(3)} - \bar{\boldsymbol{x}}) \begin{pmatrix} (\bar{\boldsymbol{x}}^{(1)} - \bar{\boldsymbol{x}})' \\ (\bar{\boldsymbol{x}}^{(1)} - \bar{\boldsymbol{x}})' \\ (\bar{\boldsymbol{x}}^{(1)} - \bar{\boldsymbol{x}})' \\ (\bar{\boldsymbol{x}}^{(2)} - \bar{\boldsymbol{x}})' \\ (\bar{\boldsymbol{x}}^{(2)} - \bar{\boldsymbol{x}})' \\ (\bar{\boldsymbol{x}}^{(3)} - \bar{\boldsymbol{x}})' \\ (\bar{\boldsymbol{x}}^{(3)} - \bar{\boldsymbol{x}})' \\ (\bar{\boldsymbol{x}}^{(3)} - \bar{\boldsymbol{x}})' \\ (\bar{\boldsymbol{x}}^{(3)} - \bar{\boldsymbol{x}})' \end{pmatrix} \tag{87}$$

$$
=\begin{pmatrix}
-0.333 & -0.333 & -0.333 & -0.333 & -0.333 & 0.417 & 0.417 & 0.417 & 0.417 \\
0.333 & 0.333 & 0.333 & -0.333 & -0.333 & -0.083 & -0.083 & -0.083 & -0.083 \\
-0.333 & -0.333 & -0.333 & 0.167 & 0.167 & 0.167 & 0.167 & 0.167 & 0.167 \\
0.000 & 0.000 & 0.000 & 0.167 & 0.167 & -0.083 & -0.083 & -0.083 & -0.083
\end{pmatrix}
$$

$$
\times\begin{pmatrix}
-0.333 & 0.333 & -0.333 & 0.000 \\
-0.333 & 0.333 & -0.333 & 0.000 \\
-0.333 & 0.333 & -0.333 & 0.000 \\
-0.333 & -0.333 & 0.167 & 0.167 \\
-0.333 & -0.333 & 0.167 & 0.167 \\
0.417 & -0.083 & 0.167 & -0.083 \\
0.417 & -0.083 & 0.167 & -0.083 \\
0.417 & -0.083 & 0.167 & -0.083 \\
0.417 & -0.083 & 0.167 & -0.083
\end{pmatrix}
$$

$$
B=\begin{pmatrix}
1,250 & -0.250 & 0,500 & -0,250 \\
-0.250 & 0.583 & -0.500 & -0.083 \\
0.500 & -0.500 & 0.500 & 0.000 \\
-0.250 & -0.083 & 0.000 & 0.083
\end{pmatrix} \tag{88}
$$

Tの逆行列T^{-1}を計算する．

$$
T^{-1}=\begin{pmatrix}
0.676 & 0.333 & 0.000 & 0.000 \\
0.333 & 0.667 & 0.000 & 0.000 \\
0.000 & 0.000 & 0.676 & 0.333 \\
0.000 & 0.000 & 0.333 & 0.667
\end{pmatrix} \tag{89}
$$

式(89)のT^{-1}と式(88)のBを掛算する．

$$
T^{-1}B=\begin{pmatrix}
0.750 & 0.028 & 0.167 & -0.194 \\
0.250 & 0.306 & -0.167 & -0.139 \\
0.250 & -0.361 & 0.333 & 0.028 \\
0.000 & -0.222 & 0.167 & 0.056
\end{pmatrix} \tag{90}
$$

行列 $T^{-1}B$ の固有値をλ，λに対応する固有ベクトルを$(v_{11}, v_{12}, v_{21}, v_{22})$とする．
※参照　式(69)

$$(T^{-1}B-\lambda I)\begin{pmatrix} v_{11} \\ v_{12} \\ v_{21} \\ v_{22} \end{pmatrix}=0 \tag{91}$$

式 (91) に式(90) を代入する．

$$\left(\begin{pmatrix} 0.750 & 0.028 & 0.167 & -0.194 \\ 0.250 & 0.306 & -0.167 & -0.139 \\ 0.250 & -0.361 & 0.333 & 0.028 \\ 0.000 & -0.222 & 0.167 & 0.056 \end{pmatrix} - \lambda \begin{pmatrix} 1, 0, 0, 0 \\ 0, 1, 0, 0 \\ 0, 0, 1, 0 \\ 0, 0, 0, 1 \end{pmatrix}\right)\begin{pmatrix} v_{11} \\ v_{12} \\ v_{21} \\ v_{22} \end{pmatrix}=0$$

$$\begin{pmatrix} 0.750-\lambda & 0.028 & 0.167 & -0.194 \\ 0.250 & 0.306-\lambda & -0.167 & -0.139 \\ 0.250 & -0.361 & 0.333-\lambda & 0.028 \\ 0.000 & -0.222 & 0.167 & 0.056-\lambda \end{pmatrix}\begin{pmatrix} v_{11} \\ v_{12} \\ v_{21} \\ v_{22} \end{pmatrix}=0 \tag{92}$$

λは，この式の左辺の行列のディターミネント（行列式の値）が 0 となる方程式（固有方程式と呼ばれる）の解である．λは群数を G とすると（$G-1$）個与えられ，この例題におけるλは 2 個（$G-1=3-1$）である．λが数量化 2 類の相関比で，値の大きい方から軸 1 相関比，軸 2 相関比とする．

表 1.16　相関比

	軸 1	軸 2
相関比	0.8101	0.6344

式(92) の固有方程式は手計算では面倒だが，Excel の関数で簡単に解法できる．「付録 1.4 節」を参照されたい．

1.17　具体例におけるカテゴリースコアの算出

式(92) の固有ベクトル（v_{11}，v_{12}，v_{21}，v_{22}）を求める．固有ベクトルも固有値同様に軸 1，軸 2 について与えられる．ここでは軸 1 の固有ベクトルについて求め方を示す．

式(92)に軸1の固有値λ=0.8101を代入する．

$$\begin{pmatrix} -0.0601 & 0.0278 & 0.1667 & -0.1944 \\ 0.2500 & -0.5045 & -0.1667 & -0.1389 \\ 0.2500 & -0.3611 & -0.4767 & 0.0278 \\ 0.0000 & -0.2222 & 0.1667 & -0.7545 \end{pmatrix} \begin{pmatrix} v_{11} \\ v_{12} \\ v_{21} \\ v_{22} \end{pmatrix} = 0 \tag{93}$$

行列とベクトルを掛け算する．

$$\begin{aligned} -0.0601v_{11} + 0.0278v_{12} + 0.1667v_{21} - 0.1944v_{22} &= 0 \\ 0.2500v_{11} - 0.5045v_{12} - 0.1667v_{21} - 0.1389v_{22} &= 0 \\ 0.2500v_{11} - 0.3611v_{12} - 0.4767v_{21} + 0.0278v_{22} &= 0 \\ 0.0000v_{11} - 0.2222v_{12} + 0.1667v_{21} - 0.7545v_{22} &= 0 \end{aligned} \tag{94}$$

この連立方程式の解は不定となるため，解くために任意の未知数，ここではv_{22}の値を1とする．

$$\begin{aligned} -0.0601v_{11} + 0.0278v_{12} + 0.1667v_{21} - 0.1944v \times 1 &= 0 \\ 0.2500v_{11} - 0.5045v_{12} - 0.1667v_{21} - 0.1389v \times 1 &= 0 \\ 0.2500v_{11} - 0.3611v_{12} - 0.4767v_{21} + 0.0278v \times 1 &= 0 \\ 0.0000v_{11} - 0.2222v_{12} + 0.1667v_{21} - 0.7545v \times 1 &= 0 \end{aligned} \tag{95}$$

未知数が3つに対し式が4つあるので，任意の式，ここでは4番目の式を除いた連立方程式を解けばよい．

$$\begin{aligned} -0.0601v_{11} + 0.0278v_{12} + 0.1667v_{21} &= 0.1944 \\ 0.2500v_{11} - 0.5045v_{12} - 0.1667v_{21} &= 0.1389 \\ 0.2500v_{11} - 0.3611v_{12} - 0.4767v_{21} &= 0.0278 \end{aligned} \tag{96}$$

この連立方程式の解は$v_{11} = -9.7434$ $v_{12} = -4.5811$ $v_{21} = -1.5811$ である．$v_{22}=1$と合わせた4つの解の固有ベクトル$\boldsymbol{v}$ は

$$\boldsymbol{v} = \begin{pmatrix} v_{11} \\ v_{12} \\ v_{21} \\ v_{22} \end{pmatrix} = \begin{pmatrix} -9.7434 \\ -4.5811 \\ -1.5811 \\ 1.0000 \end{pmatrix}$$

で示せる．

求められた解を式(95)に代入すると右辺は0となるが，これら解を定数倍した値を代入しても0となる．したがって(95)式の真の解である固有ベクトルを $\boldsymbol{a}$ とすると，

$$\boldsymbol{a} = c\boldsymbol{v} = c\begin{pmatrix} v_{11} \\ v_{12} \\ v_{21} \\ v_{22} \end{pmatrix} \tag{97}$$

で与えられる．ここに，c は任意の定数で，固有ベクトル a の長さである．

例題の軸1の固有ベクトルは

$$\boldsymbol{a} = c\begin{pmatrix} -9.7434 \\ -4.5811 \\ -1.5811 \\ 1.0000 \end{pmatrix} \qquad \boldsymbol{a}' = c\ (-9.7434,\ -4.5811,\ -1.5811,\ 1.0000) \tag{98}$$

である．

式(73)，サンプルスコアの全体変動 $s_{\hat{y}}^2$ は n となるように定めると述べた．式(73)を再掲する． $s_{\hat{y}}^2 = \boldsymbol{a}'T\boldsymbol{a} = n$ (99)

この式に式(98)の $a = cv$，$a' = cv'$ を代入すると

$$c\boldsymbol{v}'Tc\boldsymbol{v} = n \tag{100}$$

となる．c は式(100)を解けば与えられる．

例題における軸1の c を求める．

$$c\,(-9.7434,\ -4.5811,\ -1.5811,\ 1.0000)\begin{pmatrix} -1.00 & 2.00 & 0.00 & 0.00 \\ 0.00 & 0.00 & 2.00 & -1.00 \\ 0.00 & 0.00 & -1.00 & 2.00 \end{pmatrix} c\begin{pmatrix} -9.7434 \\ -4.5811 \\ -1.5811 \\ 1.0000 \end{pmatrix} = n \tag{101}$$

行列の計算を行い，n に個体数9を代入し，式を整理すると
$c^2 \times 152.7324 = 9$ となり，軸1の c は，$c = \sqrt{9 \div 152.7324} = \sqrt{0.05893} = 0.2427$ である．

例題の軸1の固有ベクトルは

例題の軸1の固有ベクトルは

$$c = 0.2427, \quad \boldsymbol{a} = c\begin{pmatrix} -9.7434 \\ -4.5811 \\ -1.5811 \\ 1.0000 \end{pmatrix} = \begin{pmatrix} -2.3652 \\ -1.1121 \\ -0.3838 \\ 0.2427 \end{pmatrix} \tag{102}$$

である．同時に軸2の c，$\boldsymbol{a}$ を求めると

$$c = 1.1128, \quad \boldsymbol{a} = c\begin{pmatrix} -0.2570 \\ -1.4190 \\ 1.5811 \\ 1.0000 \end{pmatrix} = \begin{pmatrix} -0.2855 \\ -1.5789 \\ 1.7595 \\ 1.1128 \end{pmatrix} \tag{103}$$

である．

各説明変数末尾のカテゴリーは0としたので，この例題における固有ベクトル

$$\text{軸 1} \ \boldsymbol{a} = \begin{pmatrix} a_{11} = -2.3652 \\ a_{12} = -1.1121 \\ a_{13} = 0.0000 \\ a_{21} = -0.3838 \\ a_{22} = 0.2427 \\ a_{23} = 0.0000 \end{pmatrix} \qquad \text{軸 2} \ \boldsymbol{a} = \begin{pmatrix} a_{11} = -0.2855 \\ a_{12} = -1.5789 \\ a_{13} = 0.0000 \\ a_{21} = 1.7595 \\ a_{22} = 1.1128 \\ a_{23} = 0.0000 \end{pmatrix} \tag{104}$$

で示せる．

式(75)で示したカテゴリースコア b_{jk} を求める．

表1.17 カテゴリースコアの算出

		①	②	③	④	カテゴリースコア
		固有ベクトル	反応数	① × ②	加重平均	① − ④
	説明変数 No. 1	a_{11}	n_{11}	$a_{11} \times n_{11}$	$\sum_{k=1}^{3} a_{1k} n_{1k} / n$	b_{11}
		a_{12}	n_{12}	$a_{12} \times n_{12}$		b_{12}
		a_{13}	n_{13}	$a_{13} \times n_{13}$		b_{13}
	説明変数 No. 2	a_{21}	n_{21}	$a_{21} \times n_{21}$	$\sum_{k=1}^{3} a_{2k} n_{2k} / n$	b_{21}
		a_{22}	n_{22}	$a_{22} \times n_{22}$		b_{22}
		a_{23}	n_{23}	$a_{23} \times n_{23}$		b_{23}
軸1	説明変数 No. 1	−2.3652	3	−7.0956	−1.1591	−1.2061
		−1.1121	3	−3.3362	−1.1591	0.0470
		0.0000	3	0.0000	−1.1591	1.1591
	説明変数 No. 2	−0.3838	3	−1.1515	−0.0470	−0.3368
		0.2427	3	0.7282	−0.0470	0.2898
		0.0000	3	0.0000	−0.0470	0.0470
軸2	説明変数 No. 1	−0.2855	3	−0.8566	−0.6215	0.3360
		−1.5789	3	−4.7368	−0.6215	−0.9574
		0.0000	3	0.0000	−0.6215	0.6215
	説明変数 No. 2	1.7595	3	5.2786	0.9574	0.8021
		1.1128	3	3.3385	0.9574	0.1554
		0.0000	3	0.0000	0.9574	−0.9574

1.18　具体例におけるサンプルスコアの算出

(11)式により，サンプルスコアを計算する．例題におけるサンプルスコアは $G-1=3-1=2$ 個与えられる．下記表において横計がサンプルスコアである．

表1.18　サンプルスコアの算出

		x_{11}	x_{12}	x_{13}	x_{21}	x_{22}	x_{23}
データ $x_{ijk}^{(g)}$	群 11	0	1	0	0	1	0
	群 12	0	1	0	0	0	1
	群 13	0	0	1	0	0	1
	群 21	0	0	1	1	0	0
	群 22	0	0	1	0	1	0
	群 31	1	0	0	1	0	0
	群 32	1	0	0	0	1	0
	群 33	1	0	0	0	0	1
	群 34	0	1	0	1	0	0

軸 1 b_{jk}		−1.2061	0.047	1.1591	−0.3368	0.2898	0.047	横 計
$b_{jk}\times x_{ijk}^{(g)}$	群 11	0	0.047	0	0	0.2898	0	0.3368
	群 12	0	0.047	0	0	0	0.047	0.094
	群 13	0	0	1.1591	0	0	0.047	1.2061
	群 21	0	0	1.1591	−0.3368	0	0	0.8223
	群 22	0	0	1.1591	0	0.2898	0	1.4489
	群 31	−1.2061	0	0	−0.3368	0	0	−1.5429
	群 32	−1.2061	0	0	0	0.2898	0	−0.9163
	群 33	−1.2061	0	0	0	0	0.047	−1.1591
	群 34	0	0.047	0	−0.3368	0	0	−0.2898

軸 2 b_{jk}		0.336	−0.9574	0.6215	0.8021	0.1554	−0.9574	横 計
$b_{jk}\times x_{ijk}^{(g)}$	群 11	0	−0.9574	0	0	0.1554	0	−0.802
	群 12	0	−0.9574	0	0	0	−0.9574	−1.9148
	群 13	0	0	0.6215	0	0	−0.9574	−0.3359
	群 21	0	0	0.6215	0.8021	0	0	1.4236
	群 22	0	0	0.6215	0	0.1554	0	0.7769
	群 31	0.336	0	0	0.8021	0	0	1.1381
	群 32	0.336	0	0	0	0.1554	0	0.4914
	群 33	0.336	0	0	0	0	−0.9574	−0.6214
	群 34	0	−0.9574	0	0.8021	0	0	−0.1553

サンプルスコアの全体変動（偏差平方和）を求めると，軸 1，軸 2 どちらも 9 で個体数に一致する．

サンプルスコアの群間変動は，軸 1 が 7.2906，軸 2 が 5.7094 で，相関比は群間変動 ÷ 全体変動より，軸 1 は 7.2906 ÷ 9 = 0.8101，軸 2 は 5.7094 ÷ 9 = 0.6344 となり，表 1 で示した相関比と一致する．

第2章　拡張型数量化2類

今まで示してきた数量化2類の説明変数は質的データであった．この節では説明変数が質的データと量的データが混在する数量化2類を考える．このような2類を拡張型数量化2類と呼ぶことにする．

拡張型数量化2類の相関比，カテゴリースコアは1.15節で述べた計算方法で与えられる．

2.1　拡張型数量化2類のデータ

次に示す具体例でこのことを確かめてみる．

表2.1(1)は，30人のユーザーに次期購入車の嗜好車種タイプ，現使用車の使用用途，車選定理由，環境対策車購入予定，月間走行距離を聞いたアンケートの質問項目と選択肢である．表2.1(2)はこのアンケートの回答データである．月間走行距離は量的データ，他質問項目は質的データである．

車種タイプを目的変数，他質問項目を説明変数として拡張型数量化2類を行なう．

表2.1(1)　具体例の変数名

目的変数	説　明　変　数			
y	x_1	x_2	x_3	x_4
嗜好車種タイプ	車使用用途	車選定理由	環境対策車 購入予定	月間走行距離
群データ	質的データ	質的データ	質的データ	量的データ
A B C	通勤・仕事 レジャー 買物・用足し	スタイル・外観の良さ 室内スペース 性能のよさ 燃費のよさ	予定あり 予定なし	単位：km

表2.1(2)　具体例のデータ

個体No.	目的変数	説明変数			
	y	x_1	x_2	x_3	x_4
	嗜好車種タイプ	車使用用途	車選定理由	環境対策車購入予定	月間走行距離
1	1	2	2	1	1,112
2	1	1	1	1	877
3	1	1	1	2	1,023
4	1	1	1	2	1,052
5	1	2	2	2	966
6	1	2	1	1	1,094
7	1	3	1	1	697
8	1	1	2	1	1,006
9	1	1	2	2	938
10	2	2	4	2	595
11	2	3	1	2	745
12	2	1	3	2	653
13	2	2	1	1	634
14	2	2	3	2	463
15	2	2	1	2	806
16	2	2	3	1	791
17	2	2	3	2	497
18	2	3	2	2	340
19	2	2	4	2	541
20	2	2	2	1	721
21	3	1	4	2	319
22	3	2	3	1	235
23	3	3	4	2	305
24	3	3	2	2	362
25	3	3	4	1	392
26	3	1	4	2	567
27	3	1	3	2	253
28	3	2	4	1	415
29	3	3	4	2	279
30	3	3	3	1	222

表 2.1(2)の質的データをダミー変換し，各質問の末尾カテゴリーを除外する．量的データはそのままとする．

ダミー変数名を x_{11}，x_{12}，x_{21}，x_{22}，x_{23}，x_{31}，月間走行距離を x_4 とする．

各変数の平均値を算出する．

表2.1(3)　ダミー変数

個体	車使用用途		車選定理由			環境対策車	月間走行
	通勤·仕事	レジャー	スタイル外観	室内スペース	性能のよさ	予定あり	距離km
No.	x_{11}	x_{12}	x_{21}	x_{22}	x_{23}	x_{31}	x_4
1	0	1	0	1	0	1	1,112
2	1	0	1	0	0	1	877
3	1	0	1	0	0	0	1,023
4	1	0	1	0	0	0	1,052
5	0	1	0	1	0	0	966
6	0	1	1	0	0	1	1,094
7	0	0	1	0	0	1	697
8	1	0	0	1	0	1	1,006
9	1	0	0	1	0	0	938
10	0	1	0	0	0	0	595
11	0	0	1	0	0	0	745
12	1	0	0	0	1	0	653
13	0	1	1	0	0	1	634
14	0	1	0	0	1	0	463
15	0	1	1	0	0	0	806
16	0	1	0	0	1	1	791
17	0	1	0	0	1	0	497
18	0	0	0	1	0	0	340
19	0	1	0	0	0	0	541
20	0	1	0	1	0	1	721
21	1	0	0	0	0	0	319
22	0	1	0	0	1	1	235
23	0	0	0	0	0	0	305
24	0	0	0	1	0	0	362
25	0	0	0	0	0	1	392
26	1	0	0	0	0	0	567
27	1	0	0	0	1	0	253
28	0	1	0	0	0	1	415
29	0	0	0	0	0	0	279
30	0	0	0	0	1	1	222
平均値	0.3000	0.4333	0.2667	0.2333	0.2333	0.4000	630.0

表2.1(3)において，データから平均値を引いた偏差データを表2.1(4)に示す．偏差データの群別平均値を算出する．

表2.1(4) 偏差データ

個体No.	x_{11}	x_{12}	x_{21}	x_{22}	x_{23}	x_{31}	x_4
1	−0.3000	0.5667	-0.2667	0.7667	−0.2333	0.6000	482.0
2	0.7000	−0.4333	0.7333	−0.2333	−0.2333	0.6000	247.0
3	0.7000	−0.4333	0.7333	−0.2333	−0.2333	−0.4000	393.0
4	0.7000	−0.4333	0.7333	−0.2333	−0.2333	−0.4000	422.0
5	−0.3000	0.5667	−0.2667	0.7667	−0.2333	−0.4000	336.0
6	−0.3000	0.5667	0.7333	−0.2333	−0.2333	0.6000	464.0
7	−0.3000	−0.4333	0.7333	−0.2333	−0.2333	0.6000	67.0
8	0.7000	−0.4333	−0.2667	0.7667	−0.2333	0.6000	376.0
9	0.7000	−0.4333	−0.2667	0.7667	−0.2333	−0.4000	308.0
10	−0.3000	0.5667	−0.2667	−0.2333	−0.2333	−0.4000	−35.0
11	−0.3000	−0.4333	0.7333	−0.2333	−0.2333	−0.4000	115.0
12	0.7000	−0.4333	−0.2667	−0.2333	0.7667	−0.4000	23.0
13	−0.3000	0.5667	0.7333	−0.2333	−0.2333	0.6000	4.0
14	−0.3000	0.5667	−0.2667	−0.2333	0.7667	−0.4000	−167.0
15	−0.3000	0.5667	0.7333	−0.2333	−0.2333	−0.4000	176.0
16	−0.3000	0.5667	−0.2667	−0.2333	0.7667	0.6000	161.0
17	−0.3000	0.5667	−0.2667	−0.2333	0.7667	−0.4000	−133.0
18	−0.3000	−0.4333	−0.2667	0.7667	−0.2333	−0.4000	−290.0
19	−0.3000	0.5667	−0.2667	−0.2333	−0.2333	−0.4000	−89.0
20	−0.3000	0.5667	−0.2667	0.7667	−0.2333	0.6000	91.0
21	0.7000	−0.4333	−0.2667	−0.2333	−0.2333	−0.4000	−311.0
22	−0.3000	0.5667	−0.2667	−0.2333	0.7667	0.6000	−395.0
23	−0.3000	−0.4333	−0.2667	−0.2333	−0.2333	−0.4000	−325.0
24	−0.3000	−0.4333	−0.2667	0.7667	−0.2333	−0.4000	−268.0
25	−0.3000	−0.4333	−0.2667	−0.2333	−0.2333	0.6000	−238.0
26	0.7000	−0.4333	−0.2667	−0.2333	−0.2333	−0.4000	−63.0
27	0.7000	−0.4333	−0.2667	−0.2333	0.7667	−0.4000	−377.0
28	−0.3000	0.5667	−0.2667	−0.2333	−0.2333	0.6000	−215.0
29	−0.3000	−0.4333	−0.2667	−0.2333	−0.2333	−0.4000	−351.0
30	−0.3000	−0.4333	−0.2667	−0.2333	0.7667	0.6000	−408.0
群1平均	0.2556	−0.1000	0.2889	0.2111	−0.2333	0.1556	343.9
群2平均	−0.2091	0.2939	0.0061	−0.0515	0.1303	−0.1273	−13.1
群3平均	0.0000	−0.2333	−0.2667	−0.1333	0.0667	0.0000	−295.1

2.2 カテゴリースコアの算出

表 2.1(4)の偏差データを行列で表し，Xとする．Xの転置行列をX'とする．式(53)から，全体変動Tは$T=X'X$で与えられる．

$$T=\begin{pmatrix} 6.3000 & -3.9000 & 0.6000 & -0.1000 & -0.1000 & -1.6000 & 1{,}018.0 \\ -3.9000 & 7.3667 & -0.4667 & -0.0333 & 0.9667 & 1.8000 & 680.0 \\ 0.6000 & -0.4667 & 5.8667 & -1.8667 & -1.8667 & 0.8000 & 1{,}888.0 \\ -0.1000 & -0.0333 & -1.8667 & 5.3667 & -1.6333 & 0.2000 & 1{,}035.0 \\ -0.1000 & 0.9667 & -1.8667 & -1.6333 & 5.3667 & 0.2000 & -1{,}296.0 \\ -1.6000 & 1.8000 & 0.8000 & 0.2000 & 0.2000 & 7.2000 & 636.0 \\ 1{,}018.0 & 680.0 & 1{,}888.0 & 1{,}035.0 & -1{,}296.0 & 636.0 & 2{,}381{,}386 \end{pmatrix}$$

Tの逆行列T^{-1}を求める．

$$T^{-1}=\begin{pmatrix} 0.3847 & 0.2506 & 0.1343 & 0.1196 & -0.0630 & 0.0453 & -0.000441 \\ 0.2506 & 0.3253 & 0.1457 & 0.1149 & -0.0642 & -0.0081 & -0.000398 \\ 0.1343 & 0.1457 & 0.4814 & 0.3103 & 0.1057 & -0.0229 & -0.000552 \\ 0.1196 & 0.1149 & 0.3103 & 0.4173 & 0.1084 & -0.0116 & -0.000449 \\ -0.0630 & -0.0642 & 0.1057 & 0.1084 & 0.2862 & -0.0275 & -0.000077 \\ 0.0453 & -0.0081 & -0.0229 & -0.0116 & -0.0275 & 0.1591 & -0.000051 \\ -0.000441 & -0.000398 & -0.000552 & -0.000449 & 0.000077 & -0.000051 & 0.0000014 \end{pmatrix}$$

式(61)から，表2.1(4)のデータの群間変動行列Bを求める．

$$B=\begin{pmatrix} 1.0687 & -0.9061 & 0.6505 & 0.6040 & -0.8364 & 0.6505 & 821.1 \\ -0.9061 & 1.5848 & 0.3818 & -0.0455 & 0.4758 & -0.5515 & 336.7 \\ 0.6505 & 0.3818 & 1.4626 & 0.9010 & -0.7758 & 0.3960 & 1{,}680.2 \\ 0.6040 & -0.0455 & 0.9010 & 0.6081 & -0.6061 & 0.3677 & 1{,}054.3 \\ -0.8364 & 0.4758 & -0.7758 & -0.6061 & 0.7212 & -0.5091 & -937.7 \\ 0.6505 & -0.5515 & 0.3960 & 0.3677 & -0.5091 & 0.3960 & 499.8 \\ 821.1 & 336.7 & 1680.2 & 1{,}054.3 & 937.7 & 499.8 & 1{,}937{,}061 \end{pmatrix}$$

行列 T^{-1}と行列 B の積を求める.

$$T^{-1}B = \begin{pmatrix} 0.0639 & -0.1090 & -0.0238 & 0.0048 & -0.0343 & 0.0389 & -20.3 \\ -0.1413 & 0.1787 & -0.0187 & -0.0462 & 0.0937 & -0.0860 & -34.0 \\ -0.0443 & 0.1559 & 0.1084 & 0.0426 & 0.0008 & -0.0270 & 115.7 \\ 0.0106 & 0.0800 & 0.1081 & 0.0568 & -0.0337 & 0.0064 & 120.6 \\ -0.0687 & 0.1683 & 0.0840 & 0.0241 & 0.0223 & -0.0418 & 86.5 \\ 0.1182 & -0.1802 & -0.0194 & 0.0211 & -0.0696 & 0.0719 & -10.3 \\ 0.0003 & 0.0001 & 0.0006 & 0.0004 & -0.0004 & 0.0002 & 0.7375 \end{pmatrix}$$

行列 $T^{-1}B$の固有値 η^2, 固有ベクトル$\boldsymbol{a}$を式(64)にしたがい求める.

軸 1 $\eta^2 = 0.8446$, 軸 2 $\eta^2 = 0.3948$

$$\text{軸 1}\ \boldsymbol{a} = c \times \begin{pmatrix} -30.39 \\ -41.08 \\ 160.68 \\ 165.17 \\ 121.48 \\ -18.93 \\ 1.00 \end{pmatrix}, \quad \text{軸 2}\ \boldsymbol{a} = c \times \begin{pmatrix} 4{,}834.73 \\ -8.517.44 \\ -6{,}162.44 \\ -2.625.70 \\ -6{,}985.41 \\ 8{,}196.44 \\ 1.00 \end{pmatrix}$$

式(78), 式(79)にしたがい c を求め, 固有ベクトル a を求める.

軸 1 $c = 0.003157$, 軸 2 $c = 0.0001534$

$$\text{軸 1}\ \boldsymbol{a} = \begin{pmatrix} -0.0959 \\ -0.1297 \\ 0.5072 \\ 0.5214 \\ 0.3835 \\ -0.0597 \\ 0.003157 \end{pmatrix}, \quad \text{軸 2}\ \boldsymbol{a} = \begin{pmatrix} 0.7415 \\ -1.3064 \\ -0.9452 \\ -0.4027 \\ -1.0714 \\ 1{,}2571 \\ 0.0001534 \end{pmatrix}$$

式(70), 表 1.17 の計算手順にしたがい, カテゴリースコア, アイテムスコアを求める.

※参照　アイテムスコアについては第 1 部 4.4 節で示している.

月間走行距離は量的データなので, カテゴリースコアは存在しない. 月間走行距離という項目に対するスコアである．このスコアをアイテムスコアと呼ぶことにする．

表 2.2　カテゴリースコア

			n	カテゴリースコア 軸 1	カテゴリースコア 軸 2
車使用用途	通勤・仕事	x_{11}	9	−0.0110	−1.0851
	レジャー	x_{12}	13	−0.0447	0.9627
	買物・用足し	x_{13}	8	0.0850	−0.3436
車選定理由	スタイル･外観の良さ	x_{21}	8	0.1608	0.3492
	室内スペース	x_{22}	7	0.1750	−0.1933
	性能のよさ	x_{23}	7	0.0371	0.4754
	燃費のよさ	x_{24}	8	−0.3464	−0.5960
環境対策車	予定あり	x_{31}	12	−0.0358	−0.7543
	予定なし	x_{32}	18	0.0239	0.5028
				アイテムスコア	
				軸 1	軸 2
月間走行距離		x_4		0.003156619	−0.0001534

第3章　数量化2類と回帰分析・判別分析の関係

3.1　数量化2類と回帰分析の同等性

目的変数が群データ，説明変数が質的データに対する多変量解析として，数量化2類がある．群データを得点化し，質的データをダミーデータ(1.0)に変換すれば回帰分析が適用でき，数量化2類で処理した結果と同じ結果が求められる．これらの結果については，第4部を参照されたい．

この節では，本来数量化2類で取り扱うデータに対して回帰分析を適用し，数量化2類の結果と同等になることを示す．

データ

表3.1(1)は表1.2(3)の具体例と表1.2(4)のダミー変数データを再掲したものである．このデータの目的変数は群データで群数は3，説明変数は質的データで個数は2，ダミー変数総数は4である．

表3.1(1)　データ

No.	群データ	u_1	u_2	x_{11}	x_{12}	x_{21}	x_{22}
1	1	2	2	0	1	0	1
2	1	2	3	0	1	0	0
3	1	3	3	0	0	0	0
4	2	3	1	0	0	1	0
5	2	3	2	0	0	0	1
6	3	1	1	1	0	1	0
7	3	1	2	1	0	0	1
8	3	1	3	1	0	0	0
9	3	2	1	0	1	1	0
			平均	0.3333	0.3333	0.3333	0.3333

群データの得点化

表3.1(1)の群データは「1，2，3」としているが，この数値は群を識別するためのコードにすぎず，このままでは回帰分析の目的変数として適用できない．回帰分析に適用できるための得点データに変換する方法を示す．

群数がG個のとき，目的変数となる各個体の得点は今の場合（G－1）個与えられる．この具体例はG＝3なので得点の個数は2個である．目的変数の得点データが二つ与えられるので，回帰分析の個数は二つで，それぞれをケース1，ケース2とする．

ケース1における群1の得点をθ_{11}，群2をθ_{21}，群3をθ_{3}，ケース2における群1の得点をθ_{12}，群2をθ_{22}，群3をθ_{32}とする．

この得点の行列 Θ を

$$\Theta = \begin{pmatrix} \theta_{11} & \theta_{12} \\ \theta_{21} & \theta_{22} \\ \theta_{31} & \theta_{32} \end{pmatrix} \tag{105}$$

で表す．

群データをダミー変換する．ダミー変換したデータの行列Zは

$$Z = \left(\begin{array}{ccc} 1 & 0 & 0 \\ 1 & 0 & 0 \\ 1 & 0 & 0 \\ \hline 0 & 1 & 0 \\ 0 & 1 & 0 \\ \hline 0 & 0 & 1 \\ 0 & 0 & 1 \\ 0 & 0 & 1 \\ 0 & 0 & 1 \end{array}\right) \tag{106}$$

で示せる．

で示せる．

このとき，各個体の得点は$Z\Theta$で与えられる．この得点行列をYとすると，Yは

$$Y = Z\Theta = \begin{pmatrix} 1 & 0 & 0 \\ 1 & 0 & 0 \\ 1 & 0 & 0 \\ \hline 0 & 1 & 0 \\ 0 & 1 & 0 \\ \hline 0 & 0 & 1 \\ 0 & 0 & 1 \\ 0 & 0 & 1 \\ 0 & 0 & 1 \end{pmatrix} \begin{pmatrix} \theta_{11} & \theta_{12} \\ \theta_{21} & \theta_{22} \\ \theta_{31} & \theta_{32} \end{pmatrix} = \begin{pmatrix} \theta_{11} & \theta_{12} \\ \theta_{11} & \theta_{12} \\ \theta_{11} & \theta_{12} \\ \hline \theta_{21} & \theta_{22} \\ \theta_{21} & \theta_{22} \\ \hline \theta_{31} & \theta_{32} \\ \theta_{31} & \theta_{32} \\ \theta_{31} & \theta_{32} \\ \theta_{31} & \theta_{32} \end{pmatrix} \tag{107}$$

で示せる．

得点行列Yを求めることが目的であり，この値は行列Θが分かれば求めることができる．

行列Θの算出の手順を示す．

行列Θの算出に，式(80)，式(89)で示したT，T^{-1}を適用するので，再掲する．

$$T = \begin{pmatrix} 2.00 & -1.00 & 0.00 & 0.00 \\ -1.00 & 2.00 & 0.00 & 0.00 \\ 0.00 & 0.00 & 2.00 & -1.00 \\ 0.00 & 0.00 & -1.00 & 2.00 \end{pmatrix}$$

$$T^{-1} = \begin{pmatrix} 0.676 & 0.333 & 0.000 & 0.000 \\ 0.333 & 0.667 & 0.000 & 0.000 \\ 0.000 & 0.000 & 0.676 & 0.333 \\ 0.000 & 0.000 & 0.333 & 0.667 \end{pmatrix}$$

〈1〉 Zの転置行列Z'を求め，$\tilde{X}'Z$，$Z'\tilde{X}$を計算する．

$$\tilde{X}'Z = \begin{pmatrix} -1.0000 & -0.6667 & 1.6667 \\ 1.0000 & -0.6667 & -0.3333 \\ -1.0000 & 0.3333 & 0.6667 \\ 0.0000 & 0.3333 & -0.3333 \end{pmatrix}$$

$$\tilde{Z}'X = \begin{pmatrix} -1.0000 & 1.0000 & -1.0000 & 0.0000 \\ -0.6667 & -0.6667 & 0.3333 & 0.3333 \\ 1.6667 & -0.3333 & 0.6667 & -0.3333 \end{pmatrix}$$

〈2〉 $Z'\tilde{X}T^{-1}\tilde{X}'Z$を計算する．

$$Z'\tilde{X}T^{-1} = \begin{pmatrix} -0.3333 & 0.3333 & -0.6667 & -0.3333 \\ -0.6667 & -0.6667 & 0.3333 & 0.3333 \\ 1.0000 & 0.3333 & 0.3333 & 0.0000 \end{pmatrix}$$

$$Z'\tilde{X}T^{-1}\tilde{X}'Z = \begin{pmatrix} 1.3333 & -0.3333 & -1.0000 \\ -0.3333 & 1.1111 & -0.7778 \\ -1.0000 & -0.7778 & 1.7778 \end{pmatrix}$$

〈3〉 群別個体数を成分とする行列Nを作成する．$N = Z'Z$ である．
群別個体数は，$n_1 = 3$，$n_2 = 2$，$n_3 = 4$ である．

$$N = \begin{pmatrix} 3 & 0 & 0 \\ 0 & 2 & 0 \\ 0 & 0 & 4 \end{pmatrix}$$

〈4〉 行列Nの逆行列N^{-1}を計算する．

$$N^{-1} = \begin{pmatrix} 0.3333 & 0.0000 & 0.0000 \\ 0.0000 & 0.5000 & 0.0000 \\ 0.0000 & 0.0000 & 0.2500 \end{pmatrix}$$

〈5〉 N^{-1}と$Z'\tilde{X}T^{-1}\tilde{X}'Z$を掛け算する．

$$N^{-1}Z'\tilde{X}T^{-1}\tilde{X}'Z = \begin{pmatrix} 0.4444 & -0.1111 & -0.3333 \\ -0.1667 & 0.5556 & -0.3889 \\ -0.2500 & -0.1944 & 0.4444 \end{pmatrix}$$

〈6〉 この行列の固有値と固有ベクトルを求める．
固有ベクトルが求める行列Θである．

表3.1(2) 固有値と固有ベクトル

	ケース1	ケース2
固有値	0.8101	0.6344
固有ベクトル	$\theta_{11}=-0.5585$ $\theta_{21}=-1.1623$ $\theta_{31}=1.0000$	$\theta_{12}=-4.7749$ $\theta_{22}=5.1623$ $\theta_{32}=1.0000$

〈7〉式(107)より，行列Zと求められた行列Θを掛け各個体の得点を算出する．これを仮の得点とする．仮得点の基準値が各個体の得点になる．

※注．基準値＝(データ－平均)÷標準偏差

表3.1(3) 目的変数の得点化

		仮得点		得点	
No.	群データ	ケース1	ケース2	ケース1	ケース2
1	1	−0.5585	−4.7749	−0.6063	−1.2777
2	1	−0.5585	−4.7749	−0.6063	−1.2777
3	1	−0.5585	−4.7749	−0.6063	−1.2777
4	2	−1.1623	5.1623	−1.2617	1.3813
5	2	−1.1623	5.1623	−1.2617	1.3813
6	3	1.0000	1.0000	1.0855	0.2676
7	3	1.0000	1.0000	1.0855	0.2676
8	3	1.0000	1.0000	1.0855	0.2676
9	3	1.0000	1.0000	1.0855	0.2676
平均		0.0000	0.0000		
標準偏差		0.9212	3.7371		

回帰分析における回帰係数

回帰分析は二つ実施するが，ここではケース1の回帰分析について示す．

ケース1の得点を目的変数，<1>で示した$\tilde{X}$を説明変数として，回帰分析を行う．

回帰モデル式を

$$\tilde{\boldsymbol{y}}=\tilde{X}\boldsymbol{b} \tag{108}$$

で表す．$\tilde{\boldsymbol{y}}$はケース1の得点の列ベクトル，$\boldsymbol{b}$は回帰係数である．

回帰係数$\boldsymbol{b}$は

$$\boldsymbol{b}=T^{-1}\tilde{X}'\tilde{\boldsymbol{y}} \tag{109}$$

で求められることが知られている．

回帰係数 $\boldsymbol{b}$ を求める．

$$T^{-1}\tilde{X}'=\begin{pmatrix} 0.6667 & 0.3333 & 0.0000 & 0.0000 \\ 0.3333 & 0.6667 & 0.0000 & 0.0000 \\ 0.0000 & 0.0000 & 0.6667 & 0.3333 \\ 0.0000 & 0.0000 & 0.3333 & 0.6667 \end{pmatrix}\times$$

$$\begin{pmatrix} -0.3333 & -0.3333 & -0.3333 & -0.3333 & -0.3333 & 0.6667 & 0.6667 & 0.6667 & -0.3333 \\ 0.6667 & 0.6667 & -0.3333 & -0.3333 & -0.3333 & -0.3333 & -0.3333 & -0.3333 & 0.6667 \\ -0.3333 & -0.3333 & -0.3333 & 0.6667 & -0.3333 & 0.6667 & -0.3333 & -0.3333 & 0.6667 \\ 0.6667 & -0.3333 & -0.3333 & -0.3333 & 0.6667 & -0.3333 & 0.6667 & -0.3333 & -0.3333 \end{pmatrix}$$

$$=\begin{pmatrix} 0.0000 & 0.0000 & -0.3333 & -0.3333 & -0.3333 & 0.3333 & 0.3333 & 0.3333 & 0.0000 \\ 0.3333 & 0.3333 & -0.3333 & -0.3333 & -0.3333 & 0.0000 & 0.0000 & 0.0000 & 0.3333 \\ 0.0000 & -0.3333 & -0.3333 & 0.3333 & 0.0000 & 0.3333 & 0.0000 & -0.3333 & 0.3333 \\ 0.3333 & -0.3333 & -0.3333 & 0.0000 & 0.3333 & 0.0000 & 0.3333 & -0.3333 & 0.0000 \end{pmatrix}$$

$$\boldsymbol{b}=(T^{-1}\tilde{X}')\times\tilde{\boldsymbol{y}}$$

$$=\begin{pmatrix} 0.0000 & 0.0000 & -0.3333 & -0.3333 & -0.3333 & 0.3333 & 0.3333 & 0.3333 & 0.0000 \\ 0.3333 & 0.3333 & -0.3333 & -0.3333 & -0.3333 & 0.0000 & 0.0000 & 0.0000 & 0.3333 \\ 0.0000 & -0.3333 & -0.3333 & 0.3333 & 0.0000 & 0.3333 & 0.0000 & -0.3333 & 0.3333 \\ 0.3333 & -0.3333 & -0.3333 & 0.0000 & 0.3333 & 0.0000 & 0.3333 & -0.3333 & 0.0000 \end{pmatrix}$$

$$\times\begin{pmatrix} -0.6063 \\ -0.6063 \\ -0.6063 \\ -1.2617 \\ -1.2617 \\ 1.0855 \\ 1.0855 \\ 1.0855 \\ 1.0855 \end{pmatrix}=\begin{pmatrix} 2.1288 \\ 1.0009 \\ 0.3454 \\ -0.2185 \end{pmatrix} \tag{110}$$

回帰分析における予測値

各個体の予測値 $\tilde{\boldsymbol{y}}$ は

$$\tilde{\boldsymbol{y}}=\tilde{X}\boldsymbol{b} \tag{111}$$

で与えられる．

$$\bar{\hat{\boldsymbol{y}}} = \tilde{X}\boldsymbol{b} = \begin{pmatrix} -0.3333 & 0.6667 & -0.3333 & 0.6667 \\ -0.3333 & 0.6667 & -0.3333 & -0.3333 \\ -0.3333 & -0.3333 & -0.3333 & -0.3333 \\ -0.3333 & -0.3333 & 0.6667 & -0.3333 \\ -0.3333 & -0.3333 & -0.3333 & 0.6667 \\ 0.6667 & -0.3333 & 0.6667 & -0.3333 \\ 0.6667 & -0.3333 & -0.3333 & 0.6667 \\ 0.6667 & -0.3333 & -0.3333 & -0.3333 \\ -0.3333 & 0.6667 & 0.6667 & -0.3333 \end{pmatrix} \begin{pmatrix} 2.1288 \\ 1.0009 \\ 0.3454 \\ -0.2185 \end{pmatrix}$$

$$= \begin{pmatrix} -0.3031 \\ -0.0846 \\ -1.0855 \\ -0.7401 \\ -1.3040 \\ 1.3887 \\ 0.8247 \\ 1.0432 \\ 0.2608 \end{pmatrix} \tag{112}$$

予測値の全体変動，回帰変動，残差変動

回帰分析ケース１における全体変動，回帰変動，残差変動の求め方を示す．

① 表3.1(3)のケース１の得点を①に転記する．

② 各個体の得点を平方し合計する．この値を全体変動という．

③ (112)式の予測値を③に転記する．

④ ①の得点から③の予測値を引き残差を算出する．

⑤ ④の残差を平方し合計する．この値を残差変動という．

全体変動は９，残差変動は1.7094である．回帰変動は全体変動から残差変動を引いた値である．回帰変動を求めると7.2906である．

表 3.1(4)　全体変動, 回帰変動, 残差変動

No.	① 得点	② 得点^2	③ 予測値	④ ① − ③ 残差	⑤ ④^2 残差平方
1	−0.6063	0.3675	−0.3031	−0.3031	0.0919
2	−0.6063	0.3675	−0.0846	−0.5216	0.2721
3	−0.6063	0.3675	−1.0855	0.4793	0.2297
4	−1.2617	1.5919	−0.7401	−0.5216	0.2721
5	−1.2617	1.5919	−1.3040	0.0423	0.0018
6	1.0855	1.1784	1.3887	−0.3031	0.0919
7	1.0855	1.1784	0.8247	0.2608	0.0680
8	1.0855	1.1784	1.0432	0.0423	0.0018
9	1.0855	1.1784	0.2608	0.8247	0.6802
合計	0.0000	9.0000	0.0000	0.0000	1.7094
		全体変動			残差変動

回帰分析の決定係数

回帰モデルの良さを示す尺度として決定係数がある．決定係数 R^2 は回帰変動÷全体変動で求められる．回帰分析ケース1の決定係数を求めると $R^2 = 1.7094 \div 9 = 0.8101$ である．

回帰分析，数量化2類の結果比較

ケース1における全体変動，回帰変動，残差変動，決定係数の求め方及び結果を示してきたが，ケース2についても同様にして求められる．その結果は表3.1(5)に示す．

この例題に対する数量化2類の解法は1.16節，1.7節で示した．表1.1(6)の相関比，式(102)，式(103) の固有ベクトル(モデル式の係数)，表1.18のサンプルスコアを表3.1(5)に再掲する．サンプルスコアの全体変動は1.10節，サンプルスコアの群間変動は1.12節，サンプルスコアの群内変動は1.13節の説明にしたがい計算する．その結果は表3.1(5)に表記する．

回帰分析の決定係数，予測値の全体変動・回帰変動・残差変動は，数量化2類の相関比，サンプルスコアの全体変動・群間変動・群内変動に一致する．

回帰分析の回帰係数・予測値を数量化2類の固有ベクトル・サンプルスコアで割った値は定数となり，両者は比例関係にある．

表3.1(5)　回帰分析の結果

		回帰分析				数量化2類		回帰÷2類	
		ケース1	ケース2			軸1	軸2	軸1	軸2
回帰分析	x_{11}	2.1288	−0.2274	固有	x_{11}	−9.7434	−0.2570	−0.2185	0.8863
	x_{12}	1.0009	−1.2576	ベクトル	x_{12}	−4.5811	−1.4190	−0.2185	0.8863
	x_{21}	0.3454	1.4014		x_{21}	−1.5811	1.5810	−0.2185	0.8863
	x_{22}	−0.2185	0.8863		x_{22}	1.0000	1.0000	−0.2185	0.8863
決定係数		0.8101	0.6344	相関比		0.8101	0.6344		
全体変動		9.0000	9.0000	全体変動		9.0000	9.0000		
回帰変動		7.2906	5.7094	群間変動		7.2906	5.7094		
残差変動		1.7094	3.2906	群内変動		1.7094	3.2906		
予測値	1	−0.3031	−0.6388	予測値	1	−0.3368	0.8021	0.9000	−0.7965
	2	−0.0846	−1.5252		2	−0.0940	1.9149	0.9000	−0.7965
	3	−1.0855	−0.2676		3	−1.2061	0.3360	0.9000	−0.7965
	4	−0.7401	1.1338		4	−0.8223	−1.4236	0.9000	−0.7965
	5	−1.3040	0.6188		5	−1.4489	−0.7769	0.9000	−0.7965
	6	1.3887	0.9064		6	1.5429	−1.1380	0.9000	−0.7965
	7	0.8247	0.3913		7	0.9163	−0.4913	0.9000	−0.7965
	8	1.0432	−0.4950		8	1.1591	0.6215	0.9000	−0.7965
	9	0.2608	−0.1238		9	0.2898	0.1554	0.9000	−0.7965

3.2　2類，回帰，判別の追加情報検定統計量の関係

表 3.1(1)の説明変数は u_1，u_2 の二つである．u_2 が目的変数に寄与しているかを，第 2 部 2.3 節で示した追加情報の検定で調べる．表 3.1(1)のデータは目的変数，説明変数いずれも質的データであるが，回帰分析，判別分析の追加情報の検定が適用でき，その結果は数量化 2 類と一致する．このことを数値例で確かめる．

2 類，回帰，判別の各々について追加情報の検定を行った結果を示す．共通の情報として，ダミー変数データから平均値を引いた偏差データの全体変動行列 T，群間変動行列 B，群内変動行列 W を示しておく．

式(80)，式(88)より

$$T=\begin{pmatrix} 2.00 & -1.00 & 0.00 & 0.00 \\ -1.00 & 2.00 & 0.00 & 0.00 \\ 0.00 & 0.00 & 2.00 & -1.00 \\ 0.00 & 0.00 & -1.00 & 2.00 \end{pmatrix},\quad B=\begin{pmatrix} 1.2500 & -0.2500 & 0.5000 & -0.2500 \\ -0.2500 & 0.5833 & -0.5000 & -0.0833 \\ 0.5000 & -0.5000 & 0.5000 & 0.0000 \\ -0.2500 & -0.0833 & 0.0000 & 0.0833 \end{pmatrix} \tag{113}$$

W は $W=T-B$ で与えられる．

$$W=\begin{pmatrix} 0.7500 & -0.7500 & -0.5000 & 0.2500 \\ -0.7500 & 1.4167 & 0.5000 & 0.0833 \\ -0.5000 & 0.5000 & 1.5000 & -1.0000 \\ 0.2500 & 0.0833 & -1.0000 & 1.9167 \end{pmatrix} \tag{114}$$

数量化２類の追加情報の検定

説明変数 u_1，u_2を適用したモデルの相関比は表1.16よりη_1^2=0.8101，η_2^2=0.6344である．検討する説明変数 u_2を含まないモデルの相関比を計算すると，$(\eta'_1)^2$= 0.7651，$(\eta'_2)^2$= 0.2904である．

第２部 2.3 節の手順にしたがい計算する．

$|W|=n(1-\eta_1^2)\times n(1-\eta_2^2)$

$|W'|=n(1-(\eta'_1)^2)\times n(1-(\eta'_2)^2)$

$$\lambda=\frac{|W|}{|W'|}=\frac{(1-\eta_1^2)(1-\eta_2^2)}{(1-(\eta'_1)^2)(1-(\eta'_2)^2)} = \frac{(1-0.8101)(1-0.6344)}{(1-0.7651)(1-0.2904)} = 0.4167 \tag{115}$$

このデータは，$n=9$，$p=4$(説明変数u_1，u_2のダミー変数総数)，$p'=2$(説明変数 u_1のダミー変数総数)である．$p-p'=2$，3群より，第２部表2.3における検定タイプは②B である．

②Bの検定統計量は

$$\Lambda=\frac{f_2}{f_1}\left(\frac{1-\sqrt{\lambda}}{\sqrt{\lambda}}\right),\ f_1=2(p-p'),\ f_2=2(n-p-1)$$

であるので，

$$\Lambda=\frac{8}{4}\frac{1-\sqrt{0.4167}}{\sqrt{0.4167}}=1.0984 \tag{116}$$

となる．

回帰分析の追加情報の検定

群データを得点化し回帰分析を行ったときの決定係数あるいは残差変動を適用して，追加情報の検定が行なえる．

回帰分析の追加情報検定は，回帰分析の決定係数・残差変動と数量化 2 類の相関比・群内変動が同等なので，数量化 2 類の追加情報検定がそのまま適用できる．検定統計量を計算すると λ =0.4167，Λ =1.0984 となる．これらの結果は式(115)，式(116)の結果に一致する．

判別分析の追加情報の検定

判別分析は目的変数が群データ，説明変数が量的データに対して適用できる解析手法である．

表 3.1(1)の群データを目的変数，ダミー変数データを説明変数として判別分析を行い，説明変数 u_2 が目的変数に寄与しているかを判別分析の追加情報の検定で調べる．

例題のダミー変数総数 p は 4 個，検討する説明変数を含めないモデルのダミー変数総数 p' は 2 個，検討する説明変数のダミー変数個数 $p - p'$ は 2 個である．

式(113)の全体変動行列 T を再掲する．

T の行数，列数を p' と $p - p'$ で分け，T を 4 分割する．分割行列を，T_{11}，T_{12}，T_{21}，T_{22} とする．

$T_{22} - T_{21} \times T_{11}^{-1} \times T_{12} = DT$ を①から④の手順で計算する．求められた④の行列式の値を $|DT|$ とする．

全体変動行列 T

T_{11}	T_{12}
T_{21}	T_{22}

全体変動行列 T

2.000	−1.000	0.000	0.000
−1.000	2.000	0.000	0.000
0.000	0.000	2.000	−1.000
0.000	0.000	−1.000	2.000

① = T_{11} の逆行列

0.6667	0.3333
0.3333	0.6667

② = T_{21} ×①

0.0000	0.0000
0.0000	0.0000

③ = ② × T_{12}

0.0000	0.0000
0.0000	0.0000

④ = T_{22} − ③

2.0000	−1.0000
−1.0000	2.0000

$|DT|$ = ④の行列式の値

3.0000

式(114)の群内変動行列Wを再掲する．
Wの行数，列数をp'と$p-p'$で分け，Wを4分割する．分割行列を，W_{11}，W_{12}，W_{21}，W_{22}とする．

$W_{22}-W_{21}\times W_{11}{}^{-1}\times W_{12}=DW$を①から④の手順で計算する．求められた④の行列式の値を$|DW|$とする．

群内変動行列 W

W_{11}	W_{12}
W_{21}	W_{22}

群内変動行列 W

0.7500	−0.7500	−0.5000	0.2500
−0.7500	1.4167	0.5000	0.0833
−0.5000	0.5000	1.5000	−1.0000
0.2500	0.0833	−1.0000	1.9167

①＝W_{11}の逆行列

2.8333	1.5000
1.5000	1.5000

②＝W_{21} ×①

−0.6667	0.0000
0.8333	0.5000

③＝② × W_{12}

0.3333	−0.1667
−0.1667	0.2500

④＝W_{22}－③

1.1667	−0.8333
−0.8333	1.6667

$|DW|$＝④の行列式の値

1.2500

検定統計量λは

$$\lambda=\frac{|DW|}{|DT|} \tag{117}$$

で与えられる．この例題のλは

$$\lambda=\frac{1.25}{3.00}=0.4167 \tag{118}$$

である．

これ以降の検定計算は数量化2類と同じである．Λを計算すると1.0984となる．

数量化2類，回帰分析，判別分析それぞれについてλ，Λを求めてきたが，これらが一致することが確認できた．

上級学習者のための「数量化2類モデル式係数ベクトル」「追加情報検定とモデル選択基準」についての理論

第1章　はじめに

第1部から第3部までは，説明変数がカテゴリカルの場合や，カテゴリカルと連続な変数が混在している場合の判別の問題を数値例を中心に説明してきた．これらの中には，多変量正規分布のもとで発展している追加情報の検定，変数選択法なども含まれている．第4部では，このような分析法を一般的に解説し，さらに，その妥当性について検証することを目的にしている．

数量化2類では，カテゴリカル変数をダミー変数にして判別分析法を適応する．このとき，相関比を最大にする判別（モデル）式は，各アイテムのダミー変数間に1つの制約式があるので，1つのダミー変数を除いて求められた．このようにして求められた判別式が相関比最大化として最適なものであることを注意する．また，3群以上の判別分析においては，複数個の判別式が定められるが，これらの意味を考える．

説明変数が多変量正規分布である場合，ある変数の組が冗長であるかどうか，あるいは，追加情報をもたないかどうかを検定するための尤度比統計量が提案されている．また，その帰無分布がラムダ分布に従うことはよく知られている．そのような検定法が，数量化2類のデータに対しても適用できるであろうか．まず，検定統計量が正規性からのずれに対して漸近的にロバストであることを注意する．次に，判別分析法が回帰分析法と密接に関係する（最適）目的変数を用いて検討する．このとき，追加情報の検定統計量が，サンプルスコア（判別得点）の群内変動行列，あるいは，目的変数をサンプルスコアで予測したときの残差の群内変動行列で表されることを指摘する．

さらに，判別分析における推測と多変量回帰モデルでの推測との類似性を指摘する．これによって，多変量回帰モデルの妥当性の検証に持ち込めることが指摘される．実際には，目的変数を線形予測したときの残差が正規性に近いかを調べることになる．目的変数の説明変数に関する多変量回帰モデルにおいては，回帰係数の推定が判別式の係数に対応している．このことから，多変量回帰モデルに基づく冗長性検定，変数選択法が提案される．

第4部では，行列，固有値固有ベクトルについてある程度の知識を前提に展開している．また，多変量正規モデルのもとでの判別分析法についてもある程度の知識を前提に解説している．数量化法の解説については，田中・脇本(1983)，柳井・高木（1986)，などを参照されたい．数量化法における追加情報の検定,変数選択の方法やそれらの妥当性は,2群の場合には菅(2009)によって検討されている．多群の場合への拡張については，藤越・菅（2009）によって示されている．

※注．第4部でカテゴリカルとはカテゴリーデータ（質的データ)，要因アイテムとは説明変数を意味する．

第2章　数量化2類について

Q 個の要因アイテムがあり，第 j 要因アイテムは c_j 個の選択肢をもつとする．第 j 要因アイテムのダミー変数を

$$\boldsymbol{x}_j = (\boldsymbol{x}_{j1}, \ldots, \boldsymbol{x}_{jc_j})', \quad j = 1, \ldots, Q$$

とし，これらをまとめて

$$\boldsymbol{x} = (\boldsymbol{x}_1', \ldots, \boldsymbol{x}_Q')'$$

とする．また，G 個の群があり第 g 群の第 i 番目の個体についてのデータを，次のように表す．

$$x_{ijk}^{(g)} = \begin{cases} 1, & \text{群 } g \text{ の } i \text{ 番目の個体がアイテム } j \text{ のカテゴリー } k \text{ に反応するとき,} \\ 0, & \text{その他のとき.} \end{cases}$$

ここに，$i = 1, \ldots, n_g$; $j = 1, \ldots, Q$; $k = 1, \ldots, c_j$; $g = 1, \ldots, G$．第 g 群の第 i 番目の個体のデータは

$$\boldsymbol{x}_i^{(g)} = (x_{i11}^{(g)}, \ldots, x_{i1c_1}^{(g)}, \ldots, x_{iQ1}^{(g)}, \ldots, x_{iQc_Q}^{(g)})'$$

とベクトル表示できる．全ダミー変数 $\boldsymbol{x}$ の次元は $c = \sum_{j=1}^{Q} c_j$ である．$\boldsymbol{x}$ の群間変動行列，群内変動行列，全変動行列をそれぞれ B，W，T とする．これらは，$c \times c$ 行列であって

$$B + W = T$$

を満たしている．

$\boldsymbol{x}$ の1次結合 $\boldsymbol{a}'\boldsymbol{x}$ を考え，相関比が最大になる係数を求めよう．ここに，係数ベクトル $\boldsymbol{a}$ は

$$\boldsymbol{a} = (a_{11}, \ldots, a_{1c_1}, \ldots, a_{Q1}, \ldots, a_{Qc_Q})'$$

である．$\boldsymbol{a'x}$ の群間平方和，群内平方和，全平方和はそれぞれ $\boldsymbol{a'Ba}$，$\boldsymbol{a'Wa}$，$\boldsymbol{a'Ta}$ となるので，相関比は

$$\eta^2 = \frac{\boldsymbol{a'Ba}}{\boldsymbol{a'Ta}} \tag{1}$$

と表せる．相関比の最大化問題は2次形式の比の最大化問題であって，最大値は固有方程式

$$|B - dT| = 0 \tag{2}$$

の最大根 $d_1(=\eta_1^2)$ として与えられる．また，係数ベクトル $\boldsymbol{a}$ は最大固有根に対応する固有ベクトルであって，方程式

$$B\boldsymbol{a} = dT\boldsymbol{a} \tag{3}$$

の $d = d_1$ のときの解 $\boldsymbol{a} = \boldsymbol{a}_1$ として与えられる．固有ベクトルの長さは，通常

$$\boldsymbol{a}'T\boldsymbol{a} = n \tag{4}$$

と基準化される．ここに，n は全標本数である．これらの結果は，条件 $\boldsymbol{a}'T\boldsymbol{a} = n$ のもとでの $\boldsymbol{a}'B\boldsymbol{a}$ の最大化問題をラグランジュ乗数法によっても示される．

数量化2類の場合，各アイテムのダミー変数とそのデータについて，次の関係があることに注意しよう．

$$\sum_{k=1}^{c_j} x_{jk} = 1, \quad j = 1, \ldots, Q, \tag{5}$$

$$\sum_{k=1}^{c_j} x_{ijk}^{(g)} = 1, \quad i = 1, \ldots, n_g,\ g = 1, \ldots, G,\ j = 1, \ldots, Q. \tag{6}$$

従って，各アイテムの任意のカテゴリーは他のダミー変数で表せる．そこで，例えば，各アイテムの第1カテゴリーを除外したカテゴリー変数

$$\boldsymbol{x}^* = (x_{12}, \ldots, x_{1c_1}, \ldots, x_{Q2}, \ldots, x_{Qc_Q})'$$

を考える．$\boldsymbol{x}^*$ の次元は $p = c - Q$ である．$\boldsymbol{x}^*$ の群間変動行列，群内変動行列，全変動行列をそれぞれ B^*，W^*，T^* とする．このとき，(5)を満たすことから

$$|B - dT| = |B^* - dT^*|$$

が成り立つので，相関比の最大は固有方程式

$$|B^* - dT^*| = 0 \tag{7}$$

の最大根 d_1 に等しい．また, 対応する固有ベクトル，すなわち，方程式

$$B^* a^* = dT^* a^*,\quad (a^*)' T^* a^* = n \tag{8}$$

の$d = d_1$のときの解 $\boldsymbol{a}^* = \boldsymbol{a}_1^*$ を

$$\boldsymbol{a}_1^* = (a_{12}^{[1]}, \ldots, a_{1c_1}^{[1]}, \ldots, a_{Q2}^{[1]}, \ldots, a_{Qc_1}^{[1]})' \tag{9}$$

と表す．このとき，$\boldsymbol{a}_1{}^*$ から構成される

$$\boldsymbol{a}_1 = (0, a_{12}^{[1]}, \ldots, a_{1c_1}^{[1]}, \ldots, 0, a_{Q2}^{[1]}, \ldots, a_{Qc_1}^{[1]})' \tag{10}$$

を考えると，これが(3)および(4)を満たすので，相関比を最大にする係数ベクトルとなる．

一般に，固有方程式のゼロでない固有値は $m = \min(G-1,\ p)$ 個あり，これらを

$$1 > d_1 > d_2 > \cdots > d_m > 0$$

とする．最大固有値 d_1 に対して，係数ベクトル $\boldsymbol{a}_1$ を求めたときと同様にして，固有値 d_i に対して，係数ベクトル $\boldsymbol{a}_i$ を求める．このとき，m 個の判別式

$$\boldsymbol{a}_i' x = a_{12}^{[i]} x_{12} + \cdots + a_{1c_1}^{[i]} x_{1c_1} + \cdots + a_{Q2}^{[i]} x_{Q2} + \cdots + a_{Qc_Q}^{[i]} x_{Qc_Q}, \quad i = 1, \ldots, m \tag{11}$$

が定まる．第 i 判別式 $\boldsymbol{a}_i' x$ の相関比は固有値 $d_i (= \eta_i{}^2)$ に等しく，とくに，$\boldsymbol{a}_1' \boldsymbol{x}$ は１次結合 $\boldsymbol{a}' \boldsymbol{x}$ のなかで相関比を最大にするものであることを示した．$\boldsymbol{a}_2' \boldsymbol{x}$ は

$$条件 : \boldsymbol{a}' B \boldsymbol{a}_1 = 0$$

を満たす $\boldsymbol{a}' \boldsymbol{x}$ のなかで，相関比を最大にするものである．上記の条件は $\boldsymbol{a}' \boldsymbol{x}$ と $\boldsymbol{a}_1' \boldsymbol{x}$ の群間変動相関がゼロであることを意味しているが，詳しくは次節を参照されたい．一般に，$\boldsymbol{a}_i' \boldsymbol{x}$ は

$$条件 : \boldsymbol{a}' B \boldsymbol{a}_1 = 0, \ldots, \boldsymbol{a}' B \boldsymbol{a}_{i-1} = 0 \tag{12}$$

を満たす $\boldsymbol{a}' \boldsymbol{x}$ のなかで，相関比を最大にするものである．

数量化２類においては，各アイテムのカテゴリの係数に基づいた解釈を行うが，解釈し易いように各アイテム内の平均がゼロになるように基準化する．

第 i 判別式の第 j カテゴリの係数を基準化するためには，任意の定数 $b_{j0}^{[i]}$ に対して

$$\sum_{k=2}^{c_j} a_{jk}^{[i]} x_{jk} = b_{j0}^{[i]}(1-\sum_{k=1}^{c_j} x_{jk}) + \sum_{k=2}^{c_j} a_{jk}^{[i]} x_{jk}$$
$$= b_{j0}^{[i]} + (-b_{j0}^{[i]}) x_{j1} + \sum_{k=2}^{c_j} (a_{jk}^{[i]} - b_{j0}^{[i]}) x_{jk}$$

と表せることを利用する．これより，

$$b_{j0}^{[i]} = (1/n)\sum_{k=2}^{c_j} a_{jk}^{[i]} n_{jk}, \quad b_{j1}^{[i]} = -b_{j0}^{[i]}, \quad b_{jk}^{[i]} = a_{jk}^{[i]} - b_{j0}^{[i]}$$

とおくと，第 i 判別式は

$$a_i' x = b_0^{[i]} + \sum_{j=1}^{Q} \sum_{k=1}^{c_j} b_{jk}^{[i]} x_{jk} \tag{13}$$

と表され，第 j アイテムのダミー変数の1次結合 $\sum_{k=1}^{c_j} b_{jk}^{[i]} x_{jk}$ の平均はゼロ，すなわち，$\sum_{k=1}^{c_j} b_{jk}^{[i]} n_{jk} = 0$ を満たしている．ここに，$b_0^{[i]} = \sum_{j=1}^{Q} b_{j0}^{[i]}$ で，n_{jk} は変数 x_{jk} に反応した個体数を表す．

第3章　係数ベクトルについて

この節以降においては，数量化2類のデータに限定しなく一般の p 次元変数 $\boldsymbol{x}$ の判別データを扱う．数量化2類のデータの場合には，各アイテムのダミー変数をまとめた変数であるが，各アイテムのどれか1つ（例えば，最初あるいは最後）のカテゴリ変数が除かれた変数である．

p 次元変数 $\boldsymbol{x}$ の標本を

$$X=(\boldsymbol{x}_1^{(1)},\ldots,\boldsymbol{x}_{n_1}^{(1)},\ldots,\boldsymbol{x}_1^{(G)},\ldots,\boldsymbol{x}_{n_G}^{(G)})' \tag{14}$$

とする．ここに，G は群の数，$\boldsymbol{x}_1^{(i)},\ldots,\boldsymbol{x}_{n_i}^{(i)}$ は群 Π_i からの標本で，全標本数を n とする．$\boldsymbol{x}$ の群間変動行列，群内変動行列，全変動行列をそれぞれ B，W，T とする．前節ではこれらの変動行列を B^*，W^*，T^* と表したが，この節および以降では＊を付けていないことに注意されたい．これらの変動行列は，$p\times p$ 行列である．$\boldsymbol{x}$ の1次結合

$$\boldsymbol{a}'\boldsymbol{x}=a_1x_1+a_2x_2+\cdots+a_px_p$$

を考える．数量化2類の場合と同様に，相関比最大化によって判別式（モデル式, 判別関数）が導入される．相関比と係数ベクトルは，群間変動行列 B の全変動行列 T に関する固有値問題

$$B\boldsymbol{a}_i=d_iT\boldsymbol{a}_i,\quad \boldsymbol{a}_i'T\boldsymbol{a}_j=n\delta_{ij},\quad i,\ j=1,\ldots,p \tag{15}$$

の固有値，固有ベクトルとして定義される．ここに，δ_{ij} はクロネッカーのデルタとよばれる記号であって，$\delta_{ii}=1$，$i\neq j$ のとき $\delta_{ij}=0$ である．一般に，ゼロでない固有値は $m=\min(p, G-1)$ 個あって，$d_1>\cdots>d_m>d_{m+1}=\cdots=d_p=0$ とする．第 i 判別式

$$\boldsymbol{a}_i'\boldsymbol{x}=a_{1i}x_1+a_{2i}x_2+\cdots+a_{pi}x_p$$

は第 i 判別変数ともよばれる．$\boldsymbol{a}_i'\boldsymbol{x}$ の相関比は $\mathrm{d}_i\ (=\eta_i^2)$ である．

第2正準判別変数 $\boldsymbol{a}_2'\boldsymbol{x}$ は，第1正準判別変数 $\boldsymbol{a}_i'\boldsymbol{x}$ と群間変動相関がゼロである1次結合 $\boldsymbol{a}'\boldsymbol{x}$ のなかで相関比を最大にするものである．以下同様に，第 i 正準判別変数 $\boldsymbol{a}_i'\boldsymbol{x}$ は，$\boldsymbol{a}_1'\boldsymbol{x},\ldots,\ \boldsymbol{a}_{i-1}'\boldsymbol{x}$ との群間変動相関がゼロである1次結合 $\boldsymbol{a}'\boldsymbol{x}$ のなかで相関比を最大にするものである．

一般に2つの変数 u，v の群間変動相関とは，群間変動変数間の相関係数のことであって，群間変動変数は次のように定義される．変数 u，v が G 個の群で観測され，それらの観測値を

$$(u_1^{(1)},\ldots,\ u_{n_1}^{(1)},\ldots,\ u_1^{(G)},\ldots,\ u_{n_G}^{(G)}),$$
$$(v_1^{(1)},\ldots,\ v_{n_1}^{(1)},\ldots,\ v_1^{(G)},\ldots,\ v_{n_G}^{(G)})$$

とする．また，変数 u の群平均，全平均を $\bar{u}^{(1)},\ldots,\bar{u}^{(G)}$, $\bar{u}$ とし，変数 v の群平均，全平均を $\bar{v}^{(1)},\ldots,\bar{v}^{(G)}$, $\bar{v}$ とする．このとき，u と v の群間変動変数はそれぞれ次の値をとる変数と定義する．

$$(\bar{u}^{(1)}-\bar{u},\ldots,\ \bar{u}^{(1)}-\bar{u},\ldots,\ \bar{u}^{(G)}-\bar{u},\ldots,\ \bar{u}^{(G)}-\bar{u}),$$
$$(\bar{v}^{(1)}-\bar{v},\ldots,\ \bar{v}^{(1)}-\bar{v},\ldots,\ \bar{v}^{(G)}-\bar{v},\ldots,\ \bar{v}^{(G)}-\bar{v}).$$

この定義から，$\boldsymbol{a}'\boldsymbol{x}$ と $\boldsymbol{a}_i'\boldsymbol{x}$ の群間変動変数の相関係数は

$$\frac{\boldsymbol{a}'B\boldsymbol{a}_1}{\sqrt{\boldsymbol{a}'B\boldsymbol{a}}\sqrt{\boldsymbol{a}_1'B\boldsymbol{a}_1}}$$

となる．

正準判別変数 $\boldsymbol{a}_i'\boldsymbol{x}$, $i=1,\ldots,\ m$ の係数ベクトル $\boldsymbol{a}_i$ は，固有値問題(15)の固有ベクトルとして定義される．あるいは，全変動行列 T の代わりに，群内変動行列 $W=T-B$ を用いて，固有値問題

$$B\boldsymbol{h}_i=\ell_i W\boldsymbol{h}_i,\quad \boldsymbol{h}_i'W\boldsymbol{h}_j=n\delta_{ij} \tag{16}$$

の固有ベクトルとしても定義される．ここに，$\ell_1>\cdots>\ell_m>\ell_{m+1}=\cdots=\ell_p=0$ は BW^{-1} の固有値で，

$$d_i=\ell_i/(1+\ell_i),\quad i=1,\ldots,p$$

を満たしている．このとき，両者の係数ベクトルは比例定数を除いて一致しているが，具体的には符号を除き次の関係がある．

$$\boldsymbol{h}_i=(1+\ell_i)^{1/2}\boldsymbol{a}_i=(1-d_i)^{-1/2}\boldsymbol{a}_i,\quad i=1,\ldots,m.$$

2群の場合には，判別式は1つ定まり，その係数ベクトルを $\boldsymbol{a}$ あるいは $\boldsymbol{h}$ とする．このとき，$\boldsymbol{u}=\sqrt{n_1 n_2/n}(\bar{\boldsymbol{x}}^{(1)}-\bar{\boldsymbol{x}}^{(2)})$ とおくと，$B=\boldsymbol{u}\boldsymbol{u}'$ であることにに注意すると

$$\boldsymbol{a}=\sqrt{\frac{n}{\boldsymbol{u}'T^{-1}\boldsymbol{u}}}T^{-1}\boldsymbol{u},\quad \boldsymbol{h}=\sqrt{\frac{n}{\boldsymbol{u}'W^{-1}\boldsymbol{u}}}W^{-1}\boldsymbol{u} \tag{17}$$

と表せる．相関比は

$$d=(1/n)\boldsymbol{a}'B\boldsymbol{a}=\boldsymbol{u}'T^{-1}\boldsymbol{u}$$

となる．T と W との間には $T=\boldsymbol{u}\boldsymbol{u}'+W$ が成り立つので，それらの逆行列の間には

$$T^{-1}=W^{-1}-\frac{1}{1+\boldsymbol{u}'W^{-1}\boldsymbol{u}}W^{-1}\boldsymbol{u}\boldsymbol{u}'W^{-1}$$

と言う関係がある．従って，相関比は

$$d=\boldsymbol{u}'T^{-1}\boldsymbol{u}=\frac{\boldsymbol{u}'W^{-1}\boldsymbol{u}}{1+\boldsymbol{u}'W^{-1}\boldsymbol{u}} \tag{18}$$

と表せる．判別式 $\boldsymbol{a}'\boldsymbol{x}$ の相関比は，線形変換 $c\boldsymbol{a}'\boldsymbol{x}+d$ によって不変である．そのような変換によって得られる

$$U=(\bar{\boldsymbol{x}}^{(1)}-\bar{\boldsymbol{x}}^{(2)})'S^{-1}\left[\boldsymbol{x}-\frac{1}{2}(\bar{\boldsymbol{x}}^{(1)}+\bar{\boldsymbol{x}}^{(2)})\right]$$

の相関比も d となる．ここに，$S=(n-2)^{-1}W$．U は線形判別関数と呼ばれる．U は $\boldsymbol{x}=(1/2)(\bar{\boldsymbol{x}}^{(1)}+\bar{\boldsymbol{x}}^{(2)})$ のとき0，$\boldsymbol{x}=\bar{\boldsymbol{x}}^{(1)}$ のとき

$$(\frac{1}{2})(\bar{\boldsymbol{x}}^{(1)}-\bar{\boldsymbol{x}}^{(2)})S^{-1}(\bar{\boldsymbol{x}}^{(1)}-\bar{\boldsymbol{x}}^{(2)})=(\frac{1}{2})D^2,$$

$\boldsymbol{x}=\bar{\boldsymbol{x}}^{(2)}$ のとき，$-(1/2)D^2$ となる．通常 $U\geq 0$ のとき，$\boldsymbol{x}$ は第1群に属すると判定し，$U<0$ のとき，$\boldsymbol{x}$ は第2群に属すると判定する．

第4章 回帰アプローチ

判別分析においては，各個体について，G 個の群のうちのどの群に属しているかを表すデータが与えられる．各個体の所属を表すダミー変数を $\boldsymbol{z}=(z_1,\dots,z_G)'$ とし，第 i 個体の観測値を $\boldsymbol{z}_i=(z_{i1},\dots,z_{iG})'$ とする．個体は第1群から第 G 群へと順に番号付けされているものとする．このとき

$$Z=\begin{pmatrix} \boldsymbol{z}'_1 \\ \vdots \\ \boldsymbol{z}'_n \end{pmatrix}=\begin{pmatrix} \mathbf{1}_{n_1} & 0 & \cdots & 0 \\ 0 & \mathbf{1}_{n_2} & \cdots & 0 \\ \vdots & \vdots & \vdots & \vdots \\ 0 & 0 & \cdots & \mathbf{1}_{n_G} \end{pmatrix} \tag{19}$$

である．ここに，$\mathbf{1}_m$ は要素がすべて1である m 次元縦ベクトルを表す．

正準判別変数の係数ベクトルは，目的変数 $\boldsymbol{y}=(y_1,\dots,y_m)'$ を適当に定め，$\boldsymbol{y}$ の $\boldsymbol{x}$ へ多変量線形モデルの回帰係数として定められることが知られている（例えば，Hastie et al. (1994)）．目的変数 $\boldsymbol{y}$ の観測値を

$$Y=(\boldsymbol{y}_1^{(1)},\dots,\boldsymbol{y}_{n_1}^{(1)},\dots,\boldsymbol{y}_1^{(G)},\dots,\boldsymbol{y}_{n_G}^{(G)})' \tag{20}$$

と表し，形式的な多変量線形モデル

$$Y=\mathbf{1}_n\beta'_0+X\beta+\varepsilon \tag{21}$$

を考える．ここに，$\beta=(\beta_1,\dots,\beta_m)'$ は未知パラメータである．多変量正規回帰モデルでは，誤差 ε について，各行の平均がゼロで共通な共分散行列を持ち，各行は互いに独立であることを想定する．

記号を簡単にするため，観測値 X, Y が既に中心化されているとする．このとき，切片項除いたモデル

$$Y=X\beta+\varepsilon \tag{22}$$

からスタートしてよい．

目的変数の数量化は，群のみに依存する数量化，すなわち

$$
\begin{aligned}
Y &= (\boldsymbol{y}_{(1)}, \ldots, \boldsymbol{y}_{(m)}) \\
&= Z(\theta_1, \ldots, \theta_m) = Z\Theta
\end{aligned}
$$

と表せるものを考え，Θ を最適化することによって定める．最適化において，制約条件 $Y'Y\Theta = nI_m$，すなわち，$\Theta'Z'Z\Theta = nI_m$ を課し，平均 2 乗残差（Average Squared Residual）

$$
\begin{aligned}
ASR &= \frac{1}{n}\sum_{i=1}^{m} \|\boldsymbol{y}_{(i)} - X\beta_i\|^2 \\
&= \frac{1}{n}\mathrm{tr}(Z\Theta - X\beta)'(Z\Theta - X\beta) \\
&= ASR(\Theta, \beta)
\end{aligned}
$$

が最小となる Θ，β をみつける．ここに，記号 $\mathrm{tr}\,A$ は行列 A の対角和を表す．Θ を固定すると，多変量回帰理論より

$$
\hat{\beta}_0 = (X'X)^{-1}X'Z\Theta \tag{23}
$$

のとき最小になり，最小値は

$$
ASR(\Theta, \hat{\beta}_0) = \frac{1}{n}\{\mathrm{tr}(Z\Theta)'Z\Theta - \mathrm{tr}(Z\Theta)'P_X Z\Theta\}
$$

となる．ここに，P_X は X の列ベクトルの張る空間への射影行列であって，$P_X = X(X'X)^{-1}X'$ として与えられる．$ASR(\Theta, \hat{\beta}_0)$ の Θ に関する最適化問題において，Θ は制約条件 $\Theta'Z'Z\Theta = nI_m$ をみたすので，第 1 項は $(1/n)\,\mathrm{tr}\,(nI_m)=m$ となり，第 2 項の最適化を考えればよい．従って，条件 $\Theta'Z'Z\Theta = nI_m$ のもとで $\mathrm{tr}\,(Z\Theta)'P_X Z\Theta$ を最大にする Θ を求めればよく，このような Θ は一般化固有値問題

$$
Z'P_X Z\Theta = Z'Z\Theta D, \quad \Theta'Z'Z\Theta = nI_m \tag{24}
$$

の解である．ここに，D は $d_1, \ldots, d_m$ を対角要素とする対角行列 $D = \mathrm{diag}(d_1, \ldots, d_m)$ であって，$d_1 > \cdots > d_m$ である．d_i は $(Z'Z)^{-1}Z'P_X Z$ の固有値であるが，$T = X'X$，$B = X'Z(Z'Z)^{-1}Z'X$ であるので，BT^{-1} の固有値でもある．β の最適解は (24) の解 $\hat{\Theta}$ を (23) に代入して次のように求められる．

$$
\hat{\beta} = (X'X)^{-1}X'Z\hat{\Theta}. \tag{25}
$$

これは，多変量回帰モデル (22) において，$Y = Z\hat{\Theta}$ としたときの最小 2 乗推定量である．

一方，(24)の最初の式の両辺に，左から $X'Z(Z'Z)^{-1}$をかけ，(23)を用いると，最適な β は

$$B\beta = T\beta D, \quad \beta' T\beta = nI_m \tag{26}$$

の解である．この固有方程式は

$$B\beta = W\beta L, \quad \beta' W\beta = nI_m \tag{27}$$

と表せる．ただし，$L = \mathrm{diag}\,(\ell_1, \ldots, \ell_m)$．従って，上記の最適解を $\hat{\beta} = (\beta_1, \ldots, \beta_m)$ とし，

$$A = (\boldsymbol{a}_1, \ldots, \boldsymbol{a}_m), \quad H = (\boldsymbol{h}_1, \ldots, \boldsymbol{h}_m)$$

とおくとき，符号の違いを除いて

$$A = \hat{\beta}\{D(I_m - D)\}^{-1/2}, \quad H = \beta D^{-1/2} \tag{28}$$

が成り立つ．すなわち，目的変数を $Z\hat{\Theta}$ とした多変量回帰モデルにおいて，その回帰係数の最小二乗推定量は判別式の係数ベクトルに比例していることを示している．

2群の場合には $m=1$ で，目的変数の値 $\boldsymbol{y}$ は

$$\boldsymbol{y} = Z\theta = \begin{pmatrix} \mathbf{1}_{n_1} & 0 \\ 0 & \mathbf{1}_{n_2} \end{pmatrix} \begin{pmatrix} \theta_1 \\ \theta_2 \end{pmatrix}$$

として構成される．ここに，θ は一般化固有値問題

$$Z'X(X'X)^{-1}X'Z\theta = dZ'Z\theta, \quad (Z\theta)'Z\theta = n$$

の解である．また，X は中心化されているので

$$X = (\boldsymbol{x}_1^{(1)} - \bar{\boldsymbol{x}}, \ldots, \boldsymbol{x}_{n_1}^{(1)} - \bar{\boldsymbol{x}},\ \boldsymbol{x}_1^{(2)} - \bar{\boldsymbol{x}}, \ldots, \boldsymbol{x}_{n_2}^{(2)} - \bar{\boldsymbol{x}})'$$

である．従って，

$$X'X = T, \quad Z'Z = \begin{pmatrix} n_1 & 0 \\ 0 & n_2 \end{pmatrix},$$

$$Z'X = \begin{pmatrix} n_1(\bar{\boldsymbol{x}}^{(1)} - \bar{\boldsymbol{x}})' \\ n_2(\bar{\boldsymbol{x}}^{(2)} - \bar{\boldsymbol{x}})' \end{pmatrix} = \frac{n_1 n_2}{n} \begin{pmatrix} 1 \\ -1 \end{pmatrix} (\bar{\boldsymbol{x}}^{(1)} - \bar{\boldsymbol{x}}^{(2)})'$$

である．これらのことから

$$\theta=(\sqrt{n_2/n_1},-\sqrt{n_1/n_2})'$$

となり，

$$\boldsymbol{y}=(\sqrt{n_2/n_1},\ldots,\sqrt{n_2/n_1},-\sqrt{n_1/n_2},\ldots,-\sqrt{n_1/n_2})'$$

を得る．$\boldsymbol{y}$ は X には依存しなく，既に中心化されていることに注意されたい．このような $\boldsymbol{y}$ は，$\boldsymbol{y}=Z\theta$ を平均がゼロ，分散 n になるように定めても得られる．

第5章 追加情報の検定について

この節では，変数 $\boldsymbol{x}=(x_1,\dots,x_p)'$ の部分変数 $\boldsymbol{x}_1=(x_1,\dots,x_{p'})'$ の十分性，あるいは，残りの変数 $\boldsymbol{x}_2=(x_{p'+1},\dots,x_p)'$ の冗長性（無追加情報）を調べるための追加情報の検定法を考える．$\boldsymbol{x}$ は群 Π_i のもとで多変量正規分布 $N_p(\mu^{(i)},\Sigma)$ に従うとする．変数の分割に対応して，$\mu^{(i)}$とΣを

$$\mu^{(i)}=\begin{pmatrix}\mu_1^{(i)}\\ \mu_2^{(i)}\end{pmatrix},\quad \Sigma=\begin{pmatrix}\Sigma_{11} & \Sigma_{12}\\ \Sigma_{21} & \Sigma_{22}\end{pmatrix}$$

と分割する．このとき，$\boldsymbol{x}_1$の十分性仮説，あるいは，$\boldsymbol{x}_2$の冗長性（無追加情報）仮説は

$$H_{2\cdot1}:\mu_{2\cdot1}^{(1)}=\cdots=\mu_{2\cdot1}^{(G)} \tag{29}$$

として定義される．ここに，$\mu_{2\cdot1}^{(i)}=\mu_2^{(i)}-\Sigma_{21}\Sigma_{11}^{-1}\mu_1^{(i)}$，$i=1,\dots,G$. この仮説は母集団判別式において，$\boldsymbol{x}_2$に対応する係数ベクトルがゼロであるとして定式化することができる (Rao (1972)，Fujikoshi (1982) を参照)．群内変動行列 W および全変動行列 T を

$$W=\begin{pmatrix}W_{11} & W_{12}\\ W_{21} & W_{22}\end{pmatrix},\quad T=\begin{pmatrix}T_{11} & T_{12}\\ T_{21} & T_{22}\end{pmatrix}$$

と分割する．このとき，尤度比基準 λ は

$$\lambda^{2/n}=\Lambda_{2\cdot1}=\frac{|W_{22\cdot1}|}{|T_{22\cdot1}|} \tag{30}$$

で与えられる．ここに

$$W_{22\cdot1}=W_{22}-W_{21}W_{11}^{-1}W_{21},\quad T_{22\cdot1}=T_{22}-T_{21}T_{11}^{-1}T_{21}$$

検定統計量 $\Lambda_{2\cdot1}$ は次のように表せる．

$$\Lambda_{2\cdot1}=\frac{|W|}{|W_{11}|}\cdot\frac{|T|}{|T_{11}|}=\frac{|W|}{|T|}\cdot\left\{\frac{|W_{11}|}{|T_{11}|}\right\}^{-1}. \tag{31}$$

また，仮説のもとでの分布は

$$\Lambda_{2\cdot1}\sim\Lambda_{p-p';G-1;n-G-p'} \tag{32}$$

である．

ラムダ分布 $\Lambda_{a;b;c}$ については，例えば，Anderson (2003) などに詳しい解説がある．主要な性質として

$$\Lambda_{a;b;c}=\Lambda_{b;a;c-a+b} \tag{33}$$

が成り立つ．また，a または b が 1，2 の場合次のように F 分布になる．

(1) $\dfrac{1-\Lambda_{1;b;c}}{\Lambda_{1;b;c}}\cdot\dfrac{c}{b}\sim F_{b,c}$,

(2) $\dfrac{1-\Lambda_{a;1;c}}{\Lambda_{a;1;c}}\cdot\dfrac{c+1-a}{a}\sim F_{a,c+1-a}$,

(3) $\dfrac{1-\sqrt{\Lambda_{2;b;c}}}{\sqrt{\Lambda_{2;b;c}}}\cdot\dfrac{2(c-1)}{2b}\sim F_{2b,2(c-1)}$,

(4) $\dfrac{1-\sqrt{\Lambda_{a;2;c}}}{\sqrt{\Lambda_{a;2;c}}}\cdot\dfrac{2(c+1-a)}{2a}\sim F_{2a,2(c+1-a)}$.

さらに，c が大であると，次のようにカイ2乗分布で近似できる．

(5) $-[c+\dfrac{1}{2}(b-a-1)]\log\Lambda_{a;b;c}\approx\chi^2_{ab}$.

2群の場合の追加情報の検定は，$T=W+\boldsymbol{u}\boldsymbol{u}'$ と表せることを用いて以下のようにマハラノビスの距離を用いた表示が得られる．ここに，$\boldsymbol{u}=\sqrt{c}\,(\bar{\boldsymbol{x}}^{(1)}-\bar{\boldsymbol{x}}^{(2)})$ で $c=(n_1n_2)/n$ である．まず，分割行列式展開公式

$$\begin{vmatrix}A_{11} & A_{12}\\ A_{21} & A_{22}\end{vmatrix}=|A_{11}|\cdot|A_{22}-A_{21}A_{11}^{-1}A_{12}|=|A_{22}|\cdot|A_{11}-A_{12}A_{22}^{-1}A_{21}|$$

を利用すると，

$$|T|=|W+\boldsymbol{u}\boldsymbol{u}'|=|W|(1+\boldsymbol{u}'W^{-1}\boldsymbol{u})$$

を得る．従って

$$\frac{|T|/|W|}{|T_{11}|/|W_{11}|}=\frac{1+c(\bar{\boldsymbol{x}}^{(1)}-\bar{\boldsymbol{x}}^{(2)})'W^{-1}(\bar{\boldsymbol{x}}^{(1)}-\bar{\boldsymbol{x}}^{(2)})}{1+c(\bar{\boldsymbol{x}}_1^{(1)}-\bar{\boldsymbol{x}}_1^{(2)})'W_{11}^{-1}(\bar{\boldsymbol{x}}_1^{(1)}-\bar{\boldsymbol{x}}_1^{(2)})}$$

$$=1+\frac{c\{(\bar{\boldsymbol{x}}^{(1)}-\bar{\boldsymbol{x}}^{(2)})'W^{-1}(\bar{\boldsymbol{x}}^{(1)}-\bar{\boldsymbol{x}}^{(2)})-(\bar{\boldsymbol{x}}_1^{(1)}-\bar{\boldsymbol{x}}_1^{(2)})'W_{11}^{-1}(\bar{\boldsymbol{x}}_1^{(1)}-\bar{\boldsymbol{x}}_1^{(2)})\}}{1+c(\bar{\boldsymbol{x}}_1^{(1)}-\bar{\boldsymbol{x}}_1^{(2)})'W_{11}^{-1}(\bar{\boldsymbol{x}}_1^{(1)}-\bar{\boldsymbol{x}}_1^{(2)})}$$

$$=1+\frac{c(D_p^2-D_{p'}^2)}{n-2+cD_{p'}^2}$$

と表せる．ここに，D_p^2 は $\boldsymbol{x}$ のマハラノビスの距離の平方で，合併標本共分散行列 $S=(n-2)^{-1}W$ を用いて

$$D_p^2=(\bar{\boldsymbol{x}}^{(1)}-\bar{\boldsymbol{x}}^{(2)})'S^{-1}(\bar{\boldsymbol{x}}^{(1)}-\bar{\boldsymbol{x}}^{(2)})$$

として定義される．また，$D_{p'}^2$ は $\boldsymbol{x}$ の最初の成分に関するマハラノビスの距離の平方である．ラムダ分布についての結果を利用すると，2群の場合の追加情報検定は，統計量

$$F=\frac{\frac{n_1 n_2}{n}\left\{D_p^2-D_{p'}^2\right\}}{n-2+\frac{n_1 n_2}{n}D_{p'}^2}\cdot\frac{n-p-1}{p-p'}$$

が仮説のもとで自由度 $p-p'$，$n-p-1$ の F 分布に従うことに基づく検定法と同値である．

追加情報の検定統計量 $\Lambda_{2\cdot1}$ の分布は，$\boldsymbol{x}$ の分布が多変量正規分布に従う場合の結果である．ランダ分布の性質(5)より，n が大の場合には

$$L\equiv-[n-G-p'+\frac{1}{2}\{G-1-(p-p')-1\}]\log\Lambda_{2\cdot1}\approx\chi^2_{(G-1)(p-p')} \tag{34}$$

が成り立つ．$\boldsymbol{x}$ の分布が非正規分布の場合，検定統計量 $\Lambda_{2\cdot1}$ の分布は漸近的にロバストであることが示せる．より正確には，条件 $n_i/n\to\rho_i>0$ のもとで，L の漸近分布が $\chi^2_{(G-1)(p-p')}$ となることが示せる．この結果は，Gupta et al. (2006) を用いて示せる．

第6章　2つのアプローチに基づく検定統計量

前節の最後にの部分において，追加情報の検定統計量が正規性からのずれに対して，漸近的にロバストであることを注意した．ここでは，まず，追加情報検定統計量が，サンプルスコア（判別得点），あるいは，目的変数をサンプルスコアで予測したときの残差の群内変動行列を用いて表せることを示す．また，多変量回帰モデルにおける冗長性検定統計量として表せることを指摘する．これらのことから，元の変数自身が多変量正規でなくても，残差の分布の正規性などが満たされれば，適切な p 値が得られることになる．

6.1　サンプルスコアの群内変動行列

データ行列 X が中心化されているので，群間変動行列，群内変動行列および全変動行列は

$$B = X'P_Z X, \quad W = X'(I_n - P_Z)X, \quad T = X'X$$

と表せる．ここに，$P_Z = Z\,(Z'Z)^{-1}Z'$ で，次のように表せる．

$$P_Z = \begin{pmatrix} P_1 & O & \cdots & O \\ O & P_2 & \cdots & O \\ \vdots & \vdots & \ddots & \vdots \\ O & O & \cdots & P_G \end{pmatrix}, \quad P_i = \frac{1}{n_i} 1_{n_i} 1'_{n_i}, \ \ i = 1, \ldots, G.$$

各個体のサンプルスコアあるいは判別得点は，$A = (\boldsymbol{a}_1, \ldots, \boldsymbol{a}_m)$ とおくとき

$$\Psi = XA$$

によって定義される．Ψ の第 i 行が第 i 個体のサンプルスコアになっている．最適相関比を与える係数ベクトルの決定方程式(15)より，次が成り立つ．

$$A'BA = n\,\mathrm{diag}(d_1,\ \ldots,\ d_m) = nD, \quad A'TA = nI_m. \tag{35}$$

従って，サンプルスコア Ψ の群内変動行列は

$$\begin{aligned} S_\Omega &= (XA)'(I_n - P_Z)XA \\ &= A'WA \\ &= A'(T-B)A \\ &= n(I_m - D) \end{aligned}$$

と表せる．さらに，目的変数とサンプルスコアとの残差 $Y–XA$ の群内変動行列は

$$(Y - XA)'(I_n - P_Z)(Y - XA) = n(I_m - D) = S_\Omega$$

となる．この等式は，$Y = Z\hat{\Theta}$ と表され，$Z'(I_n–P_Z) = O$ であることから得られる．

次に，最初の p' 個の変数 $\boldsymbol{x}_1 = (x_1,\ \ldots,\ x_{p'})'$ を用いたときのサンプルスコアの群内変動行列を考える．行列 $T^{-1}_{11}B_{11}$ の固有値を

$$\tilde{d}_1 \geq \cdots > \tilde{d}_{\tilde{m}} > \tilde{d}_{\tilde{m}+1} = \cdots = \tilde{p}' = 0$$

とする．ここに，$\tilde{m} = \min(G–1,\ p')$．ゼロでない固有値に対応する固有ベクトルを $\tilde{\boldsymbol{a}}_1, \ldots$，$\tilde{\boldsymbol{a}}_{\tilde{m}}$ とし，固有ベクトルの長さは $\tilde{\boldsymbol{a}}_i' T_{11} \tilde{\boldsymbol{a}}_j = n\delta_{ij}$ とする．すなわち，これらの固有値・固有ベクトルは一般固有値問題

$$B_{11}\tilde{\boldsymbol{a}}_i = \tilde{d}_i T_{11}\tilde{\boldsymbol{a}}_i, \quad \tilde{\boldsymbol{a}}_i' T_{11}\tilde{\boldsymbol{a}}_j = n\delta_{ij} \tag{36}$$

の解である．$\tilde{\boldsymbol{A}} = (\tilde{\boldsymbol{a}}_1, \ldots, \tilde{\boldsymbol{a}}_{\tilde{m}})$ とおくと，サンプルスコアは

$$\tilde{\boldsymbol{\Psi}} = X_1\tilde{A}$$

で与えられる．ここに，X_1 は X の最初の p' 列からなる部分行列である．係数ベクトルは

$$\tilde{A}'B_{11}\tilde{A} = n\,\mathrm{diag}(\tilde{d}_1, \ldots, \tilde{d}_{\tilde{m}}) = n\tilde{D}, \quad \tilde{A}'T_{11}\tilde{A} = nI_{\tilde{m}} \tag{37}$$

をみたしている．従って，$\tilde{\boldsymbol{\Psi}}$ の群内変動行列は，$\boldsymbol{\Psi}$ の場合と同様にして

$$S_\omega = (X_1\tilde{A})'(I_n - P_Z)X_1\tilde{A} = n(I_{\tilde{m}} - \tilde{D})$$

となる．この場合のサンプルスコアとの残差は，Y の最初の $\tilde{m}$ 列を $\tilde{Y}$，すなわち

$$\tilde{Y} = Y(I_{\tilde{m}}, O)'$$

とすると，$\tilde{Y}-X_1\tilde{A}$ である．このとき，残差の群内変動行列は

$$(\tilde{Y}-X_1\tilde{A})'(I_n-P_Z)X_1(\tilde{Y}-\tilde{A})=n(I_{\tilde{m}}-\tilde{D})=S_\omega$$

となる．

冗長性検定統計量(31)において，

$$|W|/|T|=|T-B|/|T|=|I_m-BT^{-1}|=(1-d_1)\cdots(1-d_m)$$

と表せ，同様に

$$|W_{11}|/|T_{11}|=(1-\tilde{d}_1)\cdots(1-\tilde{d}_{\tilde{m}})$$

と表せる．従って

$$\begin{aligned}\Lambda_{2\cdot1}&=\frac{|W_{22\cdot1}|}{|T_{22\cdot1}|}=\frac{|W|/|T|}{|W_{11}|/|T_{11}|}\\&=\frac{(1-d_1)\cdots(1-d_m)}{(1-\tilde{d}_1)\cdots(1-\tilde{d}_{\tilde{m}})}=\frac{|(1/n)S_\Omega|}{|(1/n)S_\omega|}\end{aligned}\tag{38}$$

を得る．

6.2　回帰アプローチ

多変量回帰モデル(22)は，最初のp'個の説明変数に対応する部分と，残りの p–p' 個の説明変数に対応する部分に分けて次のように表される．

$$\begin{aligned}Y&=X\beta+\varepsilon\\&=X_1\beta_1+X_2\beta_2+\varepsilon.\end{aligned}$$

ここに

$$X=(X_1,\ X_2),\ X_1:n\times p',\quad \beta=\begin{pmatrix}\beta_1\\\beta_2\end{pmatrix},\ \beta_1:p'\times m.$$

多変量回帰モデルにおける $\boldsymbol{x}_1$ の十分性仮説，あるいは，$\boldsymbol{x}_2$ の冗長性仮説は

$$\tilde{H}_{2\cdot1}:\beta_1=\mathrm{O}$$

として定義される．誤差に正規性を仮定すると，尤度比基準 $\tilde{\lambda}$ は

$$\tilde{\lambda}^{2/1} = \tilde{\Lambda}_{2\cdot1} = \frac{|S_e|}{|S_e + S_h|} \tag{41}$$

で与えられる．ここに

$$S_e = Y'(I_n - P_X)Y,\ S_e + S_h = Y'(I_n - P_{X_1})Y.$$

まず，この検定統計量が正規性を仮定した判別モデルのもとでの尤度比統計量と一致すること，すなわち

$$\Lambda_{2\cdot1} \equiv \frac{|W_{22\cdot1}|}{|T_{22\cdot1}|} = \frac{|S_e|}{|S_e + S_h|} \equiv \tilde{\Lambda}_{2\cdot1} \tag{42}$$

を示す．目的変数の観測値 Y は $Y = Z\hat{\Theta}$ として与えられるが，記号簡単のため， これを単に $Y = Z\Theta$ と表し，Θ は(24)を満たすものとする．(24)および制約条件 $Y'Y = nI_m$ より

$$\begin{aligned} Y'P_X Y &= (Z\Theta)'Z\Theta = \Theta' \cdot Z'P_X Z\Theta \\ &= \Theta' Z'Z\Theta D = nD \end{aligned}$$

を得る．従って，

$$|S_e| = |n(I_m - D)| = n^m(1-d_1)\cdots(1-d_m).$$

一方

$$|S_e + S_h| = |Y'(I_n - P_{X_1})Y| = n^m(1-\delta_1)\cdots(1-\delta_m)$$

と表せる．ここに，$\Delta = \mathrm{diag}(\delta_1,\dots,\delta_m)$ で $\delta_1 \geq \cdots \geq \delta_m \geq 0$ は $(1/n)Y'P_{X_1}Y$ の固有値である．以下では，$\delta_1,\dots,\delta_m$ においてゼロでないものは，$B_{11}T_{11}^{-1}$ のゼロでない固有値に等しいことを示す．Θ の構成(24)において，$Z'P_X Z$ と $Z'Z$ は $G\times G$ 行列であるので，固有値ゼロに対応する $g-m$ 個の固有ベクトル $\theta^*_{m+1},\dots,\theta^*_G$ を求めることができる．従って，これらの固有ベクトルを用いて

$$\Theta^* = (\theta^*_{m+1},\dots,\theta^*_G),\quad \Theta_e = (\Theta,\ \Theta^*)$$

とおくとき

$$Z'P_X Z\Theta_e = Z'Z\Theta_e D_e,\quad \Theta_e' Z'Z\Theta_e = nI_G \tag{43}$$

を満たす．ここに，$D_e = \mathrm{diag}(d_1, \ldots, d_m, 0, \ldots, 0)$. 固有ベクトル $\theta^*_{m+1}, \ldots, \theta^*_G$ から構成される目的変数を $y^*_{m+1} = Z\theta^*_{m+1}, \ldots, y^*_G = Z\theta^*_G$ とし

$$Y^* = (y^*_{m+1}, \ldots, y^*_G), \quad Y_e = (Y,\ Y^*)$$

とおく．このとき，$P_{X_1}Y^* = O$ であるこに注意しよう．実際，(43)の最初の関係式より，$Z'P_X Y^* = O$ となる．これに左から $(\Theta^*)'$ をかけると，$(Y^*)'P_X Y^* = O$ を得る．P_X がべき等であることから，$P_X Y^* = O$ となり，$P_{X_1} P_X = P_{X_1}$ より，$P_{X_1} Y^* = O$ を得る．この性質を用いると

$$Y_e'(I_n - P_{X_1})Y_e = \begin{pmatrix} nI_{G-m} & O \\ O & Y'(I_n - P_{X_1})Y \end{pmatrix} \tag{44}$$

と表せる．一方，Θ_e を正規直交化した行列 $\tilde{\Theta}_e = (1/\sqrt{n})(Z'Z)^{1/2}\Theta_e$ を用いて

$$(1/n)Y_e' P_{X_1} Y_e = \tilde{\Theta}_e (Z'Z)^{-1/2} ZX_1 (X_1 X_1)^{-1} X_1' Z(Z'Z)^{-1/2} \tilde{\Theta}_e$$

と表せる．$\tilde{\Theta}_e$ が直行行列であることから，$(1/n)Y_e P_{X_1} Y_e$ のゼロでない固有値は

$$(X_1' X_1)^{-1} X_1' Z(Z'Z)^{-1/2} (Z'Z)^{-1/2} ZX_1 = T_{11}^{-1} B_{11}$$

に等しい．従って，(44)の左辺の行列式は

$$n^G (1 - \tilde{d}_1) \cdots (1 - \tilde{d}_{\tilde{m}})$$

となる．一方，(44)の右辺の行列式は $n^{G-m}|Y'(I_n - P_{X_1})Y|$ に等しい．これらの結果と(38)を併せると(42)を得る．

次に，統計量の帰無分布について，多変量正規性のもとで多変量回帰における一般的結果と(33)を用いると

$$\tilde{\Lambda}_{2\cdot 1} \sim \Lambda_{m;\, p-p';\, n-p-1} = \Lambda_{p-p';\, m;\, n-m-p'-1}$$

が成り立つ．この結果は，$p \geq G-1$ であると判別分析における冗長性検定統計量の分布と一致していることを示している．$p < G-1$ の場合，回帰の一般論を適用した分布はグループ数 G に依存しないので以下に述べるような若干の修正を行うことになる．

一般に，$p \geq G-1$ あるいは $p < G-1$ に拘わらず次のように $G-1$ の目的変数を定める．

$$Y = (y_1, \ldots, y_{G-1}) = Z(\theta_1, \ldots, \theta_{G-1}) \\ = Z\Theta. \tag{46}$$

ここで，$\Theta = (\theta_1, \ldots, \theta_{G-1})$ の列ベクトルは一般化固有値問題

$$Z'P_X Z\Theta = Z'Z\Theta D, \quad \Theta' Z' Z\Theta = nI_{G-1} \tag{47}$$

の解である．ここに，$D = \mathrm{diag}(d_1, \ldots, d_{G-1})$ で，また，$m = \min(G-1, p)$ とおくと，

$$d_1 > \ldots > d_m \geq d_{m+1} = \cdots = d_{G-1} = 0$$

で，これらの最初の p 個は BT^{-1} の固有値でもある．このように，$p<G-1$ の場合には Y の定義を修正することになるが，回帰のアプローチから求められる $\tilde{\Lambda}_{2\cdot 1}$ は，(38) で与えられる $\Lambda_{2\cdot 1}$ に等しいことが容易に示せて，m 個の目的変数を定めた場合と同じ結果になる．$G-1$ 個の目的変数を定めた利点は，回帰のアプローチから定まる分布が(45)において m を $G-1$ にしたものになり

$$\tilde{\Lambda}_{2\cdot 1} \sim \Lambda_{p-p';G-1;n-G-p'} \tag{48}$$

となる．これは，多変量正規性のもとでの結果(32)に等しいものになっている．

第7章 モデル選択基準について

まず，逐次法による変数選択について考える．逐次法では各段階で取り入れた変数の有意性，すなわち，追加情報の有無が検証される．一般に，変数 $\boldsymbol{x}=(x_1,\ldots,x_p)'$ の有意性検定は，群内変動行列Wと全変動行列Tを用いて，統計量 $|W|/|T|$ によって検定される．同様に変数 $\boldsymbol{x}_1=(x_1,\ldots,x_{p'})'$ の有意性検定は，統計量 $|W_{11}|/|T_{11}|$ を用いて検定する．これらの統計量を，

$$|W|/|T|=\Lambda(x_1,\ldots,x_p),\quad |W_{11}|/|T_{11}|=\Lambda(x_1,\ldots,x_{p'})$$

と表す．このとき，$\boldsymbol{x}_2=(x_{p'+1},\ldots,x_p)'$ の冗長性（無追加情報）検定統計量は

$$\begin{aligned}\Lambda_{2\cdot 1}&=\frac{\Lambda(x_1,\ldots,x_p)}{\Lambda(x_1,\ldots,x_{p'})}\\&\equiv\Lambda(x_{p'+1},\ldots,x_p\,|\,x_1,\ldots,x_{p'})\end{aligned}$$

と表される．例えば，変数 $x_1,\ldots,x_{p'}$ が取り込まれていて，新たに変数 $x_{p'+1}$ が選ばれたとしよう．このとき，変数 $x_{p'+1}$ の冗長性は

$$\Lambda(x_{p'+1}\,|\,x_1,\ldots,x_{p'})$$

を用いて検証できることになる．数量化2類の場合の変数選択は，アイテムの選択になるので，対応するダミー変数の個数は一定でない．このため，各段階での変数の取捨選択は検定統計量の値ではなく，p 値を用いた選択になる．冗長性検定統計量の p 値は，$\Lambda_{2\cdot 1}$の仮説のもとでの分布が $m=G-1$ の場合の(45)，すなわち，(48)あるいは(38)から求められる．

次に，一般的なモデル選択である *AIC* 基準 (Akaike(1973)) と回帰モデルの変数選択に用いられる C_p (Mallows (1973)) 基準などを適用することを考える．これらの基準は，モデルのよさを予測的基準量で測って提案されたものである．モデルが未知パラメータを含む確率密度関数で規定されていると，*AIC* 基準は

$$-2\log(\text{最大尤度})+2\times\text{独立パラメータ数}$$

として定義される．これは，$-2\log$（予測尤度）の漸近的不偏推進量として提案されたものである．G 群の判別の問題において，p 次元変数 $\boldsymbol{x}$ が共通の共分散行列をもつ多変量正規分布に従うとしよう．このとき，$\boldsymbol{x}_1$ が十分である，あるいは，$\boldsymbol{x}_2$ が冗長性であるというモデルに対する AIC 基準は次のように表せる (例えば，Fujikoshi (1985))．

$$\begin{aligned} AIC_d &= -n\log\{|W_{22\cdot 1}|/|T_{22\cdot 1}|\}+n\log|n^{-1}W| \\ &\quad +np(1+\log 2\pi)+2\{p'(G-1)+p+\frac{1}{2}p(p+1)\} \end{aligned} \tag{49}$$

ここで，(49) で与えられる基準量の第1項と第2項の和は

$$\begin{aligned} &-n\log\{|W_{22\cdot 1}|/|T_{22\cdot 1}|\}+n\log|n^{-1}W| \\ &\quad = n\log(1-\tilde{d}_1)\cdots(1-\tilde{d}_{\tilde{m}})+n\log|n^{-1}T| \end{aligned} \tag{50}$$

と表せる．

数量化2類の場合には，$\boldsymbol{x}$ の分布に正規分布想定することには無理があるので，判別と密接に関連する多変量回帰モデルに基づく基準量を考える．多変量回帰モデルに用いられる目的変数は，(46) におけるように $G-1$ 個定め，その観測値を Y とする．Y は $n\times(G-1)$ 行列である．以下では，これまでと同様に Y，X は既に中心化されているものとして，(39) に対応した多変量回帰モデル

$$\begin{aligned} Y &= X\beta+\varepsilon \\ &= X_1\beta_1+X_2\beta_2+\varepsilon \end{aligned} \tag{51}$$

を考える．ここに

$$X=(X_1\ X_2),\quad X:n\times p,\quad X_1:n\times p',\quad \beta=\begin{pmatrix}\beta_1\\ \beta_2\end{pmatrix},\quad \beta_1:p'\times(G-1).$$

回帰モデル (51) において，説明変数 $\boldsymbol{x}_1$ の十分性，あるいは，$\boldsymbol{x}_2$ の冗長性モデルに関する AIC 基準およびその小標本修正版である $CAIC$ 基準 (Sugiura(1978)) はそれぞれ

$$\begin{aligned} AIC_r &= n\log|(1/n)Y'(I_n-P_{X_1})Y|+n(G-1)(1+\log 2\pi) \\ &\quad +2\{(G-1)(p'+1)+\frac{1}{2}(G-1)G\}, \end{aligned} \tag{52}$$

$$CAIC_r = n\log|(1/n)Y'(I_n - P_{X_1})Y| + n(G-1)(1+\log 2\pi) + \frac{2n}{n-p'-G-1}\{(G-1)(p'+1)+\frac{1}{2}(G-1)G\}, \tag{53}$$

と表せる．*AIC* 基準の形式的な適用においては，考慮されているモデルのもとでの独立パラメータ数が必要になるが，定数項のパラメータを含めたパラメータ数になっている．これらの基準量の第 1 項は

$$n\ \log\ |(1/n)Y'(I_n - P_{X_1})Y| = n\ \log(1-\tilde{d}_1)\cdots(1-\tilde{d}_{\tilde{m}}) \tag{54}$$

と表せる．この関係式は，目的変数を m 個定めた場合に示したが，目的変数が $G-1$ 個の場合も同様である．*AIC* 基準 (52) と *CAIC* 基準 (53) はそれぞれ，次のように表せる．

$$AIC_r = n\log(1-\tilde{d}_1)\cdots(1-\tilde{d}_{\tilde{m}}) + n(G-1)(1+\log 2\pi) + 2\{(G-1)(p'+1) + \frac{1}{2}(G-1)G\},$$

$$CAIC_r = n\ \log(1-\tilde{d}_1)\cdots(1-\tilde{d}_{\tilde{m}}) + n(G-1)(1+\log 2\pi) + \frac{2n}{n-p'-G-1}\{(G-1)(p'+1)+\frac{1}{2}(G-1)G\}.$$

ここで考察している変数選択法は，種々のモデルに対して基準量を求め，基準量の値が最小になるモデルを適切なモデルと選ぶことによって，適切な変数の組を探索する方法になっている．この観点から，判別モデルから導入される *AIC* 基準 (49) と，回帰モデルから導入される *AIC* 基準 (52) は同じモデルを選ぶものになっている．すなわち，判別アプローチと回帰アプローチからの *AIC* 基準は本質的に同じものになっている．実際，関係式 (54) が成り立ち，また，両者の定数項部分において p' の係数は両者とも $G-1$ であることより解る．

回帰モデルにおける変数選択基準として，基準化予測誤差の推定量に基づく C_p 基準がある．その多変量版，および，その小標本修正である MC_p は次のように表せる (Fujikoshi and Satoh (1997))．

$$C_p = (n-p-1)\mathrm{tr}S_J S_F^{-1} + 2(G-1)(p+1),$$

$$MC_p = (n-p-G-1)\mathrm{tr}S_J S_F^{-1} + 2\{(G-1)(p+1)+\frac{1}{2}(G-1)G\}$$
$$= C_p - G(\mathrm{tr}S_J S_F^{-1} - G + 1).$$

ここに,

$$S_J = Y'(I_n - P_{X_1})Y, \quad S_F = Y'(I_n - P_{X_1})Y.$$

一般に

$$\mathrm{tr} S_J S_F^{-1} \le \sum_{i=1}^{G-1} \frac{1-\tilde{d}_i}{1-d_i}$$

が成り立つ．ここで，BT^{-1} のゼロでない固有値は $m = \min(p,\ G-1)$ 個存在し，これらを $d_1 > \cdots > d_m$ とし，$d_{m+1} = \cdots = d_{G-1} = 0$ とする．同様に，$B_{11}T_{11}^{-1}$ のゼロでない固有値は $\tilde{m} = \min(p',\ G-1)$ 個存在し，これらを $\tilde{d}_1 > \cdots > \tilde{d}_{\tilde{m}}$ とし，$d_{\tilde{m}+1} = \cdots = \tilde{d}_{G-1} = 0$ である．上記の不等式は，$G = 2$ の場合には，等号になる．

この他，基準化されていない予測誤差の推定量に基づく予測誤差基準 P_e があるが，これは次のように表せる (Fujikoshi et al. (2010)).

$$\begin{aligned} P_e &= \mathrm{tr} Y'(I_n - P_{X_1})Y + \frac{2(p'+1)}{n-p-1} \mathrm{tr} Y'(I_n - P_{X_1})Y \\ &= n\sum_{i=1}^{G-1}(1-\tilde{d}_i) + \frac{2n(p'+1)}{n-p-1}\sum_{i=1}^{G-1}(1-d_i). \end{aligned} \tag{58}$$

2群の場合の基準は次のように与えられる．

$$AIC_r = n\log(1-\tilde{d}) + n(1+\log 2\pi) + 2(p'+2),$$

$$CAIC_r = n\log(1-\tilde{d}) + n(1+\log 2\pi) + \frac{2n}{n-p'-3}(p'+2),$$

$$C_p = (n-p-1)\frac{1-\tilde{d}}{1-d} + 2(p+1),$$

$$MC_p = C_p - 2\left(\frac{1-\tilde{d}}{1-d} - 1\right),$$

$$P_e = n(1-\tilde{d}) + \frac{2n(p'+1)}{n-p-1}(1-d).$$

上記の d, $\tilde{d}$ はそれぞれ，BT^{-1}，$B_{11}T_{11}^{-1}$ の最大固有値であって，(18) より

$$d = \boldsymbol{u}'T^{-1}\boldsymbol{u} = \frac{\boldsymbol{u}'W^{-1}\boldsymbol{u}}{1+\boldsymbol{u}'W^{-1}\boldsymbol{u}}, \quad \tilde{d} = \boldsymbol{u}_1'T_{11}^{-1}\boldsymbol{u}_1 = \frac{\boldsymbol{u}_1'W_{11}^{-1}\boldsymbol{u}_1}{1+\boldsymbol{u}_1'W_{11}^{-1}\boldsymbol{u}_1}$$

で与えられる．ここに，$\boldsymbol{u}_1$ は $\boldsymbol{u} = \sqrt{n_1 n_2 / n}(\bar{\boldsymbol{x}}^{(1)} - \bar{\boldsymbol{x}}^{(2)})$ の最初の p' 成分からなるベクトルである．

第8章　数値実験

冗長性検定統計量 $\Lambda_{2\cdot1}$ の帰無分布 $\Lambda_{p-p';\,G-1;\,n-G-p'}$ が数量化2類のデータに対してどの程度有効であるかを数値実験で調べた．数値実験では，母集団として 3,000 標本のデータセットを固定し，その集団から 50 および 100 標本を選んだ場合の実験値と理論値を比較した．実際に実施したパラメータ p, G, p' の組み合わせは，下記表に示している 20 通りを考えた．それらの中から，4 通りの実験結果を第 3 部 2.3 節で示している．これらの結果から，冗長性検定は数量化2類のデータに対しもある程度妥当であるとことが指摘される．

※注．表内の ①*A*, ①*B*, ②*A*, ②*B*, ③ は第 3 部表2.6(1)で示した検定統計量のタイプである．

		$p-p'=1$	$p-p'=2$	$p-p'=3$	$p-p'=4$	$p-p'=9$
群 2	タイプ 変数個数 実験結果	① *B* p=7 p'=6 1	① *B* p=7 p'=5 2	① *B* p=7 p'=4 3	① *B* p=8 p'=4 4	① *B* p=13 p'=4 5
群 3	タイプ 変数個数 実験結果	① *A* p=7 p'=6 6	② *B* p=7 p'=5 7	② *B* p=7 p'=4 8	② *B* p=8 p'=4 9	② *B* p=13 p'=4 10
群 4	タイプ 変数個数 実験結果	① *A* p=7 p'=6 11	② *A* p=7 p'=5 12	③ p=7 p'=4 13	③ p=8 p'=4 14	③ p=13 p'=4 15
群 5	タイプ 変数個数 実験結果	① *A* p=7 p'=6 16	② *A* p=7 p'=5 17	③ p=7 p'=4 18	③ p=8 p'=41 19	③ p=13 p'=4 20

付　　録

初級学習者のための

「ベクトル・行列入門」
「Excelでの行列計算」
「Excelでの2類解法」

第1章 ベクトルと行列

1.1 ベクトル

ベクトルとは一言でいえば，データを適当な個数だけ，横または縦に並べて組みにしたものである．３個並べれば３次元ベクトル，n個並べればn次元ベクトルという．

３つのデータ　u_1，u_2，u_3をベクトルで表すと

$$\boldsymbol{u}=\begin{pmatrix} u_1 \\ u_2 \\ u_3 \end{pmatrix}$$

となる．ベクトル $\boldsymbol{u}$ は太字の小文字，データ（成分という）は細字の小文字で表す．このベクトルは縦に並んでいるので列ベクトルという．

横に並んでいる場合，(v_1，v_2，v_3) は行ベクトルという．

転置ベクトル

縦ベクトル$\boldsymbol{u}$の各成分を順番に横に書き並べた行ベクトルを，もとの列ベクトルの転置ベクトルといい $\boldsymbol{u}'$ で表す．

$$\boldsymbol{u}=\begin{pmatrix} u_1 \\ u_2 \\ u_3 \end{pmatrix}, \quad \boldsymbol{u}'=(u_1, u_2, u_3)$$

ベクトルの加算，減算

ベクトル同士の計算について示す．列ベクトルでも行ベクトルでも計算の原理は同じなので，ここでは列ベクトルで話を進める．

次元の等しい二つのベクトルがあり，そのデータを示す．

$$\boldsymbol{u}=\begin{pmatrix}u_1\\u_2\\u_3\end{pmatrix}=\begin{pmatrix}5\\1\\3\end{pmatrix},\quad \boldsymbol{v}=\begin{pmatrix}v_1\\v_2\\v_3\end{pmatrix}=\begin{pmatrix}1\\0\\6\end{pmatrix}$$

このとき次に示す，ベクトルの加算，ベクトルの減算が成立する．

$$\boldsymbol{u}+\boldsymbol{v}=\begin{pmatrix}u_1+v_1\\u_2+v_2\\u_3+v_3\end{pmatrix}=\begin{pmatrix}6\\1\\9\end{pmatrix},\quad \boldsymbol{u}-\boldsymbol{v}=\begin{pmatrix}u_1-v_1\\u_2-v_2\\u_3-v_3\end{pmatrix}=\begin{pmatrix}4\\1\\-3\end{pmatrix}$$

ベクトルの定数倍

ベクトルの定数倍が成立する．定数 u を c とすると

$$\mathrm{c}\times\boldsymbol{u}=\begin{pmatrix}cu_1\\cu_2\\cu_3\end{pmatrix}=\begin{pmatrix}15\\3\\9\end{pmatrix}$$

ベクトルの掛け算

二つのベクトルの掛け算について示す．ベクトルの掛け算は，行ベクトル×列ベクトルあるいは列ベクトル×行ベクトルが計算可能で，行ベクトル×行列ベクトル，列ベクトル×列ベクトルの計算はできない．

二つのベクトルがあり，そのデータを示す．

$$\boldsymbol{u}=\begin{pmatrix}u_1\\u_2\\u_3\end{pmatrix}=\begin{pmatrix}5\\1\\3\end{pmatrix},\quad \boldsymbol{v}'=(v_1,\ v_2,\ v_3)=(1,\ 0,\ 6)$$

列ベクトルと行ベクトルの積は

$$\boldsymbol{u}\cdot\boldsymbol{v}'=\begin{pmatrix}u_1\\u_2\\u_3\end{pmatrix}(v_1,\ v_2,\ v_3)=\begin{pmatrix}u_1\times v_1 & u_1\times v_2 & u_1\times v_3\\u_2\times v_1 & u_2\times v_2 & u_2\times v_3\\u_3\times v_1 & u_3\times v_2 & u_3\times v_3\end{pmatrix}=\begin{pmatrix}5 & 0 & 30\\1 & 0 & 6\\3 & 0 & 18\end{pmatrix}$$

行ベクトルと列ベクトルの積は

$$\boldsymbol{v}'\cdot\boldsymbol{u}=(v_1,\ v_2,\ v_3)\begin{pmatrix}u_1\\u_2\\u_3\end{pmatrix}=v_1\times u_1+v_2\times u_2+v_3\times u_3=1\times5+0\times1+6\times3=23$$

ベクトルの大きさ

$$\text{ベクトル } \boldsymbol{u}=\begin{pmatrix} u_1 \\ u_2 \\ u_3 \end{pmatrix} \text{ の大きさは, } \|\boldsymbol{u}\|=\sqrt{u_1^2+u_2^2+u_3^2}$$

と表し，これを u のノルムという．例えば

$$\boldsymbol{u}=\begin{pmatrix} 5 \\ 1 \\ 3 \end{pmatrix} \text{ のノルムは, } \|\boldsymbol{u}\|=\sqrt{5^2+1^2+3^2}=\sqrt{35}=5.916$$

ベクトルの正規化

ベクトル u をノルム $\|u\|$ で割ったベクトルを，正規化されたベクトルという．

$$\boldsymbol{u}=\begin{pmatrix} 5 \\ 1 \\ 3 \end{pmatrix} \text{ を正規化すると, } \|\boldsymbol{u}\|=\sqrt{35} \text{ なので, } \frac{\boldsymbol{u}}{\|\boldsymbol{u}\|}=\begin{pmatrix} 5/\sqrt{35} \\ 1/\sqrt{35} \\ 3/\sqrt{35} \end{pmatrix}$$

1.2　行　列

数値を縦横に矩形（くけい）に並べたものを行列という．次の表は，3 × 4 =12個の数値 $a_{11},\ldots,a_{34}$ を縦横に並べた行列である．このとき，横の並びを行，縦の並びを列という．個々の数値を成分という．この行列は，3つの行ベクトルと4つの列ベクトルで構成されている．この行列を 3 × 4 行列といい，大文字 A で表す．

$$A=\begin{pmatrix} a_{11} & a_{12} & a_{13} & a_{14} \\ a_{21} & a_{22} & a_{23} & a_{24} \\ a_{31} & a_{32} & a_{33} & a_{34} \end{pmatrix}$$

行列の加算，減算

行列同士の計算について示す．

同じ大きさの二つの行列があり，そのデータを示す．

$$A=\begin{pmatrix} a_{11} & a_{12} & a_{13} & a_{14} \\ a_{21} & a_{22} & a_{23} & a_{24} \\ a_{31} & a_{32} & a_{33} & a_{34} \end{pmatrix}=\begin{pmatrix} 2 & 1 & 5 & 8 \\ 3 & 2 & 4 & 5 \\ 1 & 5 & 1 & 3 \end{pmatrix}$$

$$B=\begin{pmatrix} b_{11} & b_{12} & b_{13} & b_{14} \\ b_{21} & b_{22} & b_{23} & b_{24} \\ b_{31} & b_{32} & b_{33} & b_{34} \end{pmatrix}=\begin{pmatrix} 3 & -4 & 0 & 7 \\ -2 & 5 & 4 & -5 \\ -1 & 1 & 0 & 9 \end{pmatrix}$$

行列の加算は

$$A+B=\begin{pmatrix} a_{11}+b_{11} & a_{12}+b_{12} & a_{13}+b_{13} & a_{14}+b_{14} \\ a_{21}+b_{21} & a_{22}+b_{22} & a_{23}+b_{23} & a_{24}+b_{24} \\ a_{31}+b_{31} & a_{32}+b_{32} & a_{33}+b_{33} & a_{34}+b_{34} \end{pmatrix}$$

$$=\begin{pmatrix} 2+3 & 1+(-4) & 5+0 & 8+7 \\ 3+(-2) & 2+5 & 4+4 & 5+(-5) \\ 1+(-1) & 5+1 & 1+0 & 3+9 \end{pmatrix}=\begin{pmatrix} 5 & -3 & 5 & 15 \\ 1 & 7 & 8 & 0 \\ 0 & 6 & 1 & 12 \end{pmatrix}$$

で示せる．

行列の減算は

$$A-B=\begin{pmatrix} a_{11}-b_{11} & a_{12}-b_{12} & a_{13}-b_{13} & a_{14}-b_{14} \\ a_{21}-b_{21} & a_{22}-b_{22} & a_{23}-b_{23} & a_{24}-b_{24} \\ a_{31}-b_{31} & a_{32}-b_{32} & a_{33}-b_{33} & a_{34}-b_{34} \end{pmatrix}$$

$$=\begin{pmatrix} 2-3 & 1-(-4) & 5-0 & 8-7 \\ 3-(-2) & 2-5 & 4-4 & 5-(-5) \\ 1-(-1) & 5-1 & 1-0 & 3-9 \end{pmatrix}=\begin{pmatrix} -1 & 5 & 5 & 1 \\ 5 & -3 & 0 & 10 \\ 2 & 4 & 1 & -6 \end{pmatrix}$$

で示せる．

行列の定数倍

行列の定数倍について示す．定数cを 3 とすると

$$cA=c\times\begin{pmatrix} a_{11} & a_{12} & a_{13} & a_{14} \\ a_{21} & a_{22} & a_{23} & a_{24} \\ a_{31} & a_{32} & a_{33} & a_{34} \end{pmatrix}=\begin{pmatrix} c\,a_{11} & c\,a_{12} & c\,a_{13} & c\,a_{14} \\ c\,a_{21} & c\,a_{22} & c\,a_{23} & c\,a_{24} \\ c\,a_{31} & c\,a_{32} & c\,a_{33} & c\,a_{34} \end{pmatrix}$$

$$=\begin{pmatrix} 3\times2 & 3\times1 & 3\times5 & 3\times8 \\ 3\times3 & 3\times2 & 3\times4 & 3\times5 \\ 3\times1 & 3\times5 & 3\times1 & 3\times3 \end{pmatrix}=\begin{pmatrix} 6 & 3 & 15 & 24 \\ 9 & 6 & 12 & 15 \\ 3 & 15 & 3 & 9 \end{pmatrix}$$

で示せる．

行列の掛け算

行列の掛け算について示す．

ふたつの行列を P，Q とし，$R=PQ$ を求める．

$$P=\begin{pmatrix} a & b \\ c & d \end{pmatrix},\quad Q=\begin{pmatrix} e & f \\ g & h \end{pmatrix}$$

行列 R の各成分は次式によって求められる．

P の第１行 × Q の第１列	P の第１行 × Q の第２列
$(a,b)\begin{pmatrix} e \\ g \end{pmatrix}$	$(a,b)\begin{pmatrix} f \\ h \end{pmatrix}$
P の第２行 × Q の第１列	P の第２行 × Q の第２列
$(c,d)\begin{pmatrix} e \\ g \end{pmatrix}$	$(c,d)\begin{pmatrix} f \\ h \end{pmatrix}$

したがって R は次式で与えられる．

$$R=\begin{pmatrix} ae+bg & af+bh \\ ce+dg & cf+dh \end{pmatrix}$$

手計算では面倒だが，Excel関数「= MMULT」を使うと簡単に求められる．
※参照　Excelを使っての行列計算は付録2.1節で示す．

一般に，行列 P と Q の積 R において P の列の個数と Q の行の個数が等しければ $R=PQ$ が定義される．R の行数と列数は P の行数と Q の列数となる．

例えば，P は３ × ４行列，Q は４ × ２行列であれば，R は３ × ２行列となる．

二つの行列 P，Q の積は

$$P=\begin{pmatrix} 2 & 1 & 5 & 8 \\ 3 & 2 & 4 & 5 \\ 1 & 5 & 1 & 3 \end{pmatrix},\qquad Q=\begin{pmatrix} 4 & 5 \\ 3 & 2 \\ 2 & 2 \\ 1 & 3 \end{pmatrix}$$

とすると

$$P=\begin{pmatrix} 2 & 1 & 5 & 8 \\ 3 & 2 & 4 & 5 \\ 1 & 5 & 1 & 3 \end{pmatrix}\begin{pmatrix} 4 & 5 \\ 3 & 2 \\ 2 & 2 \\ 1 & 3 \end{pmatrix}=\begin{pmatrix} 29 & 46 \\ 31 & 42 \\ 24 & 26 \end{pmatrix}$$

で示せる．

ベクトル同士の掛け算，ベクトルと行列の掛け算も同様に行なえる．

先に示した二つのベクトルの掛け算を再度考えてみる．

$$\boldsymbol{u}=\begin{pmatrix}u_1\\u_2\\u_3\end{pmatrix}=\begin{pmatrix}5\\1\\3\end{pmatrix},\quad \boldsymbol{v}'=(v_1,\ v_2,\ v_3)=(1,\ 0,\ 6)$$

$\boldsymbol{u}$ は 3 行 1 列，$\boldsymbol{v}'$ は 1 行 3 列である．$\boldsymbol{u}$ と $\boldsymbol{v}'$ の積 $\boldsymbol{uv}'$ は，$\boldsymbol{u}$ の列が 1，$\boldsymbol{v}'$ の行が 1 なので掛け算可能で，結果は（$\boldsymbol{u}$ の行，$\boldsymbol{v}'$ の列），すなわち 3 行 3 列の行列で示せる．$\boldsymbol{v}'\boldsymbol{u}$ は，$\boldsymbol{v}'$ の列が 3，$\boldsymbol{u}$ の行が 3 なので掛け算可能で，結果は（$\boldsymbol{v}'$ の行，$\boldsymbol{u}$ の列），すなわち 1 行 1 列の行列で示せる．

次に示すベクトルと行列の掛け算を考えてみる．

$$\boldsymbol{v}'A=(5,\ 1,\ 3)\begin{pmatrix}2&1&5\\3&2&8\\1&5&1\end{pmatrix}.$$

$\boldsymbol{v}'A$ は，$\boldsymbol{v}'$ の列が 3，A の行が 3 なので掛け算可能で，結果は（$\boldsymbol{v}'$ の行，A の列），すなわち 1 行 3 列の行列で

$$\boldsymbol{v}'A=(16,\ 22,\ 36)$$

となる．

転置行列

転置行列について示す．

行列Aにおいて，行と列を入れ替えた行列を転置行列といい，A'で表す．

$$A=\begin{pmatrix}1&2&3&4\\5&6&7&8\\9&10&11&12\end{pmatrix},\quad A'=\begin{pmatrix}1&5&9\\2&6&10\\3&7&11\\4&8&12\end{pmatrix}$$

零行列，単位行列

行列において，すべての成分が0である行列を零行列，対角線上の成分が1で他の成分が0である行列を単位行列という．

零行列　　単位行列

$$O=\begin{pmatrix}0&0&0\\0&0&0\\0&0&0\end{pmatrix}\quad I=\begin{pmatrix}1&0&0\\0&1&0\\0&0&1\end{pmatrix}$$

正方行列

縦と横の成分の数が等しい行列を正方行列という．縦と横の成分の数が n 個の正方行列，つまり $n\times n$ 行列のとき，n 次正方行列あるいは n 次行列という．

行列式

n次の正方行列Aの行列式は$|A|$ またはdet (A)で表す．*det*はディターミナントと読む．ここでは $|A|$ を適用する．

2次の正方行列

$$A=\begin{pmatrix}a&b\\c&d\end{pmatrix}=\begin{pmatrix}5&4\\1&3\end{pmatrix}$$

の行列式は

$$|A|=\begin{vmatrix}a&b\\c&d\end{vmatrix}=ad-bc=5\times3-4\times1=11$$

3次の正方行列

$$A=\begin{pmatrix}a_{11}&a_{12}&a_{13}\\a_{21}&a_{22}&a_{23}\\a_{31}&a_{32}&a_{33}\end{pmatrix}=\begin{pmatrix}5&4&7\\8&3&6\\1&2&1\end{pmatrix}$$

の行列式は

$$|A|=\begin{vmatrix} a_{11} & a_{12} & a_{13} \\ a_{21} & a_{22} & a_{23} \\ a_{31} & a_{32} & a_{33} \end{vmatrix}$$

$$= a_{11}a_{22}a_{33} + a_{12}a_{23}a_{31} + a_{13}a_{21}a_{32} - a_{11}a_{23}a_{32} - a_{12}a_{21}a_{33} - a_{13}a_{22}a_{31}$$

2次と3次の行列式を示したが，3次の場合次の図で示す考え方で計算する．

右下がりの方向の成分同士を掛け合わせたものにプラス(+)の符号，左下がりの方向の成分を掛け合わせたものにマイナス(−)の符号をつけ，最後に全部加えれば行列式の値が求められる．

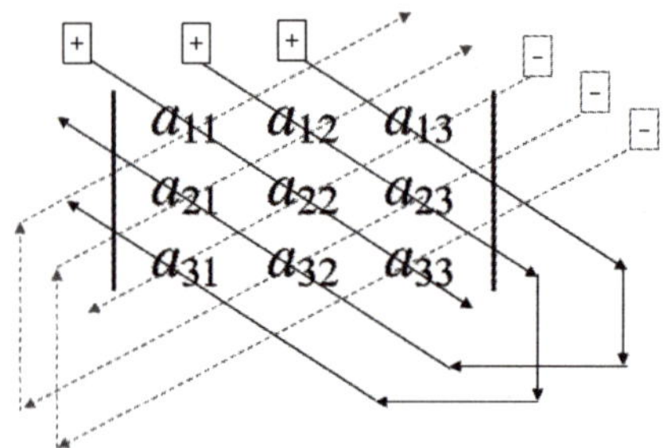

行列式は，Excelの関数「＝MDETERM」を使うと簡単に求められる．

※ 参照　Excelを使っての行列計算は付録2.2 節で示す．

逆行列

逆行列について示す．

数値5にある値を掛けると1になる．そのような値は1/5で与えられ，1/5を5の逆数という．具体的に述べれば，a にある値を掛けると1になる．そのような値は $1/a$ で与えられ，$1/a$ が a の逆数である．数学では $1/a$ と a^{-1} は同等なので，a の逆数は a^{-1} で与えられる．

このことを行列に展開する．正方行列 A にある行列を掛けると単位行列 I になる．そのような行列は A^{-1} で与えられ，A^{-1} が A の逆行列である．なお，行列式 $|A|$ が0でない行列 A に対して逆行列 A^{-1} が存在する．

行列 A の逆行列 A^{-1} を求める．

$$A=\begin{pmatrix}1 & 2\\ 3 & 4\end{pmatrix}\quad A^{-1}=\begin{pmatrix}-2.0 & 1.0\\ 1.5 & -0.5\end{pmatrix}$$

なぜなら行列の掛け算によって A と A^{-1} を掛けると，

$$AA^{-1}=\begin{pmatrix}1\times(-2)+2\times1.5 & 1\times1+2\times(-0.5)\\ 3\times(-2)+4\times1.5 & 3\times1+4\times(-0.5)\end{pmatrix}=\begin{pmatrix}1 & 0\\ 0 & 1\end{pmatrix}=I$$

逆行列は，Excelの関数「= MINVERSE」を使うと簡単に求められる．

※ 参照　Excelを使っての行列計算は付録2.3 節で示す．

1.3　連立方程式

次の連立方程式を考えてみる．

$$\begin{cases}a_{11}x_1+a_{12}x_2+a_{13}x_3=b_1\\ a_{21}x_1+a_{22}x_2+a_{23}x_3=b_2\\ a_{31}x_1+a_{32}x_2+a_{33}x_3=b_3\end{cases}$$

この連立方程式をベクトル，行列で表すと

$$\begin{pmatrix}a_{11} & a_{12} & a_{13}\\ a_{21} & a_{22} & a_{23}\\ a_{31} & a_{32} & a_{33}\end{pmatrix}\begin{pmatrix}x_1\\ x_2\\ x_3\end{pmatrix}=\begin{pmatrix}b_1\\ b_2\\ b_3\end{pmatrix}$$

となる．

ここで

$$A=\begin{pmatrix}a_{11} & a_{12} & a_{13}\\ a_{21} & a_{22} & a_{23}\\ a_{31} & a_{32} & a_{33}\end{pmatrix},\quad \boldsymbol{x}=\begin{pmatrix}x_1\\ x_2\\ x_3\end{pmatrix},\quad \boldsymbol{b}=\begin{pmatrix}b_1\\ b_2\\ b_3\end{pmatrix}$$

とすると

$$A\boldsymbol{x}=\boldsymbol{b}$$

と書ける．したがって，A が逆行列を持てば

$$\boldsymbol{x}=A^{-1}\boldsymbol{b}$$

で示せる．

次の連立方程式

$$\begin{cases} 4x_1 + 2x_2 + 3x_3 = 17 \\ 2x_1 \qquad + x_3 = 5 \\ 2x_1 + x_2 + x_3 = 7 \end{cases}$$

を解法する．

$$A = \begin{pmatrix} 4 & 2 & 3 \\ 2 & 0 & 1 \\ 2 & 1 & 1 \end{pmatrix}, \quad \boldsymbol{x} = \begin{pmatrix} x_1 \\ x_2 \\ x_3 \end{pmatrix}, \quad \boldsymbol{b} = \begin{pmatrix} 17 \\ 5 \\ 7 \end{pmatrix}$$

とおくと，$A\boldsymbol{x} = \boldsymbol{b}$ で示せる．

逆行列は

$$A^{-1} = \begin{pmatrix} -0.5 & 0.5 & 1.0 \\ 0.0 & -1.0 & 1.0 \\ 1.0 & 0.0 & -2.0 \end{pmatrix}$$

となるので，$\boldsymbol{x} = A^{-1}\boldsymbol{b}$ より

$$\boldsymbol{x} = \begin{pmatrix} -0.5 & 0.5 & 1.0 \\ 0.0 & -1.0 & 1.0 \\ 1.0 & 0.0 & -2.0 \end{pmatrix} \begin{pmatrix} 17 \\ 5 \\ 7 \end{pmatrix} = \begin{pmatrix} 1 \\ 2 \\ 3 \end{pmatrix}$$

となり，$x_1 = 1$，$x_2 = 2$，$x_3 = 3$ である．

1.4　固有値と固有ベクトル

固有値，固有ベクトルとは

n 次正方行列をA，n 次元ベクトルを $\boldsymbol{u}$ とする．Aに対して，

$$A\boldsymbol{u} = \lambda\boldsymbol{u} \tag{1}$$

を満たすλと列ベクトル $\boldsymbol{u}$ が存在するとき，λを A の固有値，$\boldsymbol{u}$を固有値λに対する固有ベクトルという．ただし，$\boldsymbol{u}$ は零ベクトルではない．

いま，次のような行列 A とベクトル $\boldsymbol{u}$ を考える．

$$A=\begin{pmatrix}3&1\\2&4\end{pmatrix},\qquad \boldsymbol{u}=\begin{pmatrix}1\\2\end{pmatrix}.$$

行列 A にベクトル $\boldsymbol{u}$ を掛けると

$$A\boldsymbol{u}=\begin{pmatrix}3&1\\2&4\end{pmatrix}\begin{pmatrix}1\\2\end{pmatrix}=\begin{pmatrix}5\\10\end{pmatrix}=5\begin{pmatrix}1\\2\end{pmatrix}=5\boldsymbol{u}$$

となる．

上式において，5 は A の固有値 λ，$\begin{pmatrix}1\\2\end{pmatrix}$ は固有値 5 に対する固有ベクトル $\boldsymbol{u}$ である．

固有方程式

I を n 次の単位行列として，(1)式を書き直す．

$$(\lambda I-A)\,\boldsymbol{u}=\boldsymbol{0} \tag{2}$$

ここに，$\boldsymbol{0}$ は全ての成分が 0 の n 次元列ベクトルである．

ここで，仮に行列式 $|\lambda I-A|\neq 0$ ならば，逆行列 $(\lambda I-A)^{-1}$ が存在するので，この行列式を(2)式の両辺に掛けると，

$$\boldsymbol{u}=(\lambda I-A)^{-1}\boldsymbol{0}=\boldsymbol{0}$$

となり，$\boldsymbol{u}$ が $\boldsymbol{0}$ ベクトルとなって固有ベクトルの定義に反することになる．ということは，λ は

$$|\lambda I-A|=0 \tag{3}$$

の解である．つまり(3)式がを満たす λ の値が，式(1)を満たす λ の値であり，固有値ということになる．(3)式を行列 A の固有方程式という．

固有値，固有ベクトルの求め方

(3)式は

$$\begin{vmatrix}\lambda-3&-1\\-2&\lambda-4\end{vmatrix}=0 \tag{4}$$

と書ける．

(4)式の固有方程式は行列式の計算より，

$$(\lambda-3)(\lambda-4)-(-1)(-2)=0$$
$$\lambda^2-7\lambda+12-2=0,\ (\lambda-5)(\lambda-2)=0$$

これより，$\lambda=5$，2，つまりAの固有値は$\lambda_1=5$，$\lambda_2=2$の二つである．

次に，二つの固有値に対する固有ベクトルを求める．

$\lambda_1=5$のとき

固有ベクトルを$\begin{pmatrix} u_1 \\ u_2 \end{pmatrix}$とすると，(2)式より

$$\begin{pmatrix} 5-3 & -1 \\ -2 & 5-4 \end{pmatrix}\begin{pmatrix} u_1 \\ u_2 \end{pmatrix}=\begin{pmatrix} 0 \\ 0 \end{pmatrix} \quad \text{すなわち} \quad \begin{pmatrix} 2 & -1 \\ -2 & 1 \end{pmatrix}\begin{pmatrix} u_1 \\ u_2 \end{pmatrix}=\begin{pmatrix} 0 \\ 0 \end{pmatrix}$$

となる．式に直すと

$$2u_1-u_2=0$$
$$-2u_1+u_2=0$$

である．二つは同じものなので

$$2u_1-u_2=0$$

である．未知数が二つに式が一つなので解は無数に存在する．そこで，$\boldsymbol{u}_1=c_1$とおくと，$\boldsymbol{u}_2=2c_1$となる．（c_1は0でない任意の実数）

したがって求める固有ベクトル$\boldsymbol{u}_1$は

$$\boldsymbol{u}_1=\begin{pmatrix} c_1 \\ 2c_1 \end{pmatrix}=c_1\begin{pmatrix} 1 \\ 2 \end{pmatrix}$$

である．

$\lambda_1=2$のとき

(2)式より

$$\begin{pmatrix} 2-3 & -1 \\ -2 & 2-4 \end{pmatrix}\begin{pmatrix} u_1 \\ u_2 \end{pmatrix}=\begin{pmatrix} 0 \\ 0 \end{pmatrix} \quad \text{すなわち} \quad \begin{pmatrix} -1 & -1 \\ -2 & -2 \end{pmatrix}\begin{pmatrix} u_1 \\ u_2 \end{pmatrix}=\begin{pmatrix} 0 \\ 0 \end{pmatrix}$$

となる．式に直すと

$$-u_1 - u_2 = 0$$
$$-2u_1 - 2u_2 = 0$$

である．二つは同じものなので

$$-u_1 - u_2 = 0$$

である．未知数が二つに式が一つなので解は無数に存在する．そこで，$u_1 = c_2$ とおくと，$u_2 = -c_2$ となる．（c_2 は 0 でない任意の実数）

したがって求める固有ベクトル $\boldsymbol{u}_2$ は

$$\boldsymbol{u}_2 = \begin{pmatrix} c_2 \\ -c_2 \end{pmatrix} = c_2 \begin{pmatrix} 1 \\ -1 \end{pmatrix} \tag{5}$$

である．

<u>次数が高い場合の固有値，固有ベクトルの計算方法</u>

2 次の正方行列 A の固有値，固有ベクトルの求め方を示したが，3 次以上になるとこのような方法で解法するのは困難であり，コンピュータを利用した数値解法によって求めざるを得ない．

固有方程式は，Excel の関数で解法できる．

※ 参照　Excel を使っての固有方程式の解法は付録2.5節で示す．

Excel での計算方法は次に示す「固有値の性質」を適用したものである．

行列 A の固有値のうち最大の固有値を λ_1とする．任意のベクトル $\boldsymbol{u}$ を設定し，これに左から A を繰り返し掛けていき，求められたベクトルを順に，$\boldsymbol{v}_1$, $\boldsymbol{v}_2$,..., $\boldsymbol{v}_k$とする．

$$\boldsymbol{v}_1 = A\boldsymbol{u}$$
$$\boldsymbol{v}_2 = A\boldsymbol{v}_1 = A^2\boldsymbol{u}$$
$$\boldsymbol{v}_3 = A\boldsymbol{v}_2 = A^3\boldsymbol{u}$$
………………
$$\boldsymbol{v}_{k-1} = A\boldsymbol{v}_{k-2} = A^{k-1}\boldsymbol{u}$$
$$\boldsymbol{v}_k = A\boldsymbol{v}_{k-1} = A^k\boldsymbol{u}$$

二つのベクトル $\boldsymbol{v}_k$ と $\boldsymbol{v}_{k-1}$ の対応する成分の比が一定の値に収束するまで反復するとき，その成分の比の値が，行列 A の固有値 λ_1に対する近似値となることが知られている．つまり

$$\boldsymbol{v}_k = \lambda_1 \boldsymbol{v}_{k-1}$$

である．

このことを先に示した行列 A で確認してみる．

$$A = \begin{pmatrix} 3 & 1 \\ 2 & 4 \end{pmatrix}$$

★★ 第 1 回計算 ★★

任意のベクトル $\boldsymbol{u}$ を

$$u = \begin{pmatrix} 1 \\ 1 \end{pmatrix}$$

として，$\boldsymbol{v}_1 = A\boldsymbol{u}$ を計算する．

$$\boldsymbol{v}_1 = A\boldsymbol{u} = \begin{pmatrix} 3 & 1 \\ 2 & 4 \end{pmatrix} \begin{pmatrix} 1 \\ 1 \end{pmatrix} = \begin{pmatrix} 4 \\ 6 \end{pmatrix}$$

$\boldsymbol{u}$ の第一成分 1 と $\boldsymbol{v}_1$ の第一成分 4 の比を求める．4÷1=4.0

★★ 第 2 回計算 ★★

$\boldsymbol{v}_2 = A\boldsymbol{v}_1$ を計算する．

$$\boldsymbol{v}_2 = A\boldsymbol{v}_1 = \begin{pmatrix} 3 & 1 \\ 2 & 4 \end{pmatrix} \begin{pmatrix} 4 \\ 6 \end{pmatrix} = \begin{pmatrix} 18 \\ 32 \end{pmatrix}$$

$\boldsymbol{v}_1$ の第一成分 4 と $\boldsymbol{v}_2$ の第一成分18の比を求める．18÷4=4.5

★★ 第 3 回計算 ★★

$\boldsymbol{v}_3 = A\boldsymbol{v}_2$ を計算する．

$$\boldsymbol{v}_3 = A\boldsymbol{v}_2 = \begin{pmatrix} 3 & 1 \\ 2 & 4 \end{pmatrix} \begin{pmatrix} 18 \\ 32 \end{pmatrix} = \begin{pmatrix} 86 \\ 164 \end{pmatrix}$$

$\boldsymbol{v}_2$ の第一成分18と $\boldsymbol{v}_3$ の第一成分86の比を求める．86÷18=4.778

★★ 第 4 回計算 ★★

$\boldsymbol{v}_4 = A\boldsymbol{v}_3$ を計算する．

$$\boldsymbol{v}_4 = A\boldsymbol{v}_3 = \begin{pmatrix} 3 & 1 \\ 2 & 4 \end{pmatrix} \begin{pmatrix} 86 \\ 164 \end{pmatrix} = \begin{pmatrix} 422 \\ 828 \end{pmatrix}$$

$\boldsymbol{v}_3$ の第一成分86と $\boldsymbol{v}_4$ の第一成分422の比を求める．422 ÷ 86=4.907

★★ 第 5 回計算 ★★

$\boldsymbol{v}_5 = A\boldsymbol{v}_4$ を計算する．

$$\boldsymbol{v}_5 = A\boldsymbol{v}_4 = \begin{pmatrix} 3 & 1 \\ 2 & 4 \end{pmatrix} \begin{pmatrix} 422 \\ 828 \end{pmatrix} = \begin{pmatrix} 2,094 \\ 4,156 \end{pmatrix}$$

$\boldsymbol{v}_4$ の第一成分422と $\boldsymbol{v}_5$ の第一成分2094の比を求める．2,094 ÷ 422=4.962

…………………………………………………………………

★★ 第 9 回計算 ★★

$\boldsymbol{v}_9 = A\boldsymbol{v}_8$ を計算する．

$$\boldsymbol{v}_9 = A\boldsymbol{v}_8 = \begin{pmatrix} 3 & 1 \\ 2 & 4 \end{pmatrix} \begin{pmatrix} 260,502 \\ 520,748 \end{pmatrix} = \begin{pmatrix} 1,302,254 \\ 2,603,996 \end{pmatrix}$$

$\boldsymbol{v}_8$ の第一成分260,502と $\boldsymbol{v}_9$ の第一成分1,302,254の比を求める．
1,302,254 ÷ 260,502 =4.999

第 1 回から第 9 回までの比を示すと，

1	2	3	4	5	6	7	8	9
4.000	4.500	4.778	4.907	4.962	4.985	4.994	4.998	4.999

比は 5 に収束していることが分かる．つまりこの計算から，行列 A の一番目の固有値は 5 になるということである．

λ_1= 5 に対する固有ベクトルは(6)式で示した連立方程式で与えられる．

行列 Aの 2 番目以降の固有値の求め方を示す．

行列 A の最大固有値を λ_1，2 番目に大きい固有値を λ_2とする．λ_1に対する固有値ベクトルを $\boldsymbol{u}_1$，これを正規化したベクトルを $\boldsymbol{z}_1$，$\boldsymbol{z}_1$ の転置ベクトルを$\boldsymbol{z}_1'$

とする．

行列 A_2 を，

$$A_2 = A - \lambda_1 z_1 z_1' \tag{6}$$

で与え，A_2 について先に示した反復計算を行ない，A_2 の固有値，固有ベクトルを求める．

このような操作を繰り返し行い，A_3，A_4, . . .を与え，順番に固有値，固有ベクトルを求める．

計算手順を示す．

① 先ほどの行列Aの最大固有値と固有ベクトル

$$\text{最大固有値 } \lambda_1 = 5,\ u_1 = \begin{pmatrix} 1 \\ 2 \end{pmatrix}$$

② $\boldsymbol{u}_1$の正規化ベクトル $\boldsymbol{z}_1$

$$\boldsymbol{u}_1 = \begin{pmatrix} 1 \\ 2 \end{pmatrix} \text{のノルムは，} \|\boldsymbol{u}_1\| = \sqrt{1^2 + 2^2} = \sqrt{5} = 2.236$$

$$\boldsymbol{z}_1 = \frac{1}{\|\boldsymbol{u}_1\|}\boldsymbol{u}_1 = \begin{pmatrix} 1/\sqrt{5} \\ 2/\sqrt{5} \end{pmatrix} = \begin{pmatrix} 0.4472 \\ 0.8944 \end{pmatrix}$$

③ $\boldsymbol{z}_1$の転置ベクトル $\boldsymbol{z}_1'$

$$\boldsymbol{z}_1' = (0.4472,\ 0.8944)$$

④ ベクトルの積 $\boldsymbol{z}_1\ \boldsymbol{z}_1'$

$$\boldsymbol{z}_1\ \boldsymbol{z}_1' = \begin{pmatrix} 0.4472 \\ 0.8944 \end{pmatrix}(0.4472,\ 0.8944) = \begin{pmatrix} 0.200 & 0.400 \\ 0.400 & 0.800 \end{pmatrix}$$

⑤ A_2 の計算

$$A_2 = A - \lambda_1\ \boldsymbol{z}_1\ \boldsymbol{z}_1'$$

$$A_2 = \begin{pmatrix} 3 & 1 \\ 2 & 4 \end{pmatrix} - 5.00 \begin{pmatrix} 0.2001 & 0.4000 \\ 0.4000 & 0.7999 \end{pmatrix} = \begin{pmatrix} 1.9999 & -0.9998 \\ 0.0002 & 0.0011 \end{pmatrix}$$

A_2について先に示した，反復計算を行い，各回の比を求めた．

1	2	3	4
1.000	1.9986	1.9998	1.9998

比は第 4 回目で 2 に収束していることが分かる．つまりこの計算から，行列 A の二番目の固有値 λ_2は 2 になるということである．

第2章　Excelでの行列計算

2.1　行列の掛け算 MMULT

次の二つの行列の掛け算をExcel関数「=*MMULT*」で行なう方法を示す.

$$A=\begin{pmatrix}2 & 1 & 5 & 8\\ 3 & 2 & 4 & 5\\ 1 & 5 & 1 & 3\end{pmatrix}\qquad B=\begin{pmatrix}4 & 5\\ 3 & 2\\ 2 & 2\\ 1 & 3\end{pmatrix}$$

行列 A の列数と行列 B の行数が等しいことを確認する.
A の列数は 4，B の行数は 4 で，両者は等しい.
求める行列 C の行数と列数を調べる.
C の行数は行列 A の行数なので 3.
C の列数は行列 B の列数なので 2.

次の手順で Excel を操作する.

① Excel のシートに行列 A，行列 B のデータを入力.

② シート上の任意のセルをクリックし，関数の挿入 {fx} で MMULT を選択する.

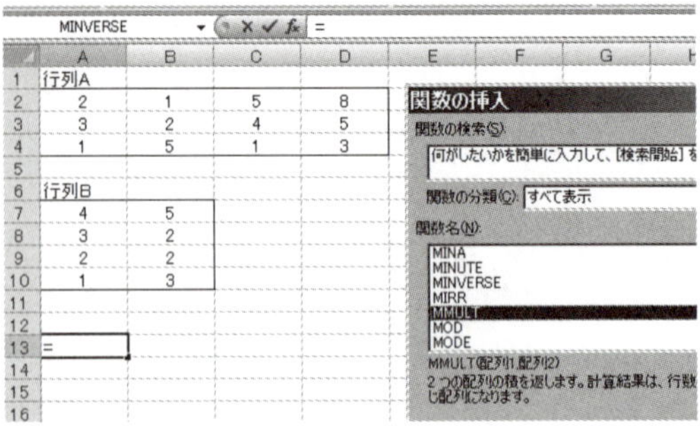

③　配列 1 の枠内をクリックし，行列 A のデータを範囲指定する．
配列 2 の枠内をクリックし，行列 B のデータを範囲指定する．

43x33　MMULT　=MMULT(A2:D4,A7:B10)

	A	B	C	D
1	行列A			
2	2	1	5	8
3	3	2	4	5
4	1	5	1	3
5				
6	行列B			
7	4	5		
8	3	2		
9	2	2		
10	1	3		
11				
12				
13	A7:B10)			

関数の引数
MMULT
配列1　A2:D4
配列2　A7:B10
2 つの配列の積を返します。計算結果は、行数が配列1
配列2　には行列積
数と等しくな
数式の結果 = 29
この関数のヘルプ(H)

④　OK ボタンを押すと，行列 C の行 1，列 1 の計算結果が出力される．

	A	B	C	D
1	行列A			
2	2	1	5	8
3	3	2	4	5
4	1	5	1	3
5				
6	行列B			
7	4	5		
8	3	2		
9	2	2		
10	1	3		
11				
12				
13	29			
14				

⑤　結果を出力するセルをすべて選択する．
※注．求める行列の行数は 3，列数は 2 なので，$3 \times 2 = 6$ 個のセルを選択すること．
この状態でカーソルを，数式バーにある数式の右側におく．

B2　MMULT　=MMULT(A2:D4,A7:B10)

	A	B	C	D
1	行列A			
2	2	1	5	8
3	3	2	4	5
4	1	5	1	3
5				
6	行列B			
7	4	5		
8	3	2		
9	2	2		
10	1	3		
11				
12				
13	=MMULT(A			
14				
15				
16				

⑥ Ctrl と Shift を同時に押しながら，Enter を押す．
計算結果が出力される．

	A	B	C	D	E
1	行列A				
2	2	1	5	8	
3	3	2	4	5	
4	1	5	1	3	
5					
6	行列B				
7	4	5			
8	3	2			
9	2	2			
10	1	3			
11					
12					
13	29	46			
14	31	42			
15	24	26			
16					

2.2 行列式の計算 MDETERM

行列 A の行列式の計算を Excel 関数「=*MDETERM*」で行なう方法を示す．

$$A=\begin{vmatrix} 5 & 4 & 7 \\ 8 & 3 & 6 \\ 1 & 2 & 1 \end{vmatrix}$$

次の手順で Excel を操作する．

① Excel のシートに行列 A のデータを入力．

② シート上の任意のセルをクリックし，関数の挿入 {fx} で MDETERM を選択する．

MDETERM =

	A	B	C	D
1	行列A			
2	5	4	7	
3	8	3	6	
4	1	2	1	
5				
6	=			

関数の挿入
関数の検索(S):
何がしたいかを簡単に入力して、[検索開始]
関数の分類(C): すべて表示
関数名(N):
MatchWorkbookFont
MAX
MAXA
MDETERM
MDURATION
MEDIAN
MID
MDETERM(配列)
配列の行列式を返します。

③　配列 1 の枠内をクリックし，行列 A のデータを範囲指定する．

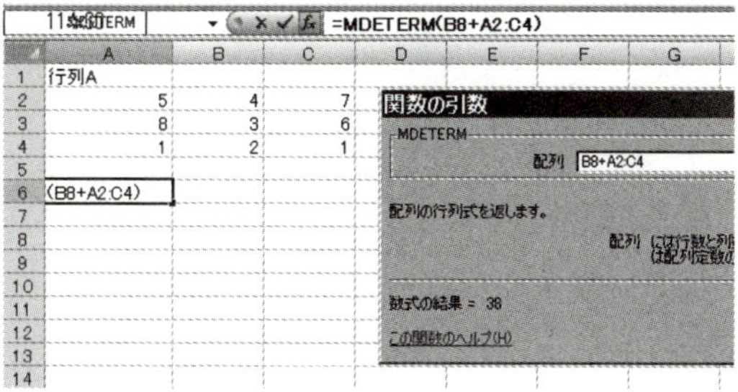

④　OK ボタンを押すと，指定したセルに計算結果が出力される．

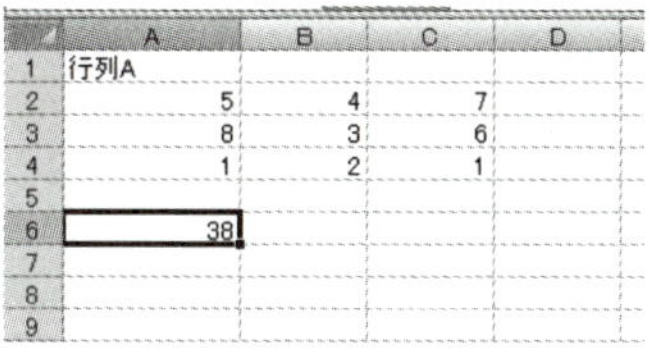

2.3　逆行列の計算MINVERSE

次の行列 A の逆行列 A^{-1} を Excel 関数「=*MINVERSE*」で行なう方法を示す．

$$A=\begin{pmatrix} 1 & 2 \\ 3 & 4 \end{pmatrix}$$

次の手順で Excel を操作する．

①　Excel のシートに行列 A のデータを入力．

② シート上の任意のセルをクリックし，関数の挿入 {fx} で MINVERSE を選択する．

③ 配列 1 の枠内をクリックし，行列 A のデータを範囲指定する．

④ OK ボタンを押すと，逆行列の行 1，列 1 の計算結果が出力される．

⑤　結果を出力するセルをすべて選択する．
　　この状態でカーソルを数式バーにある数式の右側におく．

MINVERSE　=MINVERSE(A2:B3)

	A	B	C	D	E
1	行列A				
2	1	2			
3	3	4			
4					
5	=MINVERSE(A2				
6					
7					

⑥　Ctrl と Shift を同時に押しながら，Enter を押す．
　　計算結果が出力される．

A5　{=MINVERSE(A2:B3)}

	A	B	C	D	E
1	行列A				
2	1	2			
3	3	4			
4					
5	−2	1			
6	1.5	−0.5			
7					

2.4　連立方程式の解法

次の連立方程式を Excel 関数で解く方法を示す，

$$\begin{cases} 4x_1 + 2x_2 + 3x_3 = 17 \\ 2x_1 \qquad\;\; + \ x_3 = \ 5 \\ 2x_1 + \ x_2 + \ x_3 = \ 7 \end{cases}$$

次の手順で Excel を操作する．

①　Excel のシートに，方程式の左辺の係数を行列として入力する．
　　方程式の右辺の値を列ベクトルとして入力する．

	A	B	C	D	E	F
1	4	2	3		17	
2	2	0	1		5	
3	2	1	1		7	
4						

②　入力した行列の逆行列を MINVERSE で求める．

③　逆行列と列ベクトルの掛け算を MMULT で求める.

	A	B	C	D	E	F
1	4	2	3		17	
2	2	0	1		5	
3	2	1	1		7	
4						
5	逆行列					
6	-0.5	0.5	1			
7	0	-1	1			
8	1	0	-2			
9						
10	逆行列×列ベクトル					
11	1					
12	2					
13	3					
14						

2.5　固有値の計算

次の行列 A の固有値の計算を Excel 関数で行なう方法を示す.

$$A=\begin{pmatrix} 1 & 2 \\ 3 & 4 \end{pmatrix}$$

ここでの操作手順は,「次数が高い場合の固有値, 固有ベクトルの計算」の「第1回計算」から「第 9 回計算」までの内容に基づき, 説明する.

①　ワークシートに, 次図に示す文字と数値を入力.

	A	B	C	D	E	F	G	H	I	J	K	L
1	繰り返し		1	2	3	4	5	6	7	8	9	
2	A											
3												
4	ベクトル	u	v1.1	v1.2	v1.3	v1.4	v1.5	v1.6	v1.7	v1.8	v1.9	
5												
6												
7	成分の比		比1	比2	比3	比4	比5	比6	比7	比8	比9	
8												
9												
10	λ1											
11												
12	ベクトル											
13												

②　行列 A と, ベクトル $\boldsymbol{u}$ の数値を入力. $\boldsymbol{u}$ の値は 1 とする.

	A	B	C	D	E	F
1	繰り返し		1	2	3	
2	A	3	1			
3		2	4			
4	ベクトル	u	v1.1	v1.2	v1.3	v1.4
5		1				
6		1				
7	成分の比		比1	比2	比3	比4
8						
9						
10	λ1					
11						
12	ベクトル					
13						

③　セル範囲 C5:C6 を選択し，Excel 関数 MMULT を指定する．

配列 1 で行列 A，配列 2 でベクトル $\boldsymbol{u}$ のセルを指定．

配列 1 の範囲指定後 F 4 を押して絶対参照にする．絶対参照することによって，行列 A のセルが固定される．

Ctrl と Shift を同時に押しながら，Enter を押す．（OKボタンは押さない）

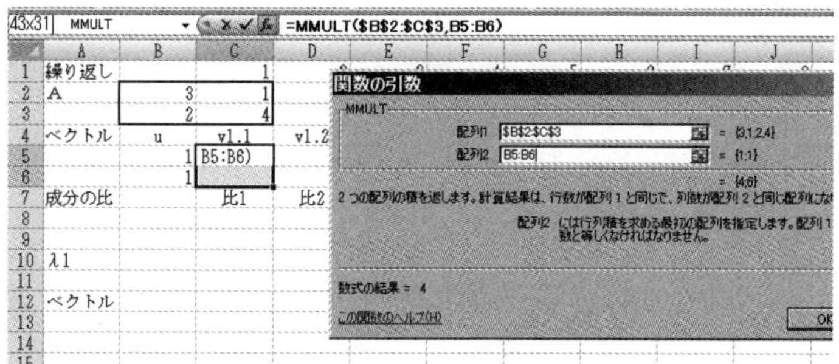

④　求められた v1.1と u の比を計算する．

52x34　MMULT　=C5/B5

	A	B	C	D	E
1	繰り返し		1	2	3
2	A	3	1		
3		2	4		
4	ベクトル	u	v1.1	v1.2	v1.3
5		1	4		
6		1	6		
7	成分の比		比1	比2	比3
8			=C5/B5		
9					
10	λ1				
11					
12	ベクトル				

⑤　続けて，v1.1，v1.3，. . .，及び v1.2 と v1.1 の比，v1.3 と v1.2の比，. . .の計算をする．この計算は，Excel の自動計算機能オートフィルでコピーすれば簡単に求められる．

オートフィルとは，セル C5:C8 の矩形の右下の+を掴み，右へドラッグしコピーすること．

C5 f_x {=MMULT($B$2:$C$3,B5:B6)}

	A	B	C	D	E	F
1	繰り返し		1	2	3	4
2	A	3	1			
3		2	4			
4	ベクトル	u	v1.1	v1.2	v1.3	v1.4
5		1	4			
6		1	6			
7	成分の比		比1	比2	比3	比4
8			4			
9						
10	λ1					
11						
12	ベクトル					
13						

9 回までコピーした結果を示す．

比 9 で 5 に収束していると判断すると，固有値 λ_1 は 5 である．

比 9 までを出力したが，収束状態が悪ければコピー回数を増やす．逆に早い回で収束すればコピー回数を少なくすればよい．

	A	B	C	D	E	F	G	H	I	J	K	L
1	繰り返し		1	2	3	4	5	6	7	8	9	
2	A	3	1									
3		2	4									
4	ベクトル	u	v1.1	v1.2	v1.3	v1.4	v1.5	v1.6	v1.7	v1.8	v1.9	
5		1	4	18	86	422	2094	10438	52126	260502	1302254	
6		1	6	32	164	828	4156	20812	104124	520748	2603996	
7	成分の比		比1	比2	比3	比4	比5	比6	比7	比8	比9	
8			4	4.5	4.77778	4.90698	4.96209	4.98472	4.99387	4.99754	4.99902	
9												
10	λ1											
11												
12	ベクトル											
13												

⑥　2 番目の固有値 λ_2 を，(7) 式を適用し算出する．

v1.9 の各成分を v1.9 の末尾の成分で割る．

セル M5 で ＝K5/K6，M6 で ＝K6/K6

v1.9 のノルムを求める．

セル M9 で表示されている式を入力し Enter を押す．

正規ベクトルを求める．

セル N5 で ＝M5/M9，N6で ＝M6/M9

I	J	K	L	M	N	O
7	8	9				
v1.7	v1.8	v1.9			正規化ベクトル	
52126	260502	1302254		0.500098	0.447284	
104124	520748	2603996		1	0.894392	
比7	比8	比9				
4.99387	4.99754	4.99902		ノルム		
				=SQRT(M5^2+M6^2)		

⑦　セル B10 に，λ_1近似値のセル K8 をコピーする．
セル B12:B13 に，正規ベクトルのセル N5:N6 をコピーする．
セル D12:E12 に，正規ベクトルのセル N5:N6 の転置ベクトルをコピーする．セル G12:H13 で，行ベクトルのセル B12:B13 と列ベクトルのセル D12:E12 の積を，MMULT で計算する．

7x2 | MMULT | =MMULT(B12:B13,D12:E12)

	A	B	C	D	E	F	G	H	I	J
1	繰り返し		1	2	3	4	5	6	7	8
2	A	3	1							
3		2	4							
4	ベクトル	u	v1.1	v1.2	v1.3	v1.4	v1.5	v1.6	v1.7	v1.
5		1	4	18	86	422	2094	10438	52126	260
6		1	6	32	164	828	4156	20812	104124	520
7	成分の比		比1	比2	比3	比4	比5	比6	比7	比
8			4	4.5	4.77778	4.90698	4.96209	4.98472	4.99387	4.99
9										
10	λ1	4.999								
11										
12	ベクトル	0.447		0.447	0.89439		=MMULT(B12:B13,D12:E12)			
13		0.894								
14										

⑧　セル J12:K13 で，λ_1とセル G12:H13 の掛算を行う．
セル B15:C16 で，行列 A のセル B2:C3 とセル J12:K13 の引き算をする．

	A	B	C	D	E	F	G	H	I	J	K
1	繰り返し		1	2	3	4	5	6	7	8	9
2	A	3	1								
3		2	4								
4	ベクトル	u	v1.1	v1.2	v1.3	v1.4	v1.5	v1.6	v1.7	v1.8	v1.9
5		1	4	18	86	422	2094	10438	52126	260502	1302254
6		1	6	32	164	828	4156	20812	104124	520748	2603996
7	成分の比		比1	比2	比3	比4	比5	比6	比7	比8	比9
8			4	4.5	4.77778	4.90698	4.96209	4.98472	4.99387	4.99754	4.99902
9											
10	λ1	4.9990173									
11											
12	ベクトル	0.4472839		0.44728	0.89439		0.20006	0.40005		1.00012	1.99984
13		0.894392					0.40005	0.79994		1.99984	3.9989
14											
15		1.9999	-0.9998								
16		0.0002	0.0011								
17											

⑨ 与えられた行列のセル B15:C16 について，③から⑧までの作業を繰り返す．その結果を示す．
比 4 で 2 に収束していると判断すると，固有値 λ_2は 2 である．

	A	B	C	D	E	F	G	H	I	J	K
1	繰り返し		1	2	3	4	5	6	7	8	9
2	A	3	1								
3		2	4								
4	ベクトル	u	v1.1	v1.2	v1.3	v1.4	v1.5	v1.6	v1.7	v1.8	v1.9
5		1	4	18	86	422	2094	10438	52126	260502	1302254
6		1	6	32	164	828	4156	20812	104124	520748	2603996
7	成分の比		比1	比2	比3	比4	比5	比6	比7	比8	比9
8			4	4.5	4.77778	4.90698	4.96209	4.98472	4.99387	4.99754	4.99902
9											
10	λ1	4.9990173									
11											
12	ベクトル	0.4472839		0.44728	0.89439		0.20006	0.40005		1.00012	1.99984
13		0.894392					0.40005	0.79994		1.99984	3.9989
14											
15		1.9999	-0.9998								
16		0.0002	0.0011								
17	ベクトル	u	v1.1	v1.2	v1.3	v1.4	v1.5	v1.6	v1.7	v1.8	v1.9
18		1	1.0000392	1.9987	3.99701	7.99324	15.9849	31.9667	63.927	127.841	255.658
19		1	0.0012579	0.00016	0.00031	0.00063	0.00126	0.00251	0.00503	0.01006	0.02011
20	成分の比		比1	比2	比3	比4	比5	比6	比7	比8	比9
21			1.0000392	1.99862	1.9998	1.9998	1.9998	1.9998	1.9998	1.9998	1.9998

2.6 Excelでのp値，F値，χ^2値の計算

第 2 部2.2節で F 分布，1.2節で χ^2分布について示した．ここでは，Excel の関数を用いて F 分布の p 値と F 値，χ^2分布の p 値と χ^2 値の求め方を示す．

F 分布において横軸の値 F 値に対する上側確率 p 値の求め方

第 2 部図2.2(5)は自由度$(f_1,\ f_2) = (1,\ 7)$の F 分布である．

F 値 = 9.051 に対する上側確率 p = 0.018(1.8%)は，Excel シート上の任意のセルに，=*FDIST*(9.051, 1.7)を入力し Enter を押すと，そのセルに出力される．

F 分布において上側確率 p 値に対する F 値求め方

第 2 部図 2.2(4)は自由度$(f_1,\ f_2) = (1, 25)$の F 分布である．

p 値 = 0.05に対するF値 =4.24は，Excel シート上の任意のセルに，= *FINV* (0.05, 1, 25) を入力しEnterを押すと，そのセルに出力される．

χ^2分布において横軸の値 χ^2値に対する上側確率 p 値の求め方

第 2 部 1.2 節「クラメール連関係数の検定」において，χ^2 = 1.851，自由度 f = 2 である．χ^2値 =1.851 に対する上側確率 p 値 = 0.396 は，Excel シート上の任意のセルに，=*CHIDIST*(1.851, 2)を入力し Enter を押すと，そのセルに出力

される．

χ^2分布において上側確率 p 値に対する χ^2値の求め方

自由度 $f = 2$ の χ^2分布において，p 値 $= 0.05$ に対する χ^2値 $= 5.99$ は，Excel シート上の任意のセルに，= *CHIINV*(0.05,　2) を入力し Enter を押すと，そのセルに出力される．

第3章 Excelでの2類解法

第3部表1.2(3)のデータについて，Excelの関数を用いて数量化2類を行なう．

1. Excelのシートにデータを入力する．　　※参照　第3部　表1.2(3)

個体	目的変数	説明変数	
No.	群	u_1	u_2
1	1	2	2
2	1	2	3
3	1	3	3
4	2	3	1
5	2	3	2
6	3	1	1
7	3	1	2
8	3	1	3
9	3	2	1

2. ダミー変数データを作成する．　　※参照　第3部　表1.2(4)

No.	群	u_1のダミー変数			u_2のダミー変数		
		x_{11}	x_{12}	x_{13}	x_{21}	x_{22}	x_{23}
1	1	0	1	0	0	1	0
2	1	0	1	0	0	0	1
3	1	0	0	1	0	0	1
4	2	0	0	1	1	0	0
5	2	0	0	1	0	1	0
6	3	1	0	0	1	0	0
7	3	1	0	0	0	1	0
8	3	1	0	0	0	0	1
9	3	0	1	0	1	0	0

3. 各説明変数の末尾カテゴリーを除外したダミー変数データを作成する．
平均値を計算する．

x_{11}	x_{12}	x_{21}	x_{22}
0	1	0	1
0	1	0	0
0	0	0	0
0	0	1	0
0	0	0	1
1	0	1	0
1	0	0	1
1	0	0	0
0	1	1	0
0.33333	0.33333	0.33333	0.33333

4. ダミー変数データから平均値を引く．この行列を$\tilde{X}$とする．
※参照　第3部(78)式

x_{11}	x_{12}	x_{21}	x_{22}
−0.3333	0.6667	−0.3333	0.6667
−0.3333	0.6667	−0.3333	−0.3333
−0.3333	−0.3333	−0.3333	−0.3333
−0.3333	−0.3333	0.6667	−0.3333
−0.3333	−0.3333	−0.3333	0.6667
0.6667	−0.3333	0.6667	−0.3333
0.6667	−0.3333	−0.3333	0.6667
0.6667	−0.3333	−0.3333	−0.3333
−0.3333	0.6667	0.6667	−0.3333

5. $\tilde{X}$の行と列を入れ替えた転置行列$\tilde{X}'$を作成する．
※参照　第3部(79)式

6. $\tilde{X}'$（下記画面下側）と$\tilde{X}$（上側）を掛け算する．
$\tilde{X}'$の行数は9，$\tilde{X}$の列数は9，両者が同じことを確認する．
$\tilde{X}'$の列数は4，$\tilde{X}$の行数は4より，結果は4行4列の行列である．
Excelの関数「MMULT」を選ぶ．
出力先の先頭セルをクリックし，下記を指定し，OKボタンを押す．

45x27 MMULT =MMULT(A13:I16,A2:D10)

	A	B	C	D	E	F	G	H	I
1	$\hat{X}$								
2	-0.3333	0.6667	-0.3333	0.6667					
3	-0.3333	0.6667	-0.3333	-0.3333					
4	-0.3333	-0.3333	-0.3333	-0.3333					
5	-0.3333	-0.3333	0.6667	-0.3333					
6	-0.3333	-0.3333	-0.3333	0.6667					
7	0.6667	-0.3333	0.6667	-0.3333					
8	0.6667	-0.3333	-0.3333	0.6667					
9	0.6667	-0.3333	-0.3333	-0.3333					
10	-0.3333	0.6667	0.6667	-0.3333					
11									
12	$\hat{X}'$								
13	-0.3333	-0.3333	-0.3333	-0.3333	-0.3333	0.6667	0.6667	0.6667	-0.3333
14	0.6667	0.6667	-0.3333	-0.3333	-0.3333	-0.3333	-0.3333	-0.3333	0.6667
15	-0.3333	-0.3333	-0.3333	0.6667	-0.3333	0.6667	-0.3333	-0.3333	0.6667
16	0.6667	-0.3333	-0.3333	-0.3333	0.6667	-0.3333	0.6667	-0.3333	-0.3333

関数の引数
MMULT
配列1 A13:I16 = {-0.33333333333
配列2 A2:D10 = {-0.33333333333

先頭セルを起点として4行4列のセルを範囲指定する.

数式バーをクリックし,「Shift」「Ctrl」を同時に押しながら「Enter」を押す.求められた行列をTとする.

※参照　第3部(80)式

7. Tの逆行列を計算する.

Excelの関数「MINVERSE」を選ぶ.出力先の先頭セルをクリックし,下記を指定し,OKボタンを押す.

64x28 MINVERSE =MINVERSE(A2:D5)

	A	B	C	D
1	T			
2	2.0000	-1.0000	0.0000	0.0000
3	-1.0000	2.0000	0.0000	0.0000
4	0.0000	0.0000	2.0000	-1.0000
5	0.0000	0.0000	-1.0000	2.0000
6				
7	T-1			
8	RSE(A2:D5)			

関数の引数
MINVERSE
配列 A2:D5 = {2,-1,5.561115123
= {0.66666666666

先頭セルを起点として4行4列のセルを範囲指定する.

数式バーをクリックし,「Shift」「Ctrl」を同時に押しながら「Enter」を押す.求められた行列を T^{-1} とする.

※参照　第3部(89)式

8.　$\tilde{X}$の群別平均値を計算する．

※参照　第 3 部(84)，(85)，(86)式

	x_{11}	x_{12}	x_{21}	x_{22}
群 1	−0.33333	0.33333	−0.33333	0.00000
群 2	−0.33333	−0.33333	0.16667	0.16667
群 3	0.41667	−0.08333	0.16667	−0.08333

9.　個体が属する群の群平均をその個体のデータとする．このデータ行列を$\tilde{X}^{(g)}$とする．

No.	x_{11}	x_{12}	x_{21}	x_{22}
1	−0.3333	0.3333	−0.3333	0.0000
2	−0.3333	0.3333	−0.3333	0.0000
3	−0.3333	0.3333	−0.3333	0.0000
4	−0.3333	−0.3333	0.1667	0.1667
5	−0.3333	−0.3333	0.1667	0.1667
6	0.4167	−0.0833	0.1667	−0.0833
7	0.4167	−0.0833	0.1667	−0.0833
8	0.4167	−0.0833	0.1667	−0.0833
9	0.4167	−0.0833	0.1667	−0.0833

10. $\tilde{X}^{(g)}$の行と列を入れ替えた転置行列　$(\tilde{X}^{(g)})'$を作成する．

11. $\tilde{X}^{(g)\prime}$　(下記画面下側）と　$\tilde{X}^{(g)}$（上側）を掛け算する．

$\tilde{X}^{(g)\prime}$の行数は 9，$\tilde{X}^{(g)}$の列数は 9，両者が同じことを確認する．

$\tilde{X}^{(g)\prime}$の列数は 4，$\tilde{X}^{(g)}$の行数は 4 より，結果は 4 行 4 列の行列である．

Excelの関数「MMULT」を選ぶ．

出力先の先頭セルをクリックし，下記を指定し，OKボタンを押す．

40x32 MMULT =MMULT(A13:I16,A2:D10)

	A	B	C	D	E	F	G	H	I
1	$\tilde{X}^{(g)}$								
2	-0.3333	0.3333	-0.3333	0.0000		\2:D10)			
3	-0.3333	0.3333	-0.3333	0.0000					
4	-0.3333	0.3333	-0.3333	0.0000					
5	-0.3333	-0.3333	0.1667	0.1667					
6	-0.3333	-0.3333	0.1667	0.1667					
7	0.4167	-0.0833	0.1667	-0.0833					
8	0.4167	-0.0833	0.1667	-0.0833					
9	0.4167	-0.0833	0.1667	-0.0833					
10	0.4167	-0.0833	0.1667	-0.0833					
11									
12	$(\tilde{X}^{(g)})'$								
13	-0.3333	-0.3333	-0.3333	-0.3333	-0.3333	0.4167	0.4167	0.4167	0.4167
14	0.3333	0.3333	0.3333	-0.3333	-0.3333	-0.0833	-0.0833	-0.0833	-0.0833
15	-0.3333	-0.3333	-0.3333	0.1667	0.1667	0.1667	0.1667	0.1667	0.1667
16	0.0000	0.0000	0.0000	0.1667	0.1667	-0.0833	-0.0833	-0.0833	-0.0833

関数の引数

MMULT

配列1 A13:I16 = {-0.333333333333333,-0.33333333333...

配列2 A2:D10 = {-0.333333333333333,0.333333333333...

先頭セルを起点として4行4列のセルを範囲指定する．

数式バーをクリックし，「Shift」「Ctrl」を同時に押しながら「Enter」を押す．

求められた行列をBとする．

※結果　第3部(88)式

12. T^{-1} と B を掛け算する．

T^{-1} の行数は4，Bの列数は4，両者が同じことを確認する．

T^{-1} の列数は4，Bの行数は4より，結果は4行4列の行列である．

Excelの関数「MMULT」を選ぶ．

出力先の先頭セルをクリックし，下記を指定し，OK ボタンを押す．

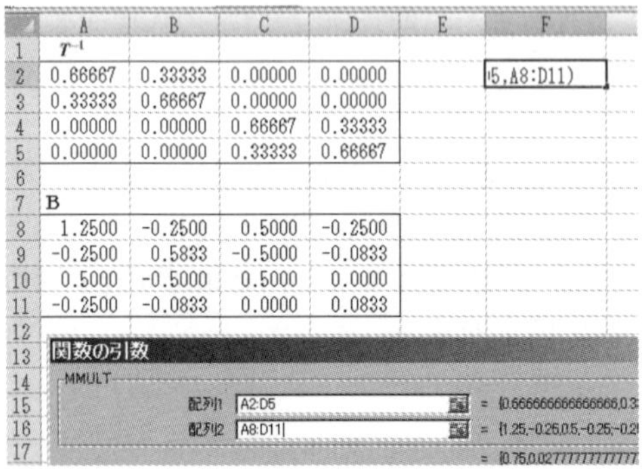

	A	B	C	D	E	F
1	T^{-1}					
2	0.66667	0.33333	0.00000	0.00000		5,A8:D11)
3	0.33333	0.66667	0.00000	0.00000		
4	0.00000	0.00000	0.66667	0.33333		
5	0.00000	0.00000	0.33333	0.66667		
6						
7	B					
8	1.2500	-0.2500	0.5000	-0.2500		
9	-0.2500	0.5833	-0.5000	-0.0833		
10	0.5000	-0.5000	0.5000	0.0000		
11	-0.2500	-0.0833	0.0000	0.0833		

関数の引数

MMULT

配列1 A2:D5 = {0.666666666666666,0.3

配列2 A8:D11 = {1.25,-0.25,0.5,-0.25,-0.2

= {0.75,0.0277777777777

先頭セルを起点として4行4列のセルを範囲指定する．

数式バーをクリックし，「Shift」「Ctrl」を同時に押しながら「Enter」を押す．

求められた行列を $T^{-1}B$ とする.
※参照　第 3 部(90)式

相関比の求め方を説明する.

13. 2.5節で示した「固有値解法用のシート」を用意する.
$T^{-1}B$ をコピーする.
ベクトルuの列に 1 を入力する.
コピーした行列とベクトルを「=MMULT」で掛算する.
後の計算で式のコピーがあるため，行列の範囲指定は絶対参照とする.
（絶対参照→範囲指定後F4を押す）

MMULT　=MMULT($B$2:$E$5,B7

	A	B	C	D	E
1	繰り返し		1	2	3
2	$T^{-1}B$	0.7500	0.0278	0.1667	−0.1944
3		0.2500	0.3056	−0.1667	−0.1389
4		0.2500	−0.3611	0.3333	0.0278
5		0.0000	−0.2222	0.1667	0.0556
6	ベクトル	u	v1.1	v1.2	v1.3
7		1	=MMULT($B$2:$E$5,B7:B10)		
8		1			
9		1			
10		1			
11	成分の比		比1	比2	比3

14. セルC12に「=C7/B7」を入力しEnterを押す

MMULT　=C7/B7

	A	B	C	D	E
1	繰り返し		1	2	3
2	$T^{-1}B$	0.7500	0.0278	0.1667	−0.1944
3		0.2500	0.3056	−0.1667	−0.1389
4		0.2500	−0.3611	0.3333	0.0278
5		0.0000	−0.2222	0.1667	0.0556
6	ベクトル	u	v1.1	v1.2	v1.3
7		1	0.7500		
8		1	0.2500		
9		1	0.2500		
10		1	0.0000		
11	成分の比		比1	比2	比3
12			=C7/B7		

15. 下記画面で，太線で囲まれた矩形の右下を掴み，右側へドラッグしてコピーする.

	A	B	C	D	E
1	繰り返し		1	2	3
2	$T^{-1}B$	0.7500	0.0278	0.1667	−0.1944
3		0.2500	0.3056	−0.1667	−0.1389
4		0.2500	−0.3611	0.3333	0.0278
5		0.0000	−0.2222	0.1667	0.0556
6	ベクトル	u	v1.1		
7		1	0.7500		
8		1	0.2500		
9		1	0.2500		
10		1	0.0000		
11	成分の比		比1		
12			0.7500		
13					

16. 比 1 の値は0.75であるが，コピーを繰り返すことにより値が変化し，ある一定の値に収束する．この例題は20回コピーしたとき0.8101に収束した．ここでコピーを終了する．

求める軸 1 の相関比は0.8101である．

※参照　第 3 部　表1.16

K22

	A	B	C	D	E	F		T	U	V
1	繰り返し		1	2	3	4		18	19	20
2	$T^{-1}B$	0.7500	0.0278	0.1667	−0.1944					
3		0.2500	0.3056	−0.1667	−0.1389					
4		0.2500	−0.3611	0.3333	0.0278					
5		0.0000	−0.2222	0.1667	0.0556					
6	ベクトル	u	v1.1	v1.2	v1.3	v1.4		v1.18	v1.19	v1.20
7		1	0.7500	0.6111	0.4973	0.4043		0.0214	0.0174	0.0141
8		1	0.2500	0.2222	0.1925	0.1639		0.0100	0.0081	0.0066
9		1	0.2500	0.1806	0.1323	0.0984		0.0035	0.0029	0.0023
10		1	0.0000	−0.0139	−0.0201	−0.0218		−0.0022	−0.0018	−0.0014
11	成分の比		比1	比2	比3	比4		比18	比19	比20
12			0.7500	0.8148	0.8138	0.8129		0.8102	0.8101	0.8101

<u>この例題の群数は 3 なので，相関比は二つ与えられる．軸 2 の相関比の求め方を説明する．</u>

17. コピー最後の列において，v1.20の各成分をv1.20の末尾の成分で割る．

セル「X7」で「 =V7/$V$10」を入力し「Enter」を押す．

下記画面で，太線で囲まれた矩形の右下を掴み，下側へドラッグしてコピーする．

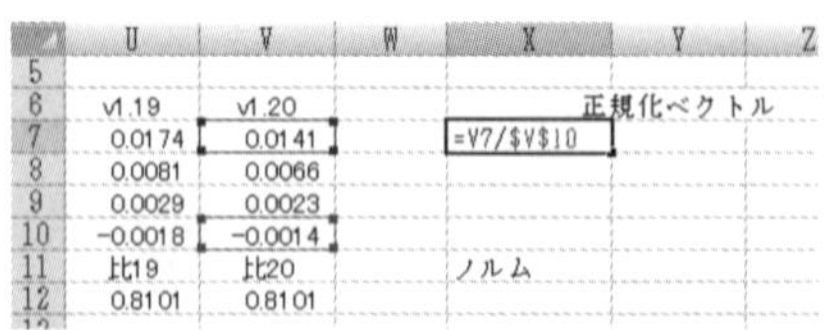

	U	V	W	X	Y	Z
5						
6	v1.19	v1.20			正規化ベクトル	
7	0.0174	0.0141		=V7/$V$10		
8	0.0081	0.0066				
9	0.0029	0.0023				
10	−0.0018	−0.0014				
11	比19	比20		ノルム		
12	0.8101	0.8101				

18. ノルムを求める．

ベクトル $\boldsymbol{u}=(u_1,u_2,u_3)$ のノルムは，$\|\boldsymbol{u}\|=\sqrt{u_1^2+u_2^2+u_3^2}$ である．

Excel 関数で，二乗和は「= SUMSQ」，$\sqrt{}$ は「= SQRT」である．セル「X12 で表示されている式を入力し Enter を押す．

	U	V	W	X	Y
5					
6	v1.19	v1.20			正規化ベクトル
7	0.0174	0.0141		-9.8355	
8	0.0081	0.0066		-4.6118	
9	0.0029	0.0023		-1.6118	
10	−0.0018	−0.0014		1.0000	
11	比19	比20		ノルム	
12	0.8101	0.8101		=SQRT(SUMSQ(X7:X10))	
13					

19. 正規ベクトルを求める．

セル「Y7:Y10」で，17で求めた成分をノルムで割り，正規ベクトルを求める．

	U	V	W	X	Y	Z
5						
6	v1.19	v1.20			正規化ベクトル	
7	0.0174	0.0141		-9.8355	-0.8919	
8	0.0081	0.0066		-4.6118	-0.4182	
9	0.0029	0.0023		-1.6118	-0.1462	
10	-0.0018	-0.0014		1.0000	0.0907	
11	比19	比20		ノルム		
12	0.8101	0.8101		11.0274		
13						

20. セル「B14」に，軸 1 の相関比 をコピーする．

セル「B16:B19」に，正規ベクトルをコピーする．

セル「D16:G16」に，正規ベクトルの転置ベクトルをコピーする．

セル「I16:L19」で，行ベクトルのセル「B16:B19」と列ベクトルのセル「D16:G16」の積を，Excel 関数「＝MMULT」で計算する．

	A	B	C	D	E	F	G	H	I	J	K	L
13												
14	λ1	0.8101										
15												
16	ベクトル	-0.8919		-0.8919	-0.4182	-0.1462	0.0907		0.7955	0.3730	0.1304	-0.0809
17		-0.4182							0.3730	0.1749	0.0611	-0.0379
18		-0.1462							0.1304	0.0611	0.0214	-0.0133
19		0.0907							-0.0809	-0.0379	-0.0133	0.0082

21. セル「N16:Q19」で，軸1固有値とセル「I16:L19」の掛算を行う．

	M	N	O	P	Q	R
13						
14						
15						
16		0.6445	0.3022	0.1056	-0.0655	
17		0.3022	0.1417	0.0495	-0.0307	
18		0.1056	0.0495	0.0173	-0.0107	
19		-0.0655	-0.0307	-0.0107	0.0067	
20						

22. セル「B21:E24」で，行列 $T^{-1}B$ のセル「B2:E5」とセル「N16:Q19」の引き算をする．

	A	B	C	D	E	F
15						
16	ベクトル	-0.8919		-0.8919	-0.4182	-0.146
17		-0.4182				
18		-0.1462				
19		0.0907				
20						
21		0.1055	-0.2744	0.0611	-0.1289	
22		-0.0522	0.1639	-0.2162	-0.1082	
23		0.1444	-0.4106	0.3160	0.0385	
24		0.0655	-0.1915	0.1774	0.0489	

23. 22の行列のセル「B21:E24」について，13から16までの作業を繰り返す．
その結果を示す．
比 5 で0.6342に収束していると判断すると，軸 2 の相関比は0.6342である．
※参照　第 3 部　表1.16

	A	B	C	D	E	F	G
20							
21		0.1055	-0.2744	0.0611	-0.1289		
22		-0.0522	0.1639	-0.2162	-0.1082		
23		0.1444	-0.4106	0.3160	0.0385		
24		0.0655	-0.1915	0.1774	0.0489		
25	ベクトル	u	v1.1	v1.2	v1.3	v1.4	v1.5
26		1	-0.2367	0.0258	0.0164	0.0104	0.0066
27		1	-0.2127	-0.0524	-0.0333	-0.0211	-0.0134
28		1	0.0883	0.0849	0.0539	0.0342	0.0217
29		1	0.1003	0.0458	0.0290	0.0184	0.0117
30	成分の比		比1	比2	比3	比4	比5
31			-0.2367	-0.1091	0.6348	0.6342	0.6342
32							

軸 1 のカテゴリースコアの求め方を説明する．

24. 第 3 部(92)式に軸 1 相関比(固有値)0.8101を代入し，連立方程式を作成する．

$T^{-1}B$　　※参照　第3部（90）式

0.750	0.028	0.167	−0.194
0.250	0.306	−0.167	−0.139
0.250	−0.361	0.333	0.028
0.000	−0.222	0.167	0.056

固有値　　※参照　第3部表 1.6

0.810	0.000	0.000	0.000
0.000	0.810	0.000	0.000
0.000	0.000	0.810	0.000
0.000	0.000	0.000	0.810

$T^{-1}B$–固有値　※参照　第3部（93）式

−0.060	0.028	0.167	−0.194
0.250	−0.505	−0.167	−0.139
0.250	−0.361	−0.477	0.028
0.000	−0.222	0.167	−0.755

上記行列の末尾の行を削除

−0.060	0.028	0.167	−0.194
0.250	−0.505	−0.167	−0.139
0.250	−0.361	−0.477	0.028

左行列の末尾の列に −1を掛ける
この値が連立方程式の右辺となる

連立方程式の左辺			右辺
−0.060	0.028	0.167	0.1944
0.250	−0.505	−0.167	0.1389
0.250	−0.361	−0.477	−0.028

※参照　第3部（96）式

25. 連立方程式を解く.

※参照　連立方程式については「付録1.3節」で示す.

左辺の逆行列を = MINVERSE で算出

−66.713	17.367	−29.394
−28.677	4.821	−11.711
−13.262	5.455	−8.641

逆行列と右辺を = MMULT で掛け算

9.7434
−4.5811
−1.5811

削除した行の値を 1 とし仮の固有ベクトルを算出

−9.7434
−4.5811
−1.5811
1.0000

※参照　第3部（98）

26. 第 3 部(100)式より定数 c と固有ベクトルを求める

仮の行ベクトル

−9.7434	−4.5811	−1.5811	1.0000

$T = \tilde{X}'\tilde{X}$

2.00	−1.00	0.00	0.00
−1.00	2.00	0.00	0.00
0.00	0.00	2.00	−1.00
0.00	0.00	−1.00	2.00

仮の列ベクトル

−9.7434
−4.5811
−1.5811
1.0000

仮の行ベクトル×T を Excel 関数「= MMULT」で計算すると（−14.9056，0.5811，−4.1623，3.5811）となる.
このベクトルと仮の列ベクトルを計算すると，152.732 となる.

$$c^2 \times 152.732 = n,\ c = \sqrt{\frac{9}{152.732}} = 0.2427$$

仮ベクトルに c を掛け固有ベクトルを算出する.

−2.3652
−1.1121
−0.3838
0.2427

※参照 第 3 部(102)式

27. カテゴリースコアを下記①～⑥の手順で算出する

① 固有ベクトルを記入，ただし各説明変数の末尾カテゴリーは 0

② 各カテゴリーの個体数を記入

⑤ 下記表の手順に従い加重平均を算出

⑥ ①から⑤を引きカテゴリースコアを算出

		カテゴリー名	①	②	③	④	⑤	⑥
					①×②	③の合計	④÷n	①−⑤
軸1	説明変数1	x_{11}	−2.3652	3	−7.0956	−10.4318	−1.1591	−1.2061
		x_{12}	−1.1121	3	−3.3362			0.047
		x_{13}	0	3	0			1.1591
	説明変数2	x_{21}	−0.3838	3	−1.1515	−0.4232	−0.047	−0.3368
		x_{22}	−0.2427	3	0.7282			0.2898
		x_{23}	0	3	0			0.047
軸2	説明変数1	x_{11}	−0.2855	3	−0.8565	−5.5932	−0.6215	0.336
		x_{12}	−1.5789	3	−4.7367			−0.9574
		x_{13}	0	3	0			0.6215
	説明変数2	x_{21}	1.7595	3	5.2785	8.6169	0.9574	0.8021
		x_{22}	1.1128	3	3.3384			0.1554
		x_{23}	0	3	0			−0.9574

※参照 第3部 表 1.17

<著者紹介>

菅　民郎（かん　たみお）

1966年　東京理科大学理学部応用数学科卒業
　　　　中央大学理工学研究科にて理学博士取得
1994年　市場調査・統計解析・予測分析・システム開発・ソフト販売を行う
　　　　会社として，株式会社エスミを設立，代表取締役社長
2007年　ビジネス・ブレークスルー大学院教授
2008年　エスミ代表を退任し顧問
2011年　株式会社アイスタットを設立、代表取締役社長

【著　書】
多変量解析の実践.『上』・『下』／菅 民郎
多変量統計分析／菅 民郎
すべてがわかるアンケートデータの分析／菅 民郎
初めて学ぶ統計学／菅 民郎，檜山みぎわ　（以上 現代数学社）
Excel 95で学ぶすかっと売上予測／菅 民郎
Excelで学ぶ統計解析入門／菅 民郎
Excelで学ぶ実験計画法／菅 民郎
Excelで学ぶ多変量解析入門／菅 民郎
らくらく図解アンケート分析教室／菅 民郎
Excelで実践仕事に役立つ統計解析／菅 民郎，福島隆司
経時データ分析／藤越康祝，菅 民郎，土方裕子
らくらく図解統計分析教室／菅 民郎　（以上 オーム社）
すぐに使える統計学／菅 民郎，土方裕子（ソフトバンククリエイティブ）
文系にもよくわかる多変量解析／内田 治，菅 民郎，高橋 信（東京図書）
入門パソコン統計処理.『上』・『下』／菅 民郎　（以上 技術評論社）
Excel統計のための統計分析の本
Excel予測のための時系列分析と予測　（以上 エスミ）

藤越　康祝（ふじこし　やすのり）

1966年　広島大学大学院理学研究科修士課程修了
1970年　理学博士
1971年　神戸大学講師・助教授
1978年　広島大学教授
1992～1994年　日本統計学会理事長
2003～2004年　日本統計学会会長
2005年～　広島大学名誉教授
　　　　中央大学客員教授
　　　　株式会社エスミ統計学顧問

【著　書】
統計データ科学事典／総編集者（朝倉書店）
やさしい統計入門／共著（講談社ブルーバックス）
統計学とは何か／共訳（筑摩書房）
Muluvariate Statistics:High-Dimensional and Large-Sample Approxemations／共著（ワイリー出版社）

質的データの判別分析 数量化2類

2011年4月1日初版1刷発行

著　者　菅　民郎・藤越康祝

発行者　富田　淳

発行所　株式会社 現代数学社

〒606−8425 京都市左京区鹿ヶ谷西寺ノ前町1番地

TEL&FAX 075−751−0727

http://www.gensu.co.jp

印刷・製本 株式会社合同印刷

ISBN978−4−7687−0414−1